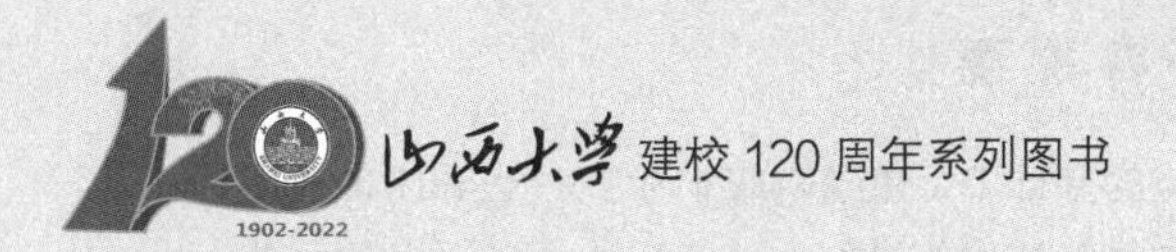

普通高等教育“十四五”规划教材

环境与资源类专业系列教材　程芳琴　主编

煤矿酸性废水生态影响与防治

Ecological Impacts and Control Techniques of Acid Coalmine Drainage

耿　红　智建辉　编著

北　京
冶　金　工　业　出　版　社
2022

内容提要

本书在总结酸矿水来源、环境影响的基础上，重点对煤矿生产过程和闭矿后酸性矿水的产生条件、成分特点、处理与修复技术等进行论述，以山西省阳泉地区典型煤矿区酸性矿水为代表，通过实地调查、现场监测、数据处理、实验室分析等对酸矿水产生、流向、化学成分、微生物群落分布、水生态影响和毒理机制进行分析，并结合最新技术提出防治方法和资源化利用措施，为国内酸矿水影响地区生态修复和资源化利用提供理论和实践参考，旨在促进煤矿资源可持续利用和水生态环境持续改善，为矿区文明建设和碳中和目标的实现提供科学依据。

本书可作为普通高等学校环境及资源循环类专业教材，也可供从事环境科学、环境工程、生态学、资源循环科学与工程等相关专业和领域的科研工作者及管理人员阅读参考。

图书在版编目(CIP)数据

煤矿酸性废水生态影响与防治/耿红，智建辉编著. —北京：冶金工业出版社，2022.9

普通高等教育“十四五”规划教材

ISBN 978-7-5024-9137-6

Ⅰ.①煤… Ⅱ.①耿… ②智… Ⅲ.①煤矿—酸性废水—污染防治 Ⅳ.①X752.03

中国版本图书馆 CIP 数据核字(2022)第 062090 号

煤矿酸性废水生态影响与防治

出版发行 冶金工业出版社　　**电　话** (010)64027926
地　址 北京市东城区嵩祝院北巷 39 号　　**邮　编** 100009
网　址 www.mip1953.com　　**电子信箱** service@mip1953.com

责任编辑 刘小峰 刘思岐 美术编辑 彭子赫 版式设计 孙跃红
责任校对 李 娜 责任印制 李玉山
三河市双峰印刷装订有限公司印刷
2022 年 9 月第 1 版，2022 年 9 月第 1 次印刷
787mm×1092mm 1/16；11.75 印张；285 千字；176 页
定价 39.00 元

投稿电话 (010)64027932 投稿信箱 tougao@cnmip.com.cn
营销中心电话 (010)64044283
冶金工业出版社天猫旗舰店 yjgycbs.tmall.com
(本书如有印装质量问题，本社营销中心负责退换)

深化科教、产教融合，共筑资源环境美好明天

环境与资源是“双碳”背景下的重要学科，承担着资源型地区可持续发展和环境污染控制、清洁生产的历史使命。黄河流域是我国重要的资源型经济地带，是我国重要的能源和化工原材料基地，在我国经济社会发展和生态安全方面具有十分重要的地位。尤其是在煤炭和盐湖资源方面，更是在全国处于无可替代的地位。

能源是经济社会发展的基础，煤炭长期以来是我国的基础能源和主体能源。截至2020年底，全国煤炭储量已探明1622.88亿吨，其中沿黄九省区煤炭储量1149.83亿吨，占全国储量70.85%；山西省煤炭储量507.25亿吨，占全国储量31.26%，占沿黄九省区储量44.15%。2021年，全国原煤产量40.71亿吨，同比增长5.70%，其中沿黄九省区年产量31.81亿吨，占全国78.14%。山西省原煤产量11.93亿吨，占全国28.60%，占沿黄九省区37.50%。煤基产业在经济社会发展中发挥了重要的支撑保障作用，但煤焦冶电化产业发展过程产生的大量煤矸石、煤泥和矿井水，燃煤发电产生的大量粉煤灰、脱硫石膏，煤化工、冶金过程产生的电石渣、钢渣，却带来了严重的生态破坏和环境污染问题。

盐湖是盐化工之母，盐湖中沉积的盐类矿物资源多达200余种，其中还赋存着具有工业价值的铷、铯、钨、锶、铀、锂、镓等众多稀有资源，是化工、农业、轻工、冶金、建筑、医疗、国防工业的重要原料。2019年中国钠盐储量为14701亿吨，钾盐储量为10亿吨。2021年中国原盐产量为5154万吨，其中钾盐产量为695万吨。我国四大盐湖（青海的察尔汗盐湖、茶卡盐湖，山西的运城盐湖，新疆的巴里坤盐湖），前三个均在黄河流域。由于盐湖资源单一不平衡开采，造成严重的资源浪费。

基于沿黄九省区特别是山西的煤炭及青海的盐湖资源在全国占有重要份额，搞好煤矸石、粉煤灰、煤泥等煤基固废的资源化、清洁化、无害化循环利用与盐湖资源的充分利用，对于立足我国国情，有效应对外部环境新挑战，促进中部崛起，加速西部开发，实现“双碳”目标，建设“美丽中国”，走好

“一带一路”，全面建设社会主义现代化强国，将会起到重要的科技引领作用、能源保供作用、民生保障作用、稳中求进高质量发展的支撑作用。

山西大学环境与资源研究团队，以山西煤炭资源和青海盐湖资源为依托，先后承担了国家重点研发计划、国家“863”计划、山西-国家基金委联合基金重点项目、青海-国家基金委联合基金重点计划、国家国际合作计划等，获批了煤基废弃资源清洁低碳利用省部共建协同创新中心，建成了国家环境保护煤炭废弃物资源化高效利用技术重点实验室，攻克资源利用和污染控制难题，获得国家、教育部、山西省、青海省多项奖励。

团队在认真总结多年教学、科研与工程实践成果的基础上，结合国内外先进研究成果，编写了这套“环境与资源类专业系列教材”。值此山西大学建校120周年之际，谨以系列教材为校庆献礼，诚挚感谢所有参与教材编写、出版的人员付出的艰辛劳动，衷心祝愿我们心爱的山西大学登崇俊良，求真至善，宏图再展，再谱华章！

2022年4月于山西大学

前　言

随着全球气候变化对人类社会构成重大威胁，越来越多的国家将“碳中和”上升为国家战略，提出了无碳未来的愿景。2020年，中国基于推动实现可持续发展的内在要求和构建人类命运共同体的责任担当，宣布了碳达峰和碳中和的目标愿景。习近平总书记在第七十五届联合国大会上提出：中国 CO_2 排放力争于2030年前达到峰值，努力争取2060年前实现碳中和。由于我国能源产量和消费量巨大，且以高含碳的煤炭、石油等化石能源为主，为实现“双碳”目标，以煤炭为主的传统能源地区将面临主体性产业替换的严重冲击，发展新能源、大幅消减煤炭生产量和消费量是大势所趋，意味着未来几十年内许多煤矿要陆续关停、废弃，而煤矿的关停废弃往往伴随着酸性废水的产生和渗出，如果防护不当，将严重影响周围生态环境和下游水资源的利用。

煤矿酸性废水（Acid coal-mine drainage，AMD）pH值较低、硫酸盐含量高，且含有高浓度重金属如Cu、Fe、Mn、Zn等，一旦自发形成，可在采矿活动停止后的数百年甚至更长时间天然存在，对周围土壤、河流及地下水造成污染，成为一个持续的污染源，引发重大的环境和生态问题。美国环境保护署（EPA）曾发文称AMD造成的环境风险仅次于全球变暖和臭氧层的损耗。美国、英国、德国、西班牙、南非和加拿大等世界主要产煤国几乎都存在严重的AMD污染问题。1992年英国爆发了一起AMD污染事件，位于西南部康沃尔郡（Cornwall）的一座新闭坑的千年煤矿突然涌出5万立方米富含硫酸盐及Fe、Mn等重金属的酸性废水，它们汇入卡诺河（Carnon River）后对流域生态环境造成严重危害，成为英格兰和威尔士水资源无法满足水框架指令（Water Framework Directive，WFD）环境目标的重要原因，调查显示，英国境内约2276km的河流和31380km^2的地下水体曾受到来自AMD的污染；欧洲地区遭受AMD污染的河流已超过5000km；美国境内约19300km的河流、720km^2的湖泊和水库、南非威特班克（Witbank）煤矿区周边3万平方米范围内的植被都曾受到AMD影响。我国煤炭资源丰富、品种齐全、分布广泛，主产区集中在内蒙古、山西、陕西、宁夏、甘肃、河南、贵州、云南、四川、新疆等地，包含煤矿酸性废水在内的各种酸矿水排放量巨大，它们所造成的环境影响已成为采矿业面临的严重问题。鉴于此，做好煤矿酸性废水的污染成因分析、生态环境影响调查，掌握其环境毒理机制和污染防治技术，积极引导进行资源化利用是一个具有重要理论与现实意义的课题，不仅有助于减少废水处理费用、节能降耗，而且有助于保护生态环境、促进经济社会可持续发展和“美丽中国”建设。

本书在总结世界各地酸矿水来源、环境影响的基础上，对煤矿酸性废水的产生条件、成分特点、生态影响及毒理机制、防治技术等进行了全面论述，并以山西省阳泉地区典型煤矿区酸性废水为代表，通过实地调查、现场监测、实验室化验等对AMD流向、化学成分、微生物群落、水生态环境影响进行了详细分析，结合最新技术提出污染防治方法和废水资源化利用措施，为酸矿水影响地区矿山生态修复和水资源可持续利用提供理论和实践参考。本书可供普通高等学校环境类和资源循环利用类专业的本科生及研究生学习，也可供从事环境科学、环境工程、生态学、循环经济等相关专业和领域的科研工作者及管理人员学习参考。

全书由山西大学耿红和智建辉老师编著，共分7章，第1章为绪论，第2~4章介绍煤矿酸性废水的产生条件与产生过程、生态环境影响、环境毒理机制，第5~7章介绍煤矿酸性废水的防治措施和资源化利用方法，分别从源头、过程和末端治理等方面进行阐述。书中内容力求新颖，取材着重于近年来的前沿研究和最新应用成果。所有引用资料均已注明出处，可供读者作深入了解。

感谢编写过程中山西大学孙慧芳老师、邱瑞芳老师、博士研究生陈春、硕士研究生师泽鹏、李珍、冯宁杰、孙小倩、陈婷、武松丽、吕欣、赵蕾、张利、宋立博等的参与，他们提供的文字素材、实验结果，发表的论文和专利是本书得以顺利完成的基础。

感谢山西省水利厅水利科学技术研究与推广项目“山西省老窑水对生态环境影响与防治措施研究——以阳泉为典型案例”、国家自然科学基金面上项目“晋陕峡谷黄河水与地下水相互作用研究”（42071037）、山西省自然科学基金面上项目（201901D111004和20210302122401б）、山西省黄河实验室开放基金的资助。

特别感谢中国地质科学院岩溶地质研究所梁永平研究员、阳泉市水利局王桃良高级工程师、山西省水利水电科学研究院、山西众智检测科技有限公司及山西大学环境损害司法鉴定技术研究院提供的帮助。感谢科技部2021年高端外国专家引进计划（G2021004001L）中卢铁彦（Chul-Un Ro）教授和杜明远（Mingyuan Du）研究员在检测方法和技术上给予的指导。

由于水平所限，书中难免存在不足和疏漏之处，敬请广大读者和同行批评指正。

耿 红 智建辉

2022年4月

目　　录

1　绪论 …… 1

1.1　酸性矿水的来源与类别 …… 1

1.1.1　来源 …… 1

1.1.2　矿山废水的类别 …… 4

1.1.3　煤矿矿井废水的类型 …… 6

1.1.4　煤矿矿井废水的污染来源及酸性废水的产生 …… 7

1.2　煤矿酸性废水的水质特点 …… 8

1.2.1　理化性质 …… 8

1.2.2　微生物群落 …… 8

1.2.3　水中藻类分布 …… 9

1.3　煤矿酸性废水的危害与环境影响 …… 10

1.3.1　对煤矿生产的危害 …… 10

1.3.2　对下游水质和生态环境的影响 …… 11

1.3.3　对景观和人体健康的影响 …… 12

1.4　治理酸矿水的环境、经济和社会效益 …… 12

本章小结 …… 13

思考题 …… 14

参考文献 …… 14

2　煤矿酸性废水的产生条件与产生过程 …… 17

2.1　煤矿酸性废水的产生条件 …… 17

2.1.1　物理因素 …… 17

2.1.2　化学因素 …… 19

2.1.3　生物因素 …… 20

2.2　煤矿酸性废水的产生过程 …… 21

2.2.1　化学反应 …… 21

2.2.2　微观机理 …… 26

本章小结 …… 27

思考题 …… 28

参考文献 …… 28

3　煤矿酸性废水的生态环境影响 …… 31
3.1　矿井水污染模式与类型 …… 31
3.1.1　矿井水污染模式 …… 31
3.1.2　矿井水污染类型 …… 32
3.2　对地表水的影响 …… 33
3.2.1　研究进展 …… 33
3.2.2　实验案例 …… 34
3.3　对地下水的影响 …… 40
3.3.1　研究进展 …… 40
3.3.2　对地下水质的影响机制 …… 41
3.4　煤矿酸性废水对水中浮游生物和微生物群落的影响 …… 43
3.4.1　研究进展 …… 43
3.4.2　实验案例 …… 44
3.5　对土壤和河流底泥的影响 …… 55
3.5.1　研究进展 …… 55
3.5.2　实验案例 …… 60
本章小结 …… 70
思考题 …… 71
参考文献 …… 71
4　煤矿酸性废水的环境毒理研究 …… 74
4.1　煤矿酸性废水的毒性作用来源与影响因素 …… 74
4.1.1　酸性 …… 74
4.1.2　硫化物 …… 75
4.1.3　重金属 …… 75
4.1.4　微生物群落 …… 76
4.1.5　温度 …… 77
4.2　煤矿酸性废水的环境和生态毒性效应 …… 78
4.2.1　煤矿酸性废水在环境中的迁移转化过程 …… 78
4.2.2　对微生物群落结构的影响 …… 79
4.2.3　煤矿酸性废水中重金属对植物的影响 …… 80
4.2.4　酸性废水中重金属对动物和人体的影响 …… 88
4.3　煤矿酸性废水的环境和生态毒理机制 …… 92
4.3.1　氧化亚铁硫杆菌的生物氧化模式 …… 92
4.3.2　硫的迁移和转化 …… 93
4.3.3　重金属的迁移和转化 …… 94
4.3.4　不同重金属对动物和人体健康的毒性作用 …… 95
4.3.5　毒理机制 …… 99

本章小结 …… 105
思考题 …… 106
参考文献 …… 106

5　煤矿酸性废水的源头和迁移治理技术 …… 108

5.1　源头治理 …… 108
5.1.1　覆盖隔氧 …… 109
5.1.2　碱性物质中和 …… 111
5.1.3　细菌活性抑制 …… 112
5.1.4　表面钝化处理 …… 114
5.1.5　生物矿化法 …… 116
5.2　迁移治理 …… 119
5.2.1　迁移控制技术 …… 119
5.2.2　被动迁移控制技术 …… 122
本章小结 …… 128
思考题 …… 128
参考文献 …… 128

6　煤矿酸性废水末端治理技术 …… 131

6.1　酸性废水治理技术发展趋势 …… 131
6.2　主动处理技术和方法 …… 132
6.2.1　中和法 …… 132
6.2.2　吸附法 …… 134
6.2.3　膜过滤技术 …… 135
6.3　被动处理技术和方法 …… 137
6.3.1　地球化学处理系统 …… 137
6.3.2　可渗透反应墙技术 …… 138
6.3.3　生物处理系统 …… 140
6.4　其他治理技术及工艺 …… 141
6.4.1　微生物抑制法 …… 141
6.4.2　HDS 处理工艺 …… 141
6.4.3　人工湿地法 …… 142
6.4.4　微生物燃料电池技术 …… 143
本章小结 …… 144
思考题 …… 145
参考文献 …… 145

7　煤矿酸性废水的资源化利用 …… 148

7.1　矿井水资源化综合利用的发展进程及现状 …… 148

7.1.1 发展进程 …… 148
7.1.2 国内外矿井水的利用现状 …… 149
7.1.3 矿井水利用方面存在的问题及建议 …… 150
7.2 煤矿酸性废水中污染物资源化利用方法 …… 151
7.2.1 对于硫酸盐的资源化利用 …… 151
7.2.2 对于金属的资源化利用 …… 152
7.2.3 通过电解 AMD 废水转化为氢气 …… 154
7.3 煤矿酸性废水的回收利用及回用处理技术 …… 155
7.3.1 酸矿水的回收利用 …… 155
7.3.2 回收利用标准 …… 158
7.3.3 矿井水的回用技术 …… 163
7.4 煤矿矿井水零排放的实际利用情况 …… 168
7.4.1 汪家寨煤矿资源化综合利用 …… 168
7.4.2 江苏省徐州市大屯矿区矿井水综合利用 …… 168
7.4.3 山东巨野煤田矿资源化综合利用 …… 168
7.4.4 江苏省沛县境内张双楼煤矿资源化综合利用 …… 169
7.4.5 准东煤电二号矿井水资源化综合利用 …… 170
7.4.6 曹家滩煤矿矿井水资源化综合利用 …… 170
7.5 矿井水资源化利用效益 …… 171
7.5.1 环境效益 …… 171
7.5.2 社会效益 …… 172
7.5.3 经济效益 …… 172
7.6 我国矿井水资源化利用前景及展望 …… 172
7.6.1 前景 …… 172
7.6.2 展望 …… 173
本章小结 …… 174
思考题 …… 174
参考文献 …… 175

1 绪　论

本章提要：

(1) 掌握酸性矿水的来源及污染特点。

(2) 了解酸性矿水的分类及在全世界的分布。

(3) 掌握煤矿酸性废水的理化性质及其中的微生物群落特点。

(4) 了解酸性矿水的危害及对周边环境的影响。

(5) 掌握治理煤矿酸性废水的现实意义。

酸矿水（acid mine drainage，AMD）也称为矿山酸性废水、酸性矿井水，也叫作酸性岩石排水（acid rock drainage，ARD），是矿井内的天然溶滤水、选矿废水、选矿废渣堤堰的溢流水及矿渣堆场的渗滤液等的总称，主要是由还原性的硫化物矿物在开采、运输、选矿及废石排放和尾矿储存等过程中经空气、降水和微生物的氧化作用形成的。酸性矿水pH值较低，含高浓度的硫酸盐和可溶性的重金属离子，主要通过冶炼废水、矿山废水排放，污染物组分多，且逐步呈现多重金属、重金属-有机物等多元复合污染形式，不仅直接影响地表水体的水质安全，而且重金属经废水污染累积会侵入周边区域，以持续性、无序性、发散性等面源污染模式侵蚀、渗入周边土壤及地下水体，对生态环境产生极大的威胁。近年来，国家生态文明建设及去产能能源政策导致大量的矿山关停。据全国矿山地质环境调查数据统计，截至2020年我国废弃矿山约99000座。矿山闭坑后，矿体中的硫化矿物如黄铁矿（FeS_2）在开采阶段的氧化产物溶入恢复中的地下水，形成酸性矿井水渗出，成为矿区周边地下水及地表水的主要污染源，同时也是导致农田土壤重金属污染的重要原因。

1.1 酸性矿水的来源与类别

1.1.1 来源

矿山废水来源面广，根据其产生条件和过程可分为矿井开采、露天矿坑、废石堆、尾矿库、洗煤厂污水排放等占全国工业废水总排量的比例较大。矿山废水中危害性最大、污染面积最广的是酸性矿山废水。形成酸性矿山废水的途径主要有[1]：(1) 人类在矿床开采活动中，由于设备、技术有限，导致地下水流入工作面形成矿坑水，其排放至地表易形成酸性矿山废水；(2) 含有硫化矿物的废石和尾矿中的各类硫化物在矿山生产过程中大量释放，经过复杂物理化学反应作用，生成了易溶于水的硫酸盐，同时也产生含金属离子的酸性矿废水；(3) 矿石加工中进行的浮选、提取、冶炼等过程中添加酸性药剂作为浮选剂和浸出剂，产生大量的酸性含多种重金属硫酸盐废水。

1.1.1.1　*矿井开采*

地下采矿过程中形成的地下水、废水和地表水渗漏等都是矿山酸性废水的源头。在含有硫化物矿物的矿井中，含硫矿物经氧化、分解并溶出在矿井水中，是地下采矿活动形成酸性水的重要来源。尤其在矿井的巷道中，大量地下水渗入和良好的通风条件为硫化物矿物的氧化、分解提供了有利的环境。

1.1.1.2　*露天矿坑*

露天采矿形成裸露于空气中的围岩，岩石中含有硫化物矿物和其他重金属，使露天矿坑成为采矿期间和采矿后酸性物质的重要排放源。裸露的岩体暴露在空气中，其中含硫化物被氧化后易导致酸性物质和硫酸盐、金属溶出及其他微量元素的大量释放。硫化物矿物的裸露表面积和开采时间决定了硫化物氧化的程度。地下水位较高的露天矿坑需要使用抽水或排水技术对采掘坑内及其周围进行排水。另外，许多开采过程中产生的含硫化物的废石、尾矿和其他回填矿坑的材料，可能已经被大量氧化，也可能产生低浓度的矿山酸性废水。露天矿开采期间及开采后形成酸性废水示意图见图 1-1。

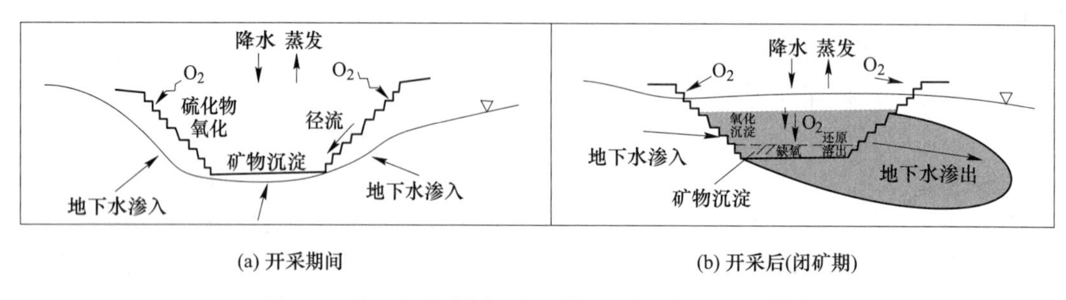

(a) 开采期间　　(b) 开采后(闭矿期)

图 1-1　露天矿开采期间及开采后形成酸性废水示意图

闭矿之后，矿井和矿坑会停止向外排水，但是降雨和地表、地下径流的水体流入会导致矿坑内大量积水，积水深度取决于当地的水文和地质条件，可以根据废水主成分分析、矿坑内水量平衡来预测矿坑水量、水质变化。有学者曾估算了加利福尼亚州一个矿坑的水量平衡，废水主要来源依次为地表径流、降水、地下水渗入，矿坑内废水主要排出途径依次为直接蒸发、地下水外渗，大约两年时间能够使坑内填满水，之后地表水会溢出，地下水和地表水流出量逐渐增加[2]。相比之下，位于蒙大拿州的一个矿坑填满时间超过 30 年甚至更长时间，导致矿坑壁上硫化矿长时间暴露在氧化环境下，形成次生矿物的积累，这些次生矿物在降雨和地表径流作用下能够溶出进入矿坑积水中，由于氧在水中的溶解度较低，硫化物矿物进入矿坑水中，沉积在矿坑积水底部的硫化矿氧化进一步受限，但是矿坑表面的硫化物矿物将继续氧化。在坑内的水淹地带，以 Fe(Ⅲ) 为电子受体的硫化物矿物的氧化仍会继续进行[3]。矿坑水的化学成分取决于许多因素，包括矿坑壁和周围矿体材料的硫化物被氧化的时间及当地水文条件。有些矿坑形成的湖泊水体酸碱度接近中性，其中溶解的金属成分浓度低。然而，大部分矿坑水是呈酸性的，含有较高浓度的金属，可能污染地表水和河道，损害动植物，危害人体健康。一般而言，硫化物含量较高、碳酸盐含量低的矿坑酸性废水中含有高浓度的（重）金属，而在碳酸盐含量较高的岩体中形成的矿山废水酸碱度呈中性，溶解性重金属浓度低，但是砷、硒和汞等元素浓度较高[4]。

1.1.1.3　废石堆

在采矿过程中，通常会将矿石分成高品位的矿石和低品位的矿石，高品位的矿石将进入选矿过程，而低品位的矿石将直接被堆放在废石场，形成废石堆。废石堆高度通常为20~80m，面积可达十几平方千米。废矿石一般用连续传带机或者从废石场顶部倒入，致使废石场中废石形成按颗粒大小分布的特征。废石堆场地水文变化特征与矿山酸性废水形成有密切关联，部分废石堆直接在场地堆放，没有做防渗处理，导致废石堆内酸化的孔隙水可能与地下水进行交换，从而污染地下水。大多数废石堆中氧气浓度限制了硫化矿物的氧化速率和程度，废矿石中最初的氧气逐渐被消耗，并通过扩散、平流、对流和气压差 4 种方式与堆体表面进行气体交换得到逐渐补充，氧的扩散速率与废石堆的扩散系数成正比。虽然废石堆中空气扩散系数很高，但是低含水率导致了与空气（氧）的扩散传输速度非常缓慢，限制了硫化物氧化的速率。然而废石堆与大气之间的气压差促进了氧气的对流传输，在扩散输送机制下，风可以驱动氧气运输到废石堆更深处。黄铁矿的氧化过程会放热，废石堆在剧烈氧化过程中产生高温会导致热的积累，升温过程促使大气中的氧气以对流形式输送到废石堆的深部，将加速废石堆中硫化物的氧化速率。靠近废石堆边缘处的氧化将加快，加剧污染物的短期释放，缩短硫化物氧化的持续时间。虽然废石堆表面和边缘处的温度相对一致，但氧气浓度从边缘处到距表面 10m 深处可以下降约 90%，气体的对流运输可将富氧的空气从边缘输送到距表面大约 150m 深处，氧气在该区域的对流迁移可加速废石堆边缘处的硫化物氧化速率，硫化矿的氧化导致了金属的溶出，在水的作用下形成矿山酸性废水[5]。废石堆产生酸性废水示意图见图 1-2。

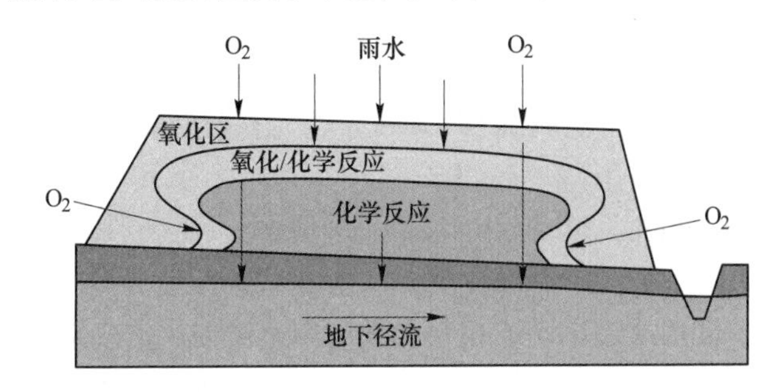

图 1-2　废石堆产生酸性废水示意图[6]

1.1.1.4　尾矿库

大多数有色金属采矿作业形成的尾矿无法使用冶金技术直接加工，因而形成尾矿库堆存于陆地。尾矿是选矿后产生的无法用于生产的残渣，尾矿的粒度大小取决于矿石的性质和选矿过程。尾矿材料主要是淤泥以及细到中等的砂，一般黏土含量小于 10%。当含质量分数 30%的固体颗粒浆料通过机械输送形式排入尾矿库的蓄水池后，大颗粒沉降在堆放点附近，细颗粒的尾矿沉积在尾矿库远端，沉积方法会影响尾矿颗粒在尾矿库中的分布。

尾矿库的运行过程中，蓄水量不断增加，地下水位维持在蓄水池附近。当尾矿库停止运行后，地下水位下降到由降水速率、蒸散速率、尾矿和下垫料的水力特性控制的平衡位置口，尾矿的细粒度使得这些尾矿渣有较高的含水率，常规尾矿库含水率从10%到饱和不等。矿井尾矿排水缓慢，在重力排水下保持较大的残余含水率。尾矿渣中较高的含水率致使孔隙中空气含量降低，将会使硫化过程能够快速响应由降水过程引起的水力梯度变化，使硫化过程随水位升降而改变。

尾矿库面积变化较大，表面积从不足 $10hm^2$ 到几平方千米不等，高度从几米到超过50m不等。当地表流水通过尾矿库向下纵向移动进入下垫面时，由于地下水流速相对较低，会导致地下水入渗时间与地下水向含水层或地表水环境排放时间间隔增大（地下水流垂直速率约为0.1～1.0m/a，水平速率约为1～16m/a），因此与尾矿库相关的环境问题可能要经长时间后才会显现。尾矿中污染物长距离的迁移和地下迁移较慢，不仅可能导致尾矿库中污染物的长期释放，而且还会造成长期处理费用较高。一个尾矿库硫化物的氧化产物可能在闭坑50年后达到高峰期，但会持续400年左右不断地释放高浓度的酸性废水和重金属[7]。

在大多数尾矿库中，气体扩散是氧气传输最重要的机制。氧的扩散速率取决于尾矿成分的浓度梯度和扩散系数，尾矿扩散系数又与尾矿填充孔隙度密切相关，并且随孔隙率的升高而升高，而随含水率的升高而降低，当含水率升高并超过70%时，扩散系数下降加快。含水率与扩散系数的相互关系导致尾矿库下渗层的浅层含水率较低，氧气扩散迅速，可补充硫化物矿物氧化所消耗的氧气。随着尾矿浅层硫化物矿物的耗尽，因深层尾矿含水率较高、扩散距离变长，硫化物氧化速率降低。尾矿库中硫化物-矿物反应顺序从易到难依次为黄铁矿黑云母、黄铁矿-砷银矿、黄铜矿、磁铁矿，其中黄铁矿是最易蚀变的硫化物矿物[6]。

尾矿中微生物也参与硫化物矿物的氧化过程和酸性废水的产生，能溶出高浓度重金属。加拿大Heath-Steele铜矿的尾矿含有85%硫化物矿物，尾矿库浅层孔隙水pH值低至1.0，溶解的 SO_4^{2-} 浓度高达85000mg/L，并含有48000mg/L Fe、3690mg/L Zn，70mg/L Cu和10mg/L Pb 等重金属[8]。在瑞典北部Laver铜矿山浅层地下水含有高浓度的溶解性Zn(48mg/L)、Cu(30mg/L)、Ni(2.8mg/L)、Co(1.5mg/L)[9]。加拿大魁北克省西北部Waite Amulet尾矿库浅层孔隙水pH值从2.5到3.5不等，含有21000mg/L SO_4^{2-}、9.5mg/L Fe、490mg/L Zn、140mg/L Cu和80mg/L Pb[10]。这些高浓度金属酸性水一般产生于尾矿库的最浅部分，当这些废水通过尾矿或相邻含水层向下渗时，许多金属通过沉淀、共沉淀或吸附反应可从水中去除，使pH值逐渐上升。然而，高浓度的 Fe^{2+} 和 SO_4^{2-} 不易被沉淀，通过尾矿和含水层沉积物向下移动并随地下水排出时，亚铁被氧化后以铁的氢氧化物和硫酸铁矿物的形式沉淀，并释放 H^+，使地表水显酸性。Fe(Ⅱ)沿地下水流动，为酸性物质长距离输送提供了载体[11]。

1.1.2 矿山废水的类别

矿山废水的产生主要是由于矿石和围岩中含有的硫化物矿物在矿石开采、选矿及废石排放、尾矿堆放等生产过程中经氧化、分解，并与水化合后而形成（图1-2）。氧化过程产生的排水可能是中性的，也可能是酸性的，以酸性居多，常有溶解的重金属，且这种排放总是含有硫酸盐。硫化物矿物氧化形成的矿水通常称为“酸性岩石排水”（ARD）、“高盐度废水”（saline drainage，SD）、“酸性矿山废水”（acid mine drainage，AMD）或“酸性和金属废水”（acid and metalliferous drainage，AMD），还有“中性矿山废水”（neutral mine drainage，NMD）和“采矿影响水”（mining influenced water，MIW）等，详见图 1-3。

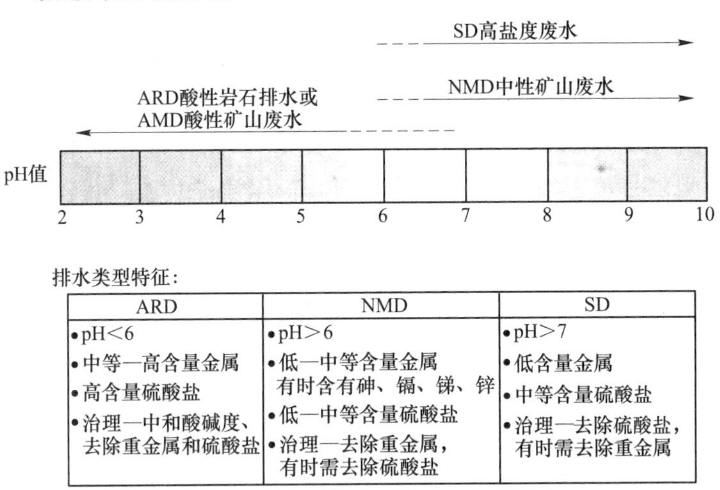

图 1-3　硫化物氧化产生的排水类型

对于矿井水来说，除了本底值存在问题外，原生的矿井涌水大部分水质较好，但在开采过程中，原生的矿井涌水会产生不同情况的污染，因为 AMD 产生后会与地层中的碳酸盐矿物发生反应，即 FeS_2 氧化产生的酸会和岩石中的白云石（$CaMg(CO_3)_2$）、方解石（$CaCO_3$）等发生中和反应，使碳酸盐矿物溶解，因此，矿井水的成分特征与矿山流域地质环境、矿体中 FeS_2 含量和水岩相互作用密切相关。

根据矿井水的酸碱度及主要阴阳离子，一般可分为 4 个类型，分别是酸性矿井水、中性矿井水、碱性矿井水和高盐矿井水，它们的水质特征见表 1-1。

表 1-1　矿井水主要类型及特征

类型	特　征
酸性矿井水	pH 值 2.5~6，SO_4^{2-}、Fe 和 Mn 浓度高
中性矿井水	pH 值 6.5~9，SO_4^{2-} 浓度高；Fe 和 Mn 浓度较低
碱性矿井水	pH >9，SO_4^{2-}、Fe 和 Mn 浓度低
高盐矿井水	可溶性固体含量（TDS）> 10000mg/L

由表 1-1 可知，酸性矿井水的 pH 值通常为 2~6，SO_4^{2-}、Fe^{2+}/ Fe^{3+} 和 Mn^{2+} 等为主要阴阳离子，可能伴随 As、Cd、Pb 和 Cr 等重金属污染，是最典型的矿井水类型。中性矿井水是指地层中含有的碳酸盐矿物与酸性矿井水发生中和反应，使 pH 值上升至 6~9 后形成的接近中性的水，在此酸碱度条件下，Fe、Mn 易被氧化和水解，并吸附重金属或与重金属形成共沉淀。碱性矿井水 pH>9，大都处于封闭的环境中，除碳酸盐中和外，厌氧微生物也发挥重要作用，利用有机碳源还原硫酸盐生成碱度，进一步调高 pH 值。高盐矿井水是指矿井水中可溶性固体含量（TDS）达 10000mg/L 以上，其形成主要有两方面：一是随碳

酸盐矿物的溶解，Na^{+}、Ca^{2+}和 Mg^{2+}等离子释放出来；二是海水入侵。

1.1.3 煤矿矿井废水的类型

煤炭是我国重要的支柱能源，采煤过程中会形成大量煤矿矿井废水。根据矿井水含污染源的特性，可将其划分为：洁净矿井水、含悬浮物矿井水、高矿化度矿井水、酸性矿井水、碱性矿井水及含特殊污染物的矿井水。

（1）洁净矿井水。煤系地下水的化学类型多为 $HCO_3 \cdot SO_4$-Ca 型水，总硬度一般为 25~35 德国度，矿化度为 0.5~0.7g/L，一般不超过 1g/L，pH 值为 6.5~8.5。在地下水排泄带径流条件畅通的地区，煤系地下水可作为饮用水源，此类矿井水水质较好，酸碱度为中性，低矿化度，不含有毒、有害离子，浊度低，有的还含有多种有益微量元素。通过井下单独布置管道将其排出后，经过消毒处理可作为生活饮用水。

煤系上覆地层砂岩裂隙泉水含水层：主要为砂岩裂隙水，水质一般为 $HCO_3 \cdot SO_4$-Ca · Mg 型水，矿化度一般小于 1g/L，总硬度为 10~20 德国度，其他各项离子和有毒元素含量低，一般不超标，可做饮用水水源，但局部矿区有超标现象，主要与岩石成分有关，其本底值高，如山西省乡宁、河津南部氟化物普遍高。煤系地层灰岩裂隙岩溶水含水层：水质为 $HCO_3 \cdot SO_4$-Ca · Mg 型水，局部为 HCO_3-Na · Ca 型水，矿化度一般为 0.5~0.8g/L，最大不超过 1g/L，各类离子含量低，局部硫酸盐含量高，有毒有害元素很少，除局部地段外，均符合饮用水要求。

（2）含悬浮物矿井水。此类矿井水是指除悬浮物、细菌及感观性状指标外，其他理化指标满足生活饮用水卫生标准的矿井水，主要污染物来自矿井水流经采掘工作面时带入的煤粒、煤粉、岩粒、岩粉等悬浮物（SS）。该类矿井水多呈灰黑色，并有一定的异味，浑浊度也比较高，酸碱度呈中性，含盐量小于 1000mg/L，金属离子含量微量或未检出，不含有毒离子。含悬浮物矿井水的另一水质特征是细菌含量较多，主要来自井下工人的生活、生产活动等。

（3）高矿化度矿井水。此类矿井水是指溶解性总固形物高于 1000mg/L 的矿井水，往往还含有较高的悬浮物、细菌等，感观性状指标一般也不能达到生活饮用水标准。我国煤矿高矿化度矿井水的含盐量一般在 1000~3000mg/L，少量矿井的矿井水含盐量达 4000mg/L 以上。这类矿井水的水质多数呈中性或偏碱性，且带苦涩味，因此也称苦咸水。因这类矿井水的含盐量主要来源于 Ca^{2+}、Mg^{2+}、Na^{+}、K^{+}、SO_4^{2-}、HCO_3^{-}、Cl^{-}等离子，所以硬度往往较高。产生原因主要是当煤系地层中含有大量碳酸盐类岩层及硫酸盐薄层时，矿井水随煤层开采，与地下水广泛接触，加剧可溶性矿物溶解，使矿井水中的 Ca^{2+}、Mg^{2+}、SO_4^{2-}、HCO_3^{-}、CO_3^{2-} 增加；当开采高硫煤层时，因硫化物气化产生游离酸，游离酸再同碳酸盐矿物、碱性物质发生中和反应，使矿井水中 Ca^{2+}、Mg^{2+}、SO_4^{2-} 等离子增加；有些地区是由于地下咸水侵入煤田，使矿井水成为高矿化度水。

（4）酸性矿井水。此类矿井水是指 pH 值小于 6.0 的矿井水。除呈酸性外，还含有较高的铁、悬浮物、细菌等。在煤层形成过程中，煤层及其围岩中含有硫铁矿（FeS_2）等还原态的硫化物。煤炭的开采破坏了煤层原有的还原环境，提供了氧化这些还原态硫化物所必需的氧。地下水的渗出并与残留煤、顶、底板的接触，促使煤层或者顶底板中的还原态硫化物氧化成硫酸，从而使矿井水呈酸性。

煤矿酸性废水因其 pH 值低、酸度大，一方面对矿坑排水设备、钢轨及其他机电设备具有很强的腐蚀性；另一方面更直接危害矿工的安全，长期接触酸性水可使手脚皮肤破裂、眼睛疼痒，严重影响井下采煤生产。另外，酸性废水外排时对周围及下游地区生态环境也造成严重危害。

（5）碱性矿井水。此类矿井水是指 pH 值大于 7.0 的矿井水，其中往往含有较高的总固形物及悬浮物。氯离子和铁离子质量浓度偏低，而氟化物、氨氮、总硬度和耗氧量普遍超标，硝酸盐和亚硝酸盐浓度也往往较高。

（6）含特殊污染物的矿井水。我国煤矿矿井水排放量大，分布的区域非常广泛。除了含悬浮物矿井水、高矿化度矿井水、酸性矿井水等常见水质类型外，还存在含特殊污染物的矿井水水质类型，如含氟化物矿井水、含硫化物矿井水、含氨氮矿井水、含重金属矿井水及含放射性元素矿井水等。

1.1.4 煤矿矿井废水的污染来源及酸性废水的产生

我国煤炭资源丰富，天然状态下，煤层埋藏于地下，一般为良好的还原条件，含硫矿物在封闭体系中是稳定的，而在开采过程中，煤层开采破坏了还原环境，使煤层暴露在空气中，为硫的氧化创造了条件。煤层开采后形成采空区，已停止开采且地表移动变形衰退期已经结束的采空区会成为老采空区。一些老采空区成为地下水汇聚的空间，煤层中硫化矿物在氧化环境中及微生物作用下发生一系列物理化学作用，反应后的物质溶于水中，汇聚在老空区，积水循环缓慢，呈现酸性“老窑水”特征。我国北方许多泉域水煤共生，加上岩溶系统的高度开放性，岩溶区水生态环境十分脆弱。一旦酸性老窑水在采空区下渗或溢出地表后通过河道补给岩溶水，就会使得岩溶水遭受污染。这是一种煤矿闭坑后的遗留问题。随着越来越多的老窑停采、关闭，老窑水不断得到各种途径的水源补给，导致水位逐渐抬升，并在矿区适宜地点溢出，成为地表水体以及土壤的“长期性污染源”。所以，煤矿酸性废水危害相对较大，治理比较困难。

目前的研究认为酸性矿水是高硫煤在开采过程中，煤系地层和围岩中的硫化矿物（如黄铁矿 FeS_2）、有机硫在与氧气和水接触的条件下，被氧化硫杆菌、氧化亚铁硫杆菌等细菌催化氧化，然后经过一系列生物地球化学反应产生的。煤炭中一般含有 0.3%~5%的硫，主要以黄铁矿的形式存在，以黄铁矿为主的化学氧化过程如下：

$$2FeS_2 + 7O_2 + 2H_2O \longrightarrow 2Fe^{2+} + 4SO_4^{2-} + 4H^+ \tag{1-1}$$

$$4Fe^{2+} + O_2 + 4H^+ \longrightarrow 4Fe^{3+} + 2H_2O \tag{1-2}$$

$$FeS_2 + 14Fe^{3+} + 8H_2O \longrightarrow 15Fe^{2+} + 2SO_4^{2-} + 16H^+ \tag{1-3}$$

式（1-1）表明在潮湿环境下空气中的 H_2O、O_2 与金属硫化物发生氧化反应，并在金属硫化物表面产生了 Fe^{2+}和 H^+；式（1-2）进一步显示 Fe^{2+}在氧气的作用下迅速生成 Fe^{3+}；式（1-3）则说明随着反应溶液酸度的增加，提高了 Fe^{3+}的活度，而新产生的 Fe^{3+}又反过来进一步氧化金属硫化物，并产生更多的 H^+。整个过程形成一个循环，实质上是黄铁矿为主的硫化矿物与自然环境中的水和氧气发生的一系列复杂的化学反应、生物反应的过程。如此循环反复反应产生了很大一部分的酸。

1.2 煤矿酸性废水的水质特点

在我国，煤矿矿井水排放量达 71 亿立方米，主要分布在山西、陕西、新疆、内蒙古等煤矿区。煤矿矿井水的水质特征总体为酸性，由煤矿开采导致的酸性煤矿矿井水主要分为弱酸性（4<pH<6）和酸性（2<pH<4）两种类型，常同时伴有高浓度的铁、锰、氟化物（Fluoride）、盐度（Salinity）及硫酸根离子（SO_4^{2-}），水中还常含有特殊的微生物群落与藻类。

1.2.1 理化性质

酸性矿山废水在形成中产生硫酸导致废水酸度高，并伴随着高浓度的硫酸根离子，溶解在废水中的有色金属离子使水带有颜色。酸性矿山废水特点总体概括如下：

（1）低 pH 值：硫与水、空气、氧气结合，经过各种物理化学作用，产生的 H_2SO_4 溶于水中，使其呈现酸性特征。酸度大、pH 值低，一般为 2~4，会引起水体酸化，对水生生物造成严重危害，对排水管道等存在潜在腐蚀性。

（2）含多种重金属离子如 Cu^{2+}、Fe^{3+}、Fe^{2+}、Zn^{2+}、Cd^{2+}、Hg^{2+}、Pb^{2+}、Al^{3+}、Mn^{2+} 等，可污染土壤、水体、毒害生物。

（3）高硫酸盐浓度：煤矿废水中硫酸根离子浓度一般在 1000~4000mg/L。进入自然环境后，破坏自然界的硫循环平衡，导致水体矿化，其水质和水量的变化随季节变化大。

（4）水量大、水流时间长、排放地点分散、危害范围广、不易控制和处理。

煤矿矿坑水具有铁、锰含量高，酸度高，硫酸盐含量高等特点[12]。大多数的硫铁矿铜、镉含量也都比较高[13]。我国西南典型废弃煤矿矿井涌水与部分受污染地下水具有相似特征，主要表现为低 pH 值、高 SO_4^{2-}、高 TDS 和高硬度，同位素研究发现煤矿矿井水主要来源于第四系坡积物中地下水的补给，酸性矿井水约 65%来源于岩溶水的补给，35% 来源于第四系坡积物中地下水的补给[14]。酸性矿山废水中水质特征在空间垂向分布上存在显著差异，空间分布大致分为表层好氧区与下层厌氧区，金属离子浓度在表层显著低于下层水体[15]。

1.2.2 微生物群落

煤矿酸性废水中的细菌群落组成与天然水体相比存在显著差异，水中含有大量的嗜酸性铁硫代谢菌。在 1947 年，细菌学家 Arthur 发现酸性矿水中有耐酸性细菌的生长，并且这些耐酸性细菌能加快酸性矿水的产生[16]。随着细菌鉴定技术的发展和高通量技术的出现，学者们逐渐探明这部分耐酸性细菌主要是氧化硫硫杆菌和氧化亚铁硫杆菌等铁氧化菌[17]，它们能催化氧化 Fe^{2+} 成为 Fe^{3+}；在接菌后的黄铁矿样品中，其释放铁的速率是未接菌的 9~39 倍[18]。

在自然环境条件下，黄铁矿主要的化学氧化剂是 O_2 和 Fe^{3+}，且 Fe^{3+} 的氧化能力强于 O_2。在黄铁矿化学氧化的初期，水样中 pH 值较高且对反应速率影响较大，Fe^{2+} 和 H^+ 会不断产生。随着反应的进行，新生成的 Fe^{3+} 会发生水解反应，无法进一步氧化黄铁矿。当 pH 值下降至 4. 5 以后，Fe^{3+} 水解产物的溶解度增大，当 pH 值下降至 2. 5 以下时，Fe^{3+} 反应活性显著提高，加上细菌对 Fe^{2+} 的催化转化作用，使得 Fe^{3+} 保持高活度，成为黄铁矿的主要氧化剂。此时，黄铁矿的氧化反应不再与酸碱度有关，而由 Fe^{3+} 活度决定，同时此阶段氧气对黄铁矿的作用变得不重要。当 $pH<3$ 时，Fe^{2+} 的化学氧化速率非常缓慢，反应式 $4Fe^{2+}+O_2+4H^+ \rightarrow 4Fe^{3+}+2H_2O$ 会限制酸性矿水的形成，这时候细菌就会扮演重要角色，加速这一反应的进行。嗜酸性铁氧化菌会加快黄铁矿的氧化，且其速度是自发氧化的 10^6 倍。因此，使 Fe^{3+} 快速再生是促进硫化矿物氧化的关键步骤[19]。大量研究表明，嗜酸性铁硫代谢菌如 *Acidithiobacillus ferrooxidans*、*Ferrovum*、嗜酸氧化硫硫杆菌 *Acidithiobacillus thiooxidans*、氧化亚铁硫杆菌 *Thiobacillus ferrooxidans*、嗜热硫氧化硫化杆菌 *Sulfobacillus thermosulfidooxidans* 等均可加速硫化矿物的氧化。酸性矿山排水自然条件严苛且地球化学因素相对简单，但却具有丰富的嗜酸性铁、硫氧化及异养的细菌和古菌，因而它们的代谢过程一直备受关注。在诸多受采矿影响的酸性土壤、沉积物与 AMD 中，均发现大量嗜酸性氧化亚铁硫杆菌、氧化亚铁钩端螺旋菌等与铁循环相关的嗜酸微生物群落，其环境存在天然富铁行为。通过对位于美国东部的阿巴拉契亚煤田区 AMD 场地的生物地球化学过程研究发现[20]，AMD 以自流泉形式流经由数十年沉积作用形成的“铁沉积阶地”时，其地球化学特征呈梯度变化，即 pH 值下降、Fe^{2+} 浓度下降、Fe^{3+} 浓度上升、总铁浓度下降，而其他金属离子无显著形态转化。表层沉积物中的微生物群落从源头的光合自养型转变为下游的化能自养型，嗜酸程度更强的 Fe^{2+} 氧化微生物群落逐渐成为优势种类，由以 β 变形菌门为优势的微生物群落向 γ 变形菌门过渡。这些研究表明，“铁沉积阶地”中的土著微生物参与了 Fe 的生物地球化学转化过程。Kuang 等[21]对已有的全球范围内酸矿水细菌分子生物学研究成果进行了 Meta 分析，发现尽管具有长距离的地理隔离和矿区基岩种类的差异，不同区域形成的酸性矿水中细菌群落的分布沿着酸碱度梯度却呈现出相似的规律。除酸碱度和水温外，水体中的主要离子含量也会对酸矿水中细菌物种分布产生较大的影响，如水体中作为电子供体的 Fe^{2+} 浓度、电子受体 O_2 的浓度（即溶解氧含量等）。

1.2.3 水中藻类分布

在 1995~1998 年，德国学者 Lessmann[22]研究发现受酸性矿水污染的湖内浮游藻类植物种群主要是以绿藻门和裸藻门为主。在此之后，有学者渐渐发现了耐酸性的藻类，Gross[23]在这一发现上对嗜酸性和耐酸藻类做了生长条件分析，发现这些藻类只能栖息在高酸环境中，在中性环境下无法生长，且低 pH 值并不降低藻类光合效率。除此之外，高浓度的重金属和其生长所需营养物质的沉淀会对藻类的生长造成一定的影响。葡萄牙学者 Luís[24]自 2009 年开始就对酸性矿水周边水生硅藻展开研究，发现硅藻多样性受矿山影响的空间变化要比季节变化更重要，在金属污染较强地区，硅藻群落的优势种群是 *Achnanthidium minutissimum*。在这种极端的条件下，一些硅藻类物种可以生存，且酸碱度和重金属可以分别改变硅藻的物种和形态结构，可用这一变化来判断水体水质的变化情况。我国学者贾兴焕[25]的研究表明，底栖藻类密度、叶绿素 a 浓度、无灰干重及自养指数等受酸性矿山废水影响明显，且枯水期的酸性矿山废水影响更显著。相关分析表明，自养指数与各金属浓度呈显著正相关，而与 pH 值呈显著负相关。除此之外，在长期受酸性矿水污染的河流中，底栖生物很可能会产生抗性。一些藻类如丝藻、短缝藻经常在受酸性矿山废水影响的地区出现，可以作为酸性矿山废水污染的指示种[26]。安徽铜陵狮子山矿区酸矿水溪流上游的丝状绿藻 AMD-algae-1 能够适应酸矿水的酸性环境，并从酸矿水中吸收富集汞，从而降低酸矿水中汞含量[27]。董慧渊等[28]研究了嗜酸藻类在极端酸性环境中的代谢功能及适应机制，从安徽某铁矿酸性矿山废水中分离纯化出了一株光合藻类嗜酸衣藻，最适生长 pH 值为 3.0，最适生长温度在 10~20℃之间，最适光强为 180μE/(m^2·s)，对金属有很强的耐受性，可以作为硫酸盐还原菌的碳源修复酸性矿山废水。张露等[29]发现从酸性矿山废水库中分离纯化获得的油球藻能够同时耐受低 pH 值和一定浓度范围内的 Mn^{2+}，具有耐受低 pH 值、重金属离子以及产碱的作用。针对 AMD 中硫酸盐污染严重的突出问题，吕俊平等[30]利用从环境样品中筛选获得土著藻种绿球藻，通过控制碳和氮等营养物质调控绿球藻硫代谢从而达到分解硫酸盐的目的。

1.3 煤矿酸性废水的危害与环境影响

废弃煤矿酸性废水造成的环境影响在全球具有普遍性，已成为一个世界性的环境问题。在西班牙的里约热内卢地区，酸矿水一直是 Tinto 河的持续污染源。美国和世界各地的大量废弃煤矿所形成的酸矿水已经污染了总长度约 23000 千米的河流，造成了严重的环境后果[31]。南非 Witwatersrand 封闭矿坑中的酸矿水已成为全国关注的重要问题。印度的 Makum 煤矿、韩国的 Gangreung 煤矿和葡萄牙的 Douro 煤矿，对当地水资源和水环境造成了严重破坏。在中国，根据中国煤炭工业协会的统计数据，煤矿数量已经从高峰期的 8 万多座减少到 2018 年底的 5800 座左右，部分老矿区的煤炭濒临枯竭；且据中国地质科学院岩溶地质研究所统计，矿区浅部的“老窑水”（即酸性废水）星罗棋布[32]。原中央直属的 94 个煤炭企业，已有 2/3 的矿山进入到中老年期及衰退期。全国有 50 多座矿业城市的资源处于衰竭状态，约有 400 多座矿山已经或将要关闭。目前在北方相当多煤田已处于闭坑阶段（如唐山、淄博、肥城、枣庄、徐州、淮北、淮南、邯郸、邢台、井陉、阳泉、潞安、晋城、汾西、焦作、鹤壁、乌海），预示着在未来的几年内，“老窑水”将大量产生，大面积污染河流及地下水。我国鲁西南、云南、贵州和山西等地的煤矿已发现众多煤矿酸性废水渗出点，其 pH 值往往在 2~6 之间，且具有高含量的铁、锰金属元素及低含量的铅、砷、铬、铜等有毒元素[33]，AMD 中的酸碱度与硫含量密切相关，AMD 的大量渗出对煤矿生产、生态环境、景观美学等均产生严重危害。

1.3.1 对煤矿生产的危害

煤矿生产的危险源主要有化学危险性，如瓦斯爆炸、工程爆破、中毒、窒息；物理危险性，如机械倒塌、漏电、地表下沉，巷道和开采面的冒顶、片帮、透水等。随着煤矿的开采，地下水涌出、酸矿水产生，对煤矿生产的危害在物理和化学方面都存在着危害，主要对开采浅部煤层时危害较大。由于酸性废水的 pH 值通常在 4~6 之间，严重者 pH 值低于 3 以下，因此对矿井的金属管道及相关设施有着极高的腐蚀性，同时直接威胁拦污、蓄污设施等的安全与稳定，一旦被腐蚀，很容易导致相关设施的垮塌引发危险事故；并且导致维修设备等费用的产生，浪费资源。如果酸性矿井水不及时排放，则会沉积在矿中，不仅在开采煤矿过程中对工人的健康有着危害，而且在煤矿生产过程中会降低煤质。

（1）酸性矿井水对生产过程中机电设备的危害。酸矿水对井下机电设备有强烈的腐蚀作用，尤其是当 $pH<4$ 的时候更是呈强酸性，危害极大。钻杆长时间浸泡在酸性水中可使直径减少，变细、变脆；钢丝绳长时间浸泡在酸性水中会发生断丝情况，从而造成跑罐、掉罐等安全事故；排水设备因为经常抽排酸性水，使用寿命会大幅缩短。

（2）对安全生产的危害。在煤矿生产中，矿井建设和生产中会留设大量的安全煤柱，如部分开采时采空区的支撑煤柱、井田的边界煤柱、老窑积水区或导水断层等井下水体边界的防水煤柱等。酸性矿井水中含有丰富的盐类离子和较低的 pH 值，安全煤柱受酸性水作用会导致煤体性质和介质状态发生改变，进而引起各种工程灾害的发生。例如，1984 年开滦矿务局范各庄矿边界防水煤柱破坏，发生特大突水事故；2008 年河南省济源市马庄煤矿防水煤柱在“老窑水”作用下失稳破坏，造成 21 人死亡。

（3）对矿山建筑物的危害。酸性矿井水接触到井下混凝土支护或排到地面（也包括地表矸石形成的酸性水），因管理不到位渗入地下时，会浸泡建筑物基础，还可以和土壤、混凝土中的多种离子反应产生硫酸盐。这些硫酸盐在结晶过程中膨胀，体积会增大 30%以上，造成混凝土的强度减小，建筑物结构开裂，影响建筑使用安全，严重者可使建筑物报废。

1.3.2 对下游水质和生态环境的影响

酸性矿井水在形成和运移过程中，不断与周围环境进行水-岩相互作用。其组分部分来源于煤中的各种矿物，部分来自水与围岩相互作用的产物。煤矿“老窑水”（酸性废水）的危害不仅体现为水量大、水质差、隐蔽性高，而且还体现在空间的流动性和时间的持久性。煤层开挖后的氧化环境是导致水质恶化的主因，根据国外的一些“老窑水”监测资料，坑道系统内硫化矿物的完全氧化是一个非常漫长的过程，对环境的危害具有“永久性”特征。“老窑水”危害性大的另一原因是它的流动性，其污染范围不仅仅局限于矿区，它会通过各种途径直接或间接进入其他地下含水层或出流地表污染地表水体，多数情况下则经过多次地下、地表转换，呈立体式辐射传播，污染所到之处的地下、地表水体以及土壤和生物均受污染。

早期西方国家率先进行工业革命且肆意采煤燃煤，从而引发了一系列环境问题，其中就有老窑水出渗污染问题。在 1947 年，美国学者 Arthur 就发现了煤矿酸性矿水，在 2000 年，美国联邦环保署资料显示美国有一地区的老窑水污染流域高达 9700 英里[34]。老窑水常见的污染对象是地表水和地下水，矿井废水可通过封闭不实的管道或采动裂隙和断层处入渗至地下水并造成污染，同时也存在溢出地表造成地表水污染的现象，Johnson 等研究表明酸性矿山废水含有高浓度的硫酸盐，这些硫酸盐入渗造成矿区地下水污染，给当地居民的生产生活带来严重危害[35]。煤矿酸性废水的颜色常呈红棕色，水体 pH 值通常为 2~4，具有高浓度的 SO_4^{2-} 以及铁、铅、铜、铝、砷等金属和类金属元素，对地表水和地下水的危害较大[36,37]。在 2014 年，Michael 等[38]对加拿大北部废弃矿场附近的地表水和地下水进行长达五年的监测，发现废弃矿场出水导致周围水体锌、铜、硫酸盐等均高于背景值且形成污染，污染物浓度随时间呈增加趋势。在我国，吕人豪和区嘉炜[39]1964 年在河北唐山开滦煤矿和湖北香溪刘草坡煤矿中发现了酸矿水后，煤矿酸矿水的危害才渐渐被人们重视，截至 2018 年，我国煤矿数量由 1980 年的 8 万多处减少到 5800 多处，部分老矿区的煤炭濒临枯竭。在未来的几年内，老窑水将会大量产生，其带来的危害与环境影响不容小觑。

1.3.3 对景观和人体健康的影响

（1）对景观的影响。大部分酸性矿井水含重金属离子且酸度较高，导致水中的鱼类、藻类、浮游生物等大面积死亡，生物多样性减少，生物数量急剧下降，由于酸性矿井水在排放过程中产生沉淀 $Fe(OH)_3$，使水体两岸和底部变成红褐色，危害水体中鱼类、藻类等生存环境；并且对矿区自然景观影响很大，破坏了当地的景观原貌，可能影响附近的旅游观光产业，同时采矿往往会把周围植被砍伐殆尽，使地表丧失水土保持能力，造成水土流失、岩石裸露，甚至荒漠化等问题，有时产生滑坡、泥石流、崩塌、沉降等，最终结果将使矿区景观与生态自恢复能力丧失，生态环境恶化。由于矿区废水的排放，影响灌溉用水及供水系统，可能对景区的植物以及动物造成影响。酸矿水中的重金属离子易造成水生物链毒性传递，引起水中的藻类、鱼类等水生物大量减少，河岸植物枯死，导致水域景观的变化。

（2）对人体的影响。AMD 中因含有大量的各类重金属元素而危害巨大。除危害水生物体或土壤中农作物外，还会通过食物链功能危及人体。重金属离子在体内能和生理性高分子物质发生作用而使其失活，还能在人体内的一些器官组织中积累，造成人体慢性中毒。当重金属含量达到一定值时，会使人体产生一系列的病变，严重威胁人们的身体健康，最终导致人体发生中毒反应。比如，铜元素能与人体中的某些酶结合，导致这些酶失活而造成某些功能丧失，对人体造成损伤。如果铜的长期摄入量超过 100mg，就可能患上肝硬化等疾病。含铅污染的蔬菜被人类进食后，会造成人体造血、神经系统和肝肾功能的损伤。镉金属元素可以通过水生生物、陆生植物富集。镉进入人体后会对肾脏的近曲小管有较大危害，造成钙等营养素的丢失，使人体的骨质脱钙，“痛痛病”就是镉中毒引起的。

酸性矿山废水进入附近的河流湖泊，会使水中硫酸盐含量增高，增加水的矿化度和硬度，降低水质，不适于人体饮用，并且会降低原有水体的 pH 值，不仅危害到水中生物的生长和繁殖，同时也影响到地下水环境，甚至会渗透进饮用水井带来水源污染，威胁居民的生活环境。

当酸性矿山废水积留在矿中时，在缺氧的状态下，酸矿水中大量 SO_4^{2-} 受脱硫菌属的作用，会挥发出 SO_2、H_2S 等酸性气体，严重刺激人体肌肤、呼吸道及眼睛等身体器官，有时候挥发出的毒性气体可直接使工作人员中毒，严重危害矿坑工人的人身安全，对工人的呼吸系统及皮肤造成损害。

1.4 治理酸矿水的环境、经济和社会效益

目前，对于酸性矿水，尤其是“老窑水”的污染防治措施研究得到了国内外广泛的关注，如何有效地控制和解决煤矿闭坑后“老窑水”对周边环境的影响问题是亟待解决的比较大的难题。目前全国有 50 多座矿业城市的资源处于衰竭状态，约有 400 多座矿山已经或将要关闭，在北方，相当多煤田已处于闭坑阶段，可以预见在未来的几年内，老窑水将遍布各地，大面积污染河流及地下水，其带来的损害不容小觑。为了保障人民群众的饮水安全，维护当地良好的水生态环境，对“老窑水”污染问题进行全面调查并开展系统治理显得十分必要和紧迫。

酸矿水经过治理和资源化利用后不仅减少废污水排放，有效改善当地自然环境，促进生态环境恢复，并且治理酸矿水，达到了环境效益、经济效益以及社会效益的有机统一。

环境效益：酸性矿水经深度处理后进行资源化综合利用，可逐步减少地下水的开采量，有效节约地下水资源，防止因超量开采地下水而造成的地面沉降、地表塌陷等环境问题，保护矿区地表、地下水资源的自然平衡；还可消除对矿区附近河流、周边土壤及农田的污染和影响，对于保护或恢复生态环境起到显著的促进作用；地表水资源的增加有利于植被生长、动物栖息，提升景观美学价值，为矿区周边居民提供休憩娱乐场所，因而具有良好的生态与环境效益。

经济效益：酸性矿井水经初步或深度处理后可作为矿区生产、生活用水，代替清水用于井下洒水防尘以及矿区绿化美化，节约水资源成本，减少用电成本、排污成本，有效提高经济效益。

社会效益：酸性矿井水经初步或深度处理后排放或回用，可有效缓解水资源供求矛盾、促进社会发展。首先，矿井水处理及综合利用可避免因矿井废水排放而引发的诸多矛盾和经济纠纷，逐步改善煤矿企业与附近村镇居民的紧张关系，为构建和谐社会奠定良好基础。其次，可改善矿区附近农业、林业，甚至渔业的发展环境，提升农副产品的产量、质量，有利于生态文明建设。最后，经深度处理的矿井水可缓解矿区日益增加的水需求量和严重紧缺的水资源量之间的矛盾，保证矿区及周边工业企业正常生产与运营，对于矿区及周围经济发展和社会进步起到积极的推进作用。

酸矿水的环保综合治理，在控制污染、保护环境的同时，产生的社会效益和经济效益是非常显著的，可有效节约地下水资源、减少污染物排放、缓解水资源供求矛盾，具有良好的综合效益。

本章小结

酸矿水也称矿山酸性废水（acid mine drainage，AMD），主要是由含还原性硫化物的矿石（如铜矿、铁矿、金矿、铅锌矿、煤矿等）经空气、水和微生物的氧化作用而形成，pH 值一般为 2~4，硫酸盐浓度高，且含多种重金属离子如 Cu^{2+}、Fe^{3+}、Fe^{2+}、Zn^{2+}、Cd^{2+}、Hg^{2+}、Pb^{2+}、Mn^{2+}等。煤矿酸性废水专指煤矿开采期间或闭矿后产生的酸性水，具有极端酸性、高硫酸盐和高重金属含量等特点，水流时间长、排放地点分散、危害范围广，对煤矿周边地下和地表水体、土壤、植被、微生物群落、生态景观和人体健康产生重要影响及巨大威胁。煤矿酸性废水的治理方法很多，如中和法、沉淀法、气浮法、混凝法、反渗透法、氧化还原法、离子交换法、吸附法、电渗析法、溶剂萃取法、生物处理法及液膜法等，微生物处理 AMD 具有费用低、效率高、适用性强、二次污染少的特点，是未来 AMD 处理的发展方向。应用“源头控制+末端治理+资源化利用”的综合治理技术，不仅要了解 AMD 的产生过程与地域特点，而且要掌握先进、有效、成本低的新技术，优先选用低碳、绿色、环保的处理工艺，努力实现环境效益、经济效益和社会效益的有机统一，促进矿山生态环境早日恢复和改善。

思 考 题

1-1　酸性矿山废水的形成途径有哪些?

1-2　简述酸矿水的分类及每种酸矿水的特点。

1-3　在酸矿水的形成过程中，微生物群落的作用是什么?

1-4　酸矿水的危害有哪些?

1-5　从环境效益和社会效益角度分析治理酸矿水的意义。

参考文献

[1] 袁加巧，柏少军，毕云霄，等. 国内外矿山酸性废水治理与综合利用研究进展 [J]. 有色金属工程，2022，12 (4)：131-139.

[2] Levy D B , Custis K H , Casey W H , et al. The aqueous geochemistry of the abandoned spenceville copper pit, Nevada County, California [J]. Journal of Environmental Quality, 1997, 26 (1): 233-243.

[3] Christopher H , Gammons, Terence E , et al. Long term changes in the limnology and geochemistry of the berkeley pit lake, Butte, Montana [J]. Mine Water & the Environment, 2006, 25 (2): 76-85.

[4] Henry C . Controls on pit lake water quality at sixteen open-pit mines in Nevada [J]. Applied Geochemistry, 1999, 14 (5): 669-687.

[5] Amos R T , Blowes D W , Smith L , et al. Measurement of wind-induced pressure gradients in a waste rock pile [J]. Vadose Zone Journal, 2009, 8 (4): 953-962.

[6] 罗琳，张嘉超，罗双，等 . 矿山酸性废水治理 [M]. 北京：科学出版社，2021.

[7] Coggans C J , Blowes D W , Robertson W D , et al. The hydrogeochemistry of a nickel-mine tailings impoundment-Copper Cliff, Ontario [J]. Reviews in Economics Geology B, 1999, 6: 447-465.

[8] Blowes D W , Reardon E J , Jambor J L , et al. The formation and potential importance of cemented layers in inactive sulfide mine tailings [J]. Geochimica et Cosmochimica Acta, 1991, 55 (4): 965-978.

[9] Holmstrom M H , Ljungberg J , Ekster M M , et al. Secondary copper enrichment in tailings at the Laver mine, northern Sweden [J]. Environmental Geology, 1999, 38 (4): 327-342.

[10] Blowes D W , Jambor J L . The pore-water geochemistry and the mineralogy of the vadose zone of sulfide tailings, Waite Amulet, Quebec, Canada [J]. Applied Geochemistry, 1990, 5 (3): 327-346.

[11] Moncur M C , Ptacek C J , Blowes D W , et al. Release, transport and attenuation of metals from an old tailings impoundment [J]. Applied Geochemistry, 2005, 20 (3): 639-659.

[12] 赵琦琳，杨宗慧，杨子龙 . 云南煤矿矿坑水水质问题及综合治理探析 [J]. 环境与可持续发展，2016，41 (1)：124-127.

[13] 单士锋 . 安徽铜陵某废弃金属矿山矿化围岩酸性水污染分析 [J]. 资源信息与工程，2020，35 (3)：10-13.

[14] 李波，刘国，聂宇晗，等 . 西南典型废弃硫铁矿水化学特征及环境同位素分析 [J]. 环境科学与技术，2020，43 (10)：8.

[15] 王广成，王绍平，邵锐，等 . 安徽省某酸水库水质与细菌结构空间分布特征 [J]. 绿色科技，2021，23 (10)：3.

[16] Colmer A R, Hinkle M E. The role of microorganisms in acid mine drainage [J]. Science, 1947, 106 (2751): 253-256.

[17] 修世荫．硫元素微生物地球化学研究及其地质意义［J］．化工地质，1993（2）：101-106.

[18] Baldi F，Clark T，Pollack S S，et al. Leaching of pyrites of various reactivities by thiobacillus ferrooxidans. [J]. Applied and Environmental Microbiology，1992，58（6）：1853-1856.

[19] Singer P C，Stumm W. Acidic mine drainage：the rate-determining step. [J]. Science（New York，N. Y.），1970，167（3921）：1121-1123.

[20] Gammons C H，Poulson S R，Pellicori D A，et al. The hydrogen and oxygen isotopic composition of precipitation，evaporated mine water，and river water in Montana，USA [J]. Journal of Hydrology，2006，328（1-2）：319-330.

[21] Kuang Jialiang，Huang Linan，Chen Linxing，et al. Contemporary environmental variation determines microbial diversity patterns in acid mine drainage. [J]. The ISME Journal，2013，7（5）：1038-1050.

[22] Lessmann D，Fyson A，Nixdorf B. Phytoplankton of the extremely acidic mining lakes of Lusatia（Germany）with pH ≤3 [J]. Hydrobiologia，2000，433（1）：123-128.

[23] Wolfgang Gross. Ecophysiology of algae living in highly acidic environments [J]. Hydrobiologia，2000，433（1-3）：31-37.

[24] Luís A T，Teixeira P，Almeida S F P，et al. Impact of acid mine drainage（AMD）on water quality，stream sediments and periphytic diatom communities in the surrounding streams of Aljustrel mining area（Portugal）[J]. Water，Air，and Soil Pollution，2009，200（1-4）：147-167.

[25] 贾兴焕，蒋万祥，李凤清，等．酸性矿山废水对底栖藻类的影响［J］．生态学报，2009，29（9）：4620-4629.

[26] Gillian E Douglas，David M John，David B Williamson，et al. The aquatic algae associated with mining areas in PeninsulaMalaysia and Sarawak：their composition，diversity and distribution [J]. Nova Hedwigia，1998，67（1）：189-211.

[27] 姚玉琴，李旭，张茂旭，等．酸矿水中丝状绿藻对酸和汞的耐性［J］．江苏农业科学，2012，40（5）：299-301.

[28] 董慧渊．酸性矿山废水中嗜酸衣藻基因组学与转录组学研究［D］．北京：中国地质大学（北京），2019.

[29] 张露．一株耐酸微藻的分离鉴定及其对金属离子胁迫的生理响应［D］．合肥：合肥工业大学，2021.

[30] 吕俊平，郭俊燕，冯佳，等．基于微藻培养的煤田酸性矿山废水硫酸盐资源化利用研究［C］//中国植物学会八十五周年学术年会论文摘要汇编（1993-2018），2018：398.

[31] Caraballo M A，Macias F，Rotting T S，et al. Long term remediation of highly polluted acid mine drainage：a sustainable approach to restore the environmental quality of the Odiel river basin [J]. Environ Pollut，2011，159（12）：3613-3619.

[32] 吕欣．老窑水对阳泉山底河流域水生态环境的影响及防治对策研究［D］．太原：山西大学，2021.

[33] 陈迪．高硫煤废弃矿井微生物群落演替规律及铁硫代谢基因的功能预测［D］．北京：中国矿业大学，2020.

[34] 杨策，钟宁宁，陈党义．煤矿开采过程中地下水地球化学环境变迁机制探讨［J］．矿业安全与环保，2006（2）：30-32，35，89.

[35] Johnson D Barrie，Hallberg Kevin B. Acid mine drainage remediation options：a review. [J]. The Science of the Total Environment，2005，338（1-2）：3-14.

[36] 石磊．酸性矿排水中微生物遗传多态性研究［J］．科技资讯，2012（8）：95-96.

[37] 尹国勋，王宇，许华，等．煤矿酸性矿井水的形成及主要处理技术［J］．环境科学与管理，2008（9）：100-102.

[38] Michael C Moncur，Carol J Ptacek，Masaki Hayashi，et al. Seasonal cycling and mass-loading of dissolved metals and sulfate discharging from an abandoned mine site in northern Canada［J］. Applied Geochemistry，2014，41：176-188.

[39] 吕人豪，区嘉炜．酸煤矿水中氧化硫硫杆菌（Thiobacillus thiooxidans）的分离及其特征［J］．微生物学报，1964，10（4）：467-476.

2 煤矿酸性废水的产生条件与产生过程

本章提要：

(1) 熟悉煤矿酸性废水产生的物理、化学以及生物条件。

(2) 掌握利用化学反应式推演酸矿水的形成机理和过程。

(3) 了解煤矿酸性废水形成过程中微生物是如何协同起作用的。

2.1 煤矿酸性废水的产生条件

影响煤矿酸性废水的产生条件按照性质分为三大类：物理因素、化学因素以及微生物因素，包括酸碱度、溶解氧、黄铁矿的分布和赋存方式、硫含量、煤炭成分和黄铁矿之间的相互作用过程等（见图 2-1）[1]。

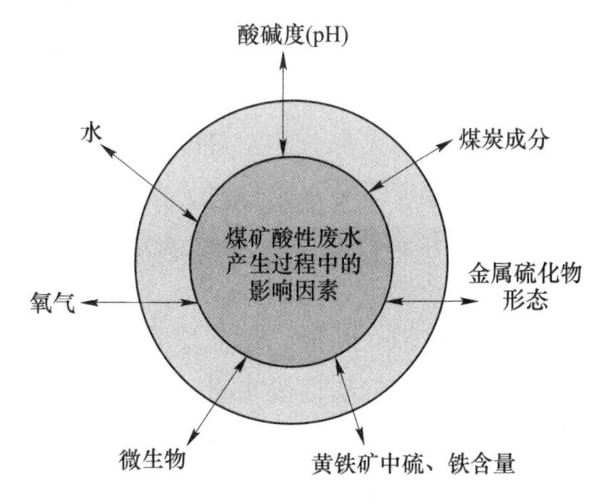

图 2-1 多因素交互作用影响煤矿酸性废水的生成

2.1.1 物理因素

2.1.1.1 聚水空间

煤矿酸性废水的储存情况受采煤老空区覆岩结构类型、空间分布特征、地层岩性特征、地质及水文条件等多方面影响。聚水空间的大小决定了煤矿酸性废水的规模、形态特征等，影响聚水空间蓄水能力大小的因素主要有[2,3]：

(1) 煤矿酸性废水的补径排条件。主要指老空区周围补给水源类型、含水层的富水性、充水通道各种裂隙发育情况、水源进入通道的渗流过程，以及是否存在煤矿酸性废水排泄等情况。

（2）覆岩结构特征及周围岩层的透水性能。主要指上覆岩层破碎程度、活化特征，开采煤层后对含水层和隔水层的影响，老空区周围岩层的透水性能等。

（3）老空区积水的空间分布特征及历时长短。主要指煤矿酸性废水的空间分布特点，位于地层较低处容易积水，如向斜轴部、背斜两翼、正断层下盘等。

煤矿酸性废水的积水规律按照时间因素进行发展，属于历时形成过程。主要经历三个过程：进水过程、蓄水过程、排泄过程。进水过程与水源类型、含水层的富水特征、通道发育情况等有关。水源充足有稳定补给，水流渗透途径发育，则充水量大、充水过程迅速。积水、排泄过程受老空区空间分布特征、规模大小、周围岩性特征、透水性能等条件影响。积水过程中，老空区积水量的大小随时间的推移而逐渐增大，一定时间后，补给量与排泄量达到平衡或者聚水空间蓄水能力达到最大值，此时积水量保持不变，达到稳定值，老空区水位达到最大值，积水过程趋于稳定平衡状态。排泄过程中，随着时间的推移，受水压力、矿山压力、地质条件以及人类活动等多方面的影响，裂隙会不断发育，老空区积水会通过周围岩层变形产生的裂隙通道排泄到老空区底部或煤层巷道等其他区域储水空间内，此时水量会逐渐减少。在不同条件下，受各种因素的影响，老空区积水成因特征表现出时间与空间的不同组合形式。不同成因的煤矿酸性废水其积水过程、积水量大小以及积水稳定平衡过程等各不相同。

2.1.1.2 充水水源

水源主要来自大气降水、地表水、第四系松散沉积层潜水、砂岩裂隙水、岩溶水等[4]，不同的水源具有不同的特点和影响因素。大部分积水情况往往是由多种水源共同作用而形成的，单一水源的情况较少。

大气降水是最为常见的一种，因为大部分的水最终都来源于此。当煤层埋深浅，且在地表与采空区之间存在断层和裂隙通道等导水条件时，大气降水可通过渗流的方式进入采空区。因此，降雨过程影响老空区充水特征，雨水渗入量的大小取决于降雨量、降雨强度、持续时间、裂隙发育程度以及入渗条件等因素。

地表水可通过冒落带、导水裂隙带、断层、地面塌陷坑以及封闭不良的钻孔等充水通道进入煤矿采空区，在采空区聚集，增加酸性废水量。此类别的煤矿酸性废水受水文、气象影响，具有季节性和常年性特征，充水量的大小取决于老空区与区域地表水的水力联系强弱、地层岩性的透水性能及地质构造条件等。

松散沉积层潜水也可以通过各种裂隙进入采空区，有煤矿开采过程中形成的冒落裂隙，也有各类地质构造以及其他人类活动造成的孔洞裂隙等。该水源一般来自松散层孔隙水，当其富水性强、补径排条件完整时，可成为老空区充水水源。其积水量的多少取决于地层岩性各种性质特征。

砂岩裂隙水及岩溶水经常受到地表或其他含水层的补给，影响其水量大小的因素有厚度、渗透性、富水特征以及地下水补径排条件。此类水源可通过煤矿开采形成的冒落裂隙以及地质构造等渗透途径进入采空区。

2.1.1.3 充水通道

充水通道是指老空区水源渗透汇聚到老空区空间的途径，是积水的重要因素。常见的充水通道有：顶板垮落形成的冒落裂隙通道、底板突破通道、陷落柱、地层的裂隙与断裂带、地面塌陷坑、断层、封闭不良钻孔等[5]。不同的煤矿开采方式及地质条件所形成的老空区结构特征不同，因而形成的老空区充水通道各不相同，结构类型各异的老空区充水途径一般由多种通道共同存在。

老空区充水途径根据其成因特征可以分为天然和人为的两类。因其成因类型不同，渗透过程中充水水源的水动力特征也不同，由此所形成的老空区充水方式、充水特征及积水量的大小各不相同。

天然的充水途径主要包括裂隙与断裂带、岩溶、孔隙等，主要有以下三种情况：

（1）坚硬的地层中裂隙相对发育部位相互连通可构成裂隙通道，裂隙含水层因其裂隙发育不均匀，多为弱含水层，其透水性相对较差。断裂带可分为隔水和透水两类，隔水性情况在水平没有水力联系，垂直可导水也可隔水；透水性情况在水平和垂直都有水力联系。

（2）岩溶，包括各类孔洞裂隙等。岩溶通道分布极不均匀且类型众多，有大、中、小型岩溶通道、导水陷落柱通道、岩溶塌陷及“天窗”通道等。一般情况下，岩溶含水层富水性强，岩溶通道有较稳定的水源补给，充水量相对较大。

（3）孔隙通道主要指颗粒间的缝隙。孔隙通道不仅可以输送松散含水层的水进入老空区，还可以沟通地表水的水源，作为大气降水和地表水进入老空区汇聚的通道，孔隙发育情况受地质条件等多方面影响。

人为的充水途径主要包括顶底板的裂隙以及钻孔等通道，也分为三种：

（1）顶板冒落裂隙通道，是指煤层开采后上覆岩层发生破碎冒落形成的透水裂隙，此种裂隙在地层纵向上发育较深，裂隙分布不均匀，当裂隙到达上覆水源时，可连通上覆水源到老空区的途径。

（2）底板突破通道，是指煤层开采后破坏了原有应力的平衡导致裂隙产生。当底板隔水层发生破坏，就会形成人为裂隙通道，沟通底板以下含水层，使下部高压地下水通过裂隙通道进入老空区，其裂隙发育情况受煤层开采过程、底板以下充水水源水压力大小、围岩特征及矿山压力等地质条件的影响。

（3）钻孔通道，是指在各种勘探过程中施工打孔所形成的贯穿整个地层的通道。钻孔可沟通地表水、上覆含水层及下部含水层之间的水力联系，如果勘探结束后钻孔封闭不良或未封闭，各种充水水源可通过钻孔通道汇聚老空区内，钻孔孔径的大小、钻进深度及揭露含水层的层数等影响渗水量的多少。

2.1.2 化学因素

煤矿酸性废水的生成转化是一个多矿物、多气体组分在氧化还原、溶解沉淀、吸附解吸、离子交换、络合和微生物作用下协同参与的综合过程[6]。例如，围岩中的许多矿物对煤矿酸性废水有缓冲作用。黄铁矿是煤矿酸性废水形成的前提，黄铁矿储量决定了酸的生产能力。当产酸能力超过碱性矿物的中和和消化能力时，pH 值将越来越低；当溶解的重金属超过黏性矿物的吸附量时，金属离子浓度会越来越高[7]。通过吸附实验和 PHREEQC 软件可以实现这一综合过程的模拟。

多种因素控制着煤矿酸性废水的化学的演变和重金属的释放。如果煤矿采空区中的耗酸矿物不足，则会形成酸性废水[8]。山西含煤地层岩性主要为灰岩、砂岩、泥岩和页岩；其中灰岩对酸有较好的中和作用，而砂岩、泥岩、页岩富含黏土矿物（高岭石、蒙脱石、水云母），对金属离子有较好的吸附作用[9]。当采空区的酸性废水流出汇入地表水时，它从一个相对封闭的环境进入一个开放的环境，水化学平衡被打破，其水质迁移转化伴随着氧化-还原、溶解-沉淀、吸附-解吸、离子交换、络合、微生物等反应，涉及多种矿物和气体成分[10]。目前的研究主要集中在煤矿关闭后污染区的水质调查，还缺乏对特定关闭煤矿中酸性废水的针对性研究。

酸性废水的形成原因主要是硫化矿物（表 2-1）在氧气、水以及微生物作用下的氧化，最常见的是黄铁矿（FeS_2）。虽然这一过程是自然发生的，但煤炭的开采活动会加速煤矿酸性废水的生成过程，因为此类活动会增加硫化物类矿物质暴露于空气、水和微生物的程度[11]。煤矿酸性废水的生成过程极其复杂，因为它涉及化学、生物和电化学反应，这些反应随环境条件的变化而变化。空气进入岩体，产生硫酸铁盐，可溶解在地下水中，从而污染地下水，由此产生的水质有机物含量低，但溶解铁盐含量高，且通常含有游离硫酸[12]，pH 值可能降至 2 以下，如果地层中存在铁石层，铁含量可能达到 2000mg/L。

表 2-1 能够产生酸性废水的金属硫化物

金属硫化物名称	化学分子式	金属硫化物名称	化学分子式
黄铁矿	FeS_2	千枚矿	NiS
黄铜矿	Cu_2S	辉钼矿	MoS_2
方铅矿	PbS	磁黄铁矿	$Fe_{1-x}S$
闪锌矿	ZnS	毒砂	FeAsS

煤矿酸性废水在运营和非活动或废弃的采煤场地均可产生，如地下隧道和竖井、露天矿、废石堆和选矿厂尾矿等。虽然煤矿酸性废水在矿山处于活跃生产状态时危害并不明显，因为通过抽水将地下水位保持在较低水平，但在关闭和废弃的矿山中，由于水泵关闭，导致地下水位反弹，煤矿酸性废水的浓度和水量都相对增大，情况反而更严重。

2.1.3 生物因素

由于煤矿酸性废水的酸性以及其中溶解的金属浓度普遍较高，通常被认为是没有生命的，这一论断可能对于高等生命形式来说是正确的，但半个多世纪前，已经有人发现矿山酸性废水中存在微生物[13]。第一种从矿山酸性废水中分离出来的微生物[13,14]是一种铁氧化微生物，即氧化亚铁硫杆菌。随后，研究者使用传统的微生物分离方法，通过培养基分离出多种嗜酸性微生物，之后将分子生物学技术引入矿井排水微生物学的研究，从而对嗜酸性微生物多样性的认识有了很大提高[15-17]。已经检测到的嗜酸菌种类包括著名的嗜酸性氧化亚铁硫杆菌 *Acidithiobacillus ferrooxidans*（*A.f.*）、氧化亚铁钩端螺旋体、铁氧化异养菌、专性异养菌，以及许多最近才被确认的酸矿水中的常见微生物[18,19]，如中度嗜酸性细菌（包括硫单胞菌和盐硫杆菌属）[20]，这类细菌以前被认为仅通过硫氧化生长，后在中度酸性固体培养基上作为铁氧化细菌从酸矿水（AMD）中分离出来[21]。另一种经常在 AMD 中检测到的细菌是铁氧化性 β-杆菌 *Ferrovum myxofaciens*，它在好氧或缺氧/厌氧条件下都能将 Fe(Ⅱ) 氧化成 Fe(Ⅲ)，可产生大量胞外多糖。

对嗜酸菌生理特性的日益了解为控制微生物种群提供了线索。酸性废水的温度是水中微生物种群分布的明显控制因素。一般来说，酸性废水中以中温性嗜酸菌为主，但在一些黄铁矿含量较多的煤矿，剧烈的氧化导致水温升高，中度嗜热菌在微生物种群中占主导地位[21]；而在许多从地下矿井流出的酸性废水中，温度往往较低，因此，耐低温的铁氧硫杆菌种类常占据优势[22]。微生物种群的另一个控制因素是 pH 值，pH 值相对较高的酸性废水通常由中度嗜酸菌控制，而非极端嗜酸的种类。

除此之外，电子供体（如 Fe^{2+}）和电子受体（如氧气）的相对亲和力、微生物附着到固体表面形成生物膜的能力等因素对 AMD 中的微生物种群分布和类别也起一定的控制作用。亚铁通常是煤矿酸性废水的主要成分，铁氧化是酸性废水中嗜酸性原核生物催化的关键反应。异养嗜酸菌是有机碳周转的关键，它来源于初级生产者（例如自养铁氧化剂）或来自周围土壤，能还原三价铁[23]。硫酸盐是酸性矿山废水中的另一种重要溶质，可作为微生物厌氧生长的重要电子受体。

总之，在煤矿酸性废水中可发现许多不同种类的微生物，生物多样性受水体 pH 值、温度和氧含量等的控制。大多数嗜酸菌是原核微生物，包括多种细菌和古细菌[24,25]。煤矿酸性废水中发现的大多数微生物可以利用 Fe^{2+} 作为电子供体，许多铁氧化菌在煤矿酸性废水水域中充当先驱初级生产者，将二氧化碳固定到有机物中[26]。在嗜酸性铁氧化细菌群中，还可以找到高度特化的属，如钩端螺旋体（只在需氧条件下氧化 Fe^{2+}）、酸性硫杆菌（可以在需氧和厌氧条件下生长，并且可以使用不同的能源）等。在这些特殊环境的微生物生态中，自养细菌和藻类等初级生产者的存在支撑了大量异养嗜酸菌的稳定。许多能够减少 Fe^{3+} 的异养嗜酸菌虽然在煤矿酸性废水的地球化学循环中扮演次要角色，但它们通过去除可能有毒的有机化合物，有助于为铁氧化细菌创造更合适的环境[27]。

2.2 煤矿酸性废水的产生过程

2.2.1 化学反应

煤矿酸性废水是含硫煤矿在开采过程中，煤系地层和围岩中的硫化矿物（如黄铁矿 FeS_2）、有机硫等在与氧气和水接触的条件下，被氧化硫杆菌、氧化亚铁硫杆菌等微生物催化氧化，经过一系列生物地球化学反应产生的[28]，主要特征是 pH 值低，SO_4^{2-}、Fe^{2+}、Fe^{3+} 含量较高。对于硫化矿物的氧化可分为化学氧化和生物氧化两大类，其中化学氧化主要包括黄铁矿氧化、磁黄铁矿氧化、含砷矿物氧化以及其他金属硫化物等的氧化[29]。

2.2.1.1 黄铁矿的氧化

煤系地层大多形成于还原环境，含黄铁矿的煤层形成于强还原环境。煤炭中硫含量一般为 0.3%~5%，主要以黄铁矿形式存在，占煤含硫量的 2/3 左右[30]。煤层开采后处于氧化环境，黄铁矿与矿井水和空气接触后，经过一系列的氧化、水解等反应，生成硫酸和氢氧化铁，使水呈现酸性，即产生了酸性煤矿废水[31,32]。演化过程中发生的主要化学反应如下：

（1）黄铁矿氧化生成游离硫酸和硫酸亚铁：

$$2FeS_2 + 7O_2 + 2H_2O \longrightarrow 2H_2SO_4 + 2FeSO_4 \tag{2-1}$$

（2）硫酸亚铁在游离氧的作用下转化为硫酸铁：

$$4FeSO_4 + 2H_2SO_4 + O_2 \longrightarrow 2Fe_2(SO_4)_3 + 2H_2O \quad (2\text{-}2)$$

（3）在采空区中游离氧的存在下，硫酸亚铁进一步氧化生成硫酸铁：

$$12FeSO_4 + 3O_2 + 6H_2O \longrightarrow 4Fe_2(SO_4)_3 + 4Fe(OH)_3 \quad (2\text{-}3)$$

（4）水中的硫酸铁具有进一步溶解各种硫化矿物的作用：

$$Fe_2(SO_4)_3 + MS + H_2O + 3/2O_2 \longrightarrow MSO_4 + 2FeSO_4 + H_2SO_4 \quad (2\text{-}4)$$

（5）硫酸铁在弱酸性水中发生水解而产生游离硫酸：

$$Fe_2(SO_4)_3 + 6H_2O \longrightarrow 2Fe(OH)_3 + 3H_2SO_4 \quad (2\text{-}5)$$

（6）在矿井深部硫化氢含量高时，在还原条件下，富含硫酸亚铁的矿井水也可产生游离硫酸：

$$2FeSO_4 + 5H_2S \longrightarrow 2FeS_2 + 3S + H_2SO_4 + 4H_2O \quad (2\text{-}6)$$

这是煤矿酸性废水的基本形成过程。在煤矿酸性废水形成初期，水质类型大多为砂岩水类型，一般为HCO_3-Na 型，pH 值较高，大于 8.3，随着煤层开采，还原环境转为氧化环境，砂岩水（与第四系水）混入，黄铁矿氧化、硫酸根含量增加，pH 值缓慢降低，形成$HCO_3 \cdot SO_4$-Na 型水，伴随着硫化矿物的进一步溶解和游离硫酸的进一步生成，硫酸根离子含量越来越高，而 pH 值越来越低（致使 HCO_3^- 含量减少），煤矿酸性废水的矿化度会越来越高，而含钙、镁的矿物溶解越来越多，钙、镁离子成分逐渐超过钠离子，水质类型逐渐演变成SO_4-Ca · Mg 型水[33]。

黄铁矿是最常见的硫化矿物之一，可以通过黄铁矿为主的化学氧化过程简要表示煤矿酸性废水的产生机制：

（1）矿物氧化反应。第一个重要反应是硫化物矿物氧化成溶解的铁、硫酸盐和氢（见式（2-7）），产生可溶性的 Fe^{2+}、SO_4^{2-} 和 H^+，表示水中溶解固体的总量和水的酸度增加，这种情况下如果没被碱性物质中和，则可直接导致矿山废水 pH 值降低。

$$2FeS_2 + 7O_2 + 2H_2O \longrightarrow 2Fe^{2+} + 4SO_4^{2-} + 4H^+ \quad (2\text{-}7)$$

（2）亚铁离子氧化反应。经过第一步，如果周围环境具备合适的 O_2 浓度、酸碱度条件和细菌活性，亚铁离子将继续被氧化，大部分亚铁将氧化为三价铁：

$$4Fe^{2+} + O_2 + 4H^+ \longrightarrow 4Fe^{3+} + 2H_2O \quad (2\text{-}8)$$

（3）三价铁沉淀反应。当 pH 值介于 2.3 和 3.5 之间时，三价铁沉淀为 $Fe(OH)_3$ 和黄钾铁矾，在溶液中留下少量 Fe^{3+}，同时降低 pH 值：

$$Fe^{3+} + 3H_2O \longrightarrow Fe(OH)_3(s) + 3H^+ \quad (2\text{-}9)$$

由反应（2-8）产生的 Fe^{3+}并没有全部通过式反应（2-9）生成 $Fe(OH)_3$ 沉淀，没有参与反应（2-9）的 Fe^{3+}可以用于氧化额外的黄铁矿，如下式所示：

$$FeS_2 + 14Fe^{3+} + 8H_2O \longrightarrow 15Fe^{2+} + 2SO_4^{2-} + 16H^+ \quad (2\text{-}10)$$

基于这些简化了的基本反应，产生最终沉淀为 $Fe(OH)_3$ 的酸性水生成过程可由化学反应式以式（2-7）~式（2-9）组合表示：

$$4FeS_2 + 15O_2 + 14H_2O \longrightarrow 4Fe(OH)_3 + 8SO_4^{2-} + 16H^+ \quad (2\text{-}11)$$

另一种，表示稳定的三价铁离子氧化额外黄硫矿的总反应式（反应式（2-7）~式（2-9）的组合）为：

$$2FeS_2 + 15/4O_2 + 13Fe^{3+} + 17/2H_2O \longrightarrow 15Fe^{2+} + 4SO_4^{2-} + 17H^+ \tag{2-12}$$

上述所列的化学反应式，除了式（2-8）和式（2-9）外，均假设氧化矿物为黄铁矿，氧化剂为氧气。然而，其他硫化物矿物，如磁黄铁矿（FeS）和辉铜矿（Cu_2S）具有金属硫化物和除铁以外的金属的不同的比率。其他氧化剂和硫化物矿物有不同的反应途径、化学计量比和速率，但对这些变化的研究目前相对有限。

2.2.1.2 *磁黄铁矿氧化*

磁黄铁矿是另一种常见的硫铁矿物，是化学分子式为 $Fe_{1-x}S$（$0 \leqslant x \leqslant 0.125$）的一类物质的总称，组成范围为 $Fe_7S_8 \sim Fe_{11}S_{12}$。它的结构具有多种晶体形式，其中铁原子最亏空的 Fe_7S_8 具有单斜晶对称，而其他一些中间状态产物和 FeS 则分别具有六方晶和正方晶结构。晶体结构中的空缺点导致磁黄铁矿比其他硫化物矿物具有更强的反应能力[34]。磁黄铁矿的化学性质由于晶体结构中存在铁亏空而变得更加复杂，晶体结构中铁的亏空导致更低的晶体对称性，从而增强它的反应性，其氧化速度为黄铁矿的 20~100 倍[35]。真空条件下对刚破碎的磁黄铁矿表面分析表明，磁黄铁矿表面有 Fe^{3+} 与 S 相互作用，磁黄铁矿结构中 Fe 的不足可导致磁黄铁矿矿物结构从单斜晶（Fe_7S_8）到六方晶形（$Fe_{11}S_{12}$）变化[36]。

磁黄铁矿的分解可以通过氧化或非氧化反应进行，氧化分解速率为非氧化分解的 10^3 倍，溶解氧和三价铁是磁黄铁矿的重要氧化剂。当氧气作为主要氧化剂时，整体反应可写为：

$$Fe_{1-x}S + (2 - 0.5x)O_2 + xH_2O \longrightarrow (1 - x)Fe^{2+} + SO_4^{2-} + 2xH^+ \tag{2-13}$$

氢离子的产生与矿物化学组成有关，其中 1mol Fe 缺失形式（$x=0.125$）的氧化可产生 0.25mol 的氢，而单硫铁矿（$x=0$）则不会产生氢。氢离子也可通过溶解性铁的氧化过程产生，从而生成氢氧化铁的沉淀；

$$Fe^{2+} + 0.25O_2 + H^+ \longrightarrow Fe^{3+} + 0.5H_2O \tag{2-14}$$

$$Fe^{3+} + 3H_2O \longrightarrow Fe(OH)_3(s) + 3H^+ \tag{2-15}$$

$$Fe_{1-x}S + (1 - x)O_2 + 4H_2O \longrightarrow (9 - 3x)Fe^{2+} + SO_4^{2-} + 8H^+ \tag{2-16}$$

在 pH <4.5 的情况下，三价铁成为磁黄铁矿最主要的氧化剂，因此，反应（2-14）成为磁黄铁矿化学氧化过程中的速度决定步骤。自然环境中的铁氧化细菌，尤其是氧化亚铁硫杆菌，能催化二价铁的氧化反应，从而大大加速磁黄铁矿的氧化过程。反应（2-13）还说明不同化学组分的磁黄铁矿氧化后产生酸的量是不同的。

磁黄铁矿在含氧化剂或酸的溶液中不稳定，会发生氧化溶解或非氧化溶解。在酸性溶液中，磁黄铁矿通过消耗酸的非氧化溶解释放出 H_2S 气体（反应（2-17））或者通过氧化溶解生成酸（反应（2-18））：

$$Fe_{1-x}S + 2H^+ \longrightarrow (1 - 3x)\ Fe^{2+} + 2xFe^{3+} + H_2S \tag{2-17}$$

$$2Fe_{1-x}S + O_2 + 4H^+ \longrightarrow (2 - 6x)\ Fe^{2+} + 4xFe^{3+} + 2S^0 + 2H_2O \tag{2-18}$$

磁黄铁矿在厌氧酸溶液中的溶解有四个阶段：Fe(Ⅲ)的硫氧化合物/氢氧化物从最外层解离、氧化溶解、单一硫的快速加酸反应以及矿物表面重新氧化成多硫化合物和硫氧化合物。在温和 H_2SO_4(pH =3.0)溶液反应后的磁黄铁矿形成质地和化学性质复杂的表面。紧挨着未参加反应的磁黄铁矿表面是高 S/Fe 比例区域；矿物最外层形成 Fe(Ⅲ)的氢氧化物层：化学电势梯度促进含硫化合物在氢氧化物/硫化物界面分散，从而产生 O-S 浓度不成比例的层。酸消耗和氧化还原电势降低是磁黄铁矿最初溶解阶段的特征。

磁黄铁矿在无氧的 HCl 溶液中会生成元素硫沉淀，元素硫在矿物表面的积累将会阻滞后续阶段的溶解过程。在磁黄铁矿的溶解过程中，铁溶解到溶液中，硫则停留在颗粒表面或以 H_2S 气体的形式挥发。溶解后，铁基本上以二价铁的形式存在，表明未发生氧化。非氧化溶解后的磁黄铁矿表面会出现一些裂痕，这并非最外层的简单溶解，而是颗粒表面的选择性溶解。磁黄铁矿在含饱和空气的酸溶液中的反应机理主要是氧化溶解，铁以比硫更快的速度离开固体表面进入溶液，从而形成富硫的颗粒表面。磁黄铁矿逐步氧化溶解的机理如下：(1) 溶液中 Fe^{2+} 被氧分子氧化；(2) 磁黄铁矿被 Fe^{3+} 氧化。磁黄铁矿氧化和溶解的一个重要特征是形成非理想配比的非平衡层，这一非平衡层的形成是磁黄铁矿以及其他硫化物矿物在溶解过程中发生钝化的原因，而且它的形成和老化还会大大改变磁黄铁矿的反应性。

2.2.1.3 含砷矿物氧化

砷黄矿物（FeAsS）的氧化反应能够同时释放出 S 和 As。在空气中矿物能够迅速发生氧化，矿物中的 As 能够氧化成 As(Ⅲ)，其氧化速率比同一表面上 Fe 的氧化更快，在这一过程中，仅少量的硫发生氧化反应。在酸性条件下，矿物形成富硫表面。在矿物表面可以观察到 As 和 S 存在多种氧化态，在与空气中水反应后，氧化物是表面形成的主要含铁矿物层，同时表层还有丰富的 As(Ⅴ)、As(Ⅲ)和 As(Ⅰ)等物质，在矿物表面上也有少量的硫酸盐。与 S 相比，As 更容易被氧化，As(Ⅰ)与 Fe(Ⅱ)有相近的氧化速率，As 持续向表面扩散从而产生大量的 Fe(Ⅲ)和 As(Ⅴ)，促进亚硫酸盐和砷酸盐的选择性快速浸出[37]。砷酸盐氧化反应包括以下反应，产生等量的 $H_2AsO_4^{2-}$ 和 $HAsO_4^-$：

$$4FeAsS + 11O_2 + 6H_2O \longrightarrow 4Fe^{2+} + 4H_3AsO_3 + 4SO_4^{2-} \tag{2-19}$$

$$2H_3AsO_3 + O_2 = 2HAsO_4^{2-} + 4H^+ \tag{2-20}$$

$$2H_3AsO_3 + O_2 = 2H_2AsO_4^- + 2H^+ \tag{2-21}$$

如黄铁矿生成氢氧化铁沉淀一样，溶解性铁化合物的氧化进一步生成了酸，总的来说，1mol 砷酸盐会产生 3.5mol 氢离子。砷黄铁矿比黄铁矿、黄铜矿、方铅矿和闪锌矿更容易被氧化。砷黄铁矿的氧化速率在酸性介质中比在空气、水或碱性溶液中快[38]。

在 25℃ 近中性（pH 值 6~7）条件下，砷黄铁矿被溶解氧氧化，表明砷黄铁矿的氧化速率与溶解氧基本无关，同时也说明 As 与 S 一样能够发生氧化分解。同时，砷黄铁矿表面的砷和硫释放比铁要慢得多。因此，释放砷的速率不代表砷黄铁矿的氧化分解，与黄铁矿类似，砷黄铁矿的氧化是一个包含阴极反应、电子传递和阳极反应的三步电化学过程[39]。砷黄铁矿的表面能够形成一层钝化膜，可以保护矿物免受进一步的氧化，然而，当同样的矿物在矿井废水中出现时，砷黄铁矿氧化层下的矿物元素（如 As、S 等）大量浸出，浸出后产生的酸性废水将使累积的亚砷酸铁和砷酸盐溶出。黄铁矿中含有大量的砷，砷取代硫后形成 As-S 双阴离子基团，同黄铁矿中的砷一样，它使黄铁矿反应性更强，加速了矿物的分解过程。

砷硫化物的氧化过程包括雄黄和雌黄产生的亚砷酸盐为主要砷化合物和硫化中间产

物，氧化速率随 pH 值、溶解氧浓度和温度的升高而加快。与黄铁矿相比，雌黄和雄黄的氧化速率在 pH 值为 2.5~9 时较慢，而在中性至碱性条件下，非晶态的砷硫化物氧化速率加快[40]。在酸性条件下，砷黄铁矿氧化速率比雌黄和雄黄快 4~5 个数量级，比亚砷黄铁矿快 3~4 个数量级[41]。砷酸盐最重要的吸收汇是铁氧氢氧化物的吸附，作为桥接或双核型复合物，铁氧氢氧化物具有吸附大量砷酸盐的能力。砷黄铁矿在矿山酸性废水形成后，三价砷的氧化物也可发生二次氧化，砷氧化物主要存在于矿山废弃物和土壤/沉积物中。

2.2.1.4 其他金属硫化物的氧化

A 闪锌矿

闪锌矿的氧化取决于诸多因素，主要是溶解氧、三价铁等氧化剂的浓度，还包括温度、酸碱度等因素。闪锌矿在 25℃ 水中溶度积 $K_{sp}=1\times10^{-20.6}$[42]。对于低浓度 Fe(Ⅲ) 溶液中的闪锌矿，在 25~60℃ 的溶解速率约为 7.0×10^{-8}mol/(m²·s)，相应的活化能为 27kJ/mol，其中 Fe(Ⅲ) 的浓度为 0.001mol/L，与在酸性矿井水中观察到的 Fe(Ⅲ) 的浓度相似。假定矿物中硫全被氧化成硫酸盐，纯闪锌矿的整体氧化反应为：

$$ZnS + 4H_2O \longrightarrow Zn^{2+} + SO_4^{2-} + 8H^+ \tag{2-22}$$

氧化闪锌矿的 X 射线光电子能谱（XPS）检测出矿物表面在酸性水溶液中形成了金属空缺的硫化物层[43]：

$$ZnS \longrightarrow Zn_{1-x}S + xZn^{2+} + 2xe \tag{2-23}$$

随着闪锌矿中 Fe 的固液分配系数的增加，矿物氧化速率和酸的消耗变快，在 25~85℃ 下获得的表观活化能为 21~28kJ/mol。多硫化物的存在降低了矿物表面的扩散程度，从而导致氧化剂的活化能降低，抑制了 Zn 和 Fe 从矿物中的释放，但未观察到单质硫的存在限制矿物表面反应活性的现象。在氧化条件下，闪锌矿表面上多硫化物和 S^0 的积累会影响酸中和能力，当 pH<3 时，多硫化物和 S^0 消耗氢离子，由此形成了富含硫的表面，这样，在没有微生物作用的情况下减缓了闪锌矿的溶解速率。在这种情况下，S^0 不会使矿物表面钝化。尾矿库中的闪锌矿比磁黄铁矿稳定性要高，但不如黄铁矿[44]。

B 方铅矿和黄铜矿

方铅矿和黄铜矿通常与产酸矿物有关，例如黄铁矿和磁黄铁矿。通过硫化铁的氧化产生的酸性硫酸铁溶液可以促进含铅和铜的硫化物矿物的氧化。XPS 检测结果表明，方铅矿在过氧化氢溶液中被氧化形成 S^0。在天然氧化环境中，方铅矿会在 pH 值低于 6 的情况下呈微溶状态[45]：

$$PbS(s) + 2O_2(aq) \longrightarrow Pb^{2+}(aq) + SO_4^{2-}(aq) \tag{2-24}$$

$$Pb^{2+}(aq) + SO_4^{2-}(aq) \longrightarrow PbSO_4(s) \tag{2-25}$$

在酸性条件下，方铅矿也可被 Fe(Ⅲ) 氧化：

$$PbS + 8Fe^{3+} + 4H_2O \longrightarrow 8H^+ + SO_4^{2-} + Pb^{2+} + 8Fe^{2+} \tag{2-26}$$

方铅矿在空气中氧化后能形成氢氧化铅和氧化铅。在水溶液中方铅矿的氧化可形成氧化铅和硫酸铅。在缺氧的水环境中，铅和含硫的离子能被释放到水溶液中，形成游离的铅离子和硫化氢。方铅矿暴露在过氧化氢中时会加速氧化，但不会产生酸，该反应导致矿物表面上斜长石的积累。

新破碎的黄铜矿表面暴露在空气中时形成了由羟基氧化铁和 CuS_2 组成的覆盖层，经过酸处理后，表面 CuS 层厚度和单质硫含量增加。黄铜矿的分解被表面一层薄（<1mm）富铜矿物所钝化，钝化层由铜的多硫化物 CuS 组成（其中 $n \geqslant 2$），其溶解动力学描述为混合扩散和化学反应，其速率受铜的多硫化物浸出速率的控制。在酸性条件下，铁离子与环境中黄铜矿的氧化还原反应可以表示为：

$$CuFeS_2 + 4Fe^{3+} \longrightarrow 5Fe^{2+} + Cu^{2+} + 2S^0 \quad (2\text{-}27)$$

不同酸碱度下黄铜矿氧化过程中的氧消耗、硫的生成、总 Fe 和 Fe^{2+} 浓度有所不同，通过在酸性环境中生成的反应产物可判断亚铁离子能够被溶解氧催化氧化，在此过程中并未观察到氢离子生成。黄铜矿也可与酸反应，生成 S^0：

$$CuFeS_2 + 4H^+ + O_2 \longrightarrow Fe^{2+} + Cu^{2+} + 2S^0 + 2H_2O \quad (2\text{-}28)$$

黄铜矿的分解也受到电化学效应的强烈影响。与黄铜矿结合的黄铁矿或辉钼矿的存在可以加速黄铜矿的溶解[46]，而富含铁的闪锌矿和方铅矿的存在可以减缓分解过程。

C 硫化汞

硫化汞（HgS）是汞的主要矿物形式，也是其低温下热力学最稳定的形式。辰砂又称朱砂、丹砂、赤丹、汞砂，是硫化汞（HgS）矿物。含汞 86.2%，是炼汞最主要的矿物原料；其晶体可作为激光技术的重要材料；还可作为中药材，具镇静、安神和杀菌等功效。中国古代用它作为炼丹的重要原料，过去以产在辰州（今湖南沅陵等地）的品质最佳而得名。晶体属三方晶系，与等轴晶系的黑辰砂成同质多象。微量杂质（如 Zn、Se 和 Fe）的存在会阻碍黑辰砂（metacinnabar）的转化，因为黑辰砂是高温情况下的汞-硫化物，痕量杂质降低了转化的温度，从而延缓了转化。在某些环境中，含金属杂质利于辰砂（cinnabar）原位形成黑辰砂。在还原条件下利于 HgS 的形成，部分原因是汞化合物对硫具有高亲和力。在动力学上辰砂不利于抗氧化，即使在氧化条件下也能保留在土壤和尾矿中。尽管很少有人研究辰砂在土壤中的氧化速率，但在矿区土壤中能够观察到 HgS 的持续存在，表明其在典型的氧化环境下风化作用缓慢。

2.2.2 微观机理

在自然环境条件下，黄铁矿主要的化学氧化剂是 O_2 和 Fe^{3+}，且 Fe^{3+} 的氧化能力强于 O_2。在黄铁矿化学氧化的初期，水样中 pH 值较高且对反应速率影响较大，Fe^{2+} 和 H^+ 会不断产生。随着反应的进行，新生成的 Fe^{3+} 会发生水解反应，无法进一步氧化黄铁矿。当 pH 值下降至 4.5 以后，Fe^{3+} 水解产物的溶解度增大，当 pH 值下降至 2.5 以下时，Fe^{3+} 反应活性显著提高，加上微生物对 Fe^{2+} 的催化转化作用，使得 Fe^{3+} 保持高活度，成为黄铁矿的主要氧化剂。此时，黄铁矿的氧化反应不再与 pH 值有关，而由 Fe^{3+} 活度决定，同时此阶段氧气对黄铁矿的作用变得不重要。

当 pH<3 时，Fe^{2+} 的化学氧化速率非常缓慢，限制了酸性矿水的形成，这时候微生物就会扮演重要角色，加速这一反应的进行。如果黄铁矿表面的微生物如嗜酸性氧化亚铁硫杆菌非常活跃，它们就会首先获得电子并与 O_2 结合，黄铁矿将被氧化并同时浸出大量 Fe^{3+}。反应方程式如下：

$$4Fe^{2+} + O_2 + 4H^+ + \text{嗜酸性氧化亚铁硫杆菌} \longrightarrow 4Fe^{3+} + 2H_2O \quad (2\text{-}29)$$

$$FeS_2 + 5O_2 + Fe_2(SO_4)_3 \longrightarrow 3FeSO_4 + 2S \quad (2\text{-}30)$$

上述反应产生的硫可以经氧气氧化后作为嗜酸性氧化亚铁硫杆菌的能源物质，被该细菌利用：

$$2S + 3O_2 + 2H_2O + \text{嗜酸性氧化亚铁硫杆菌} \longrightarrow 4H^+ + 2SO_4^{2-} \quad (2\text{-}31)$$

在微生物的作用下，Fe^{3+}的产率是无菌环境的 $10^5 \sim 10^8$ 倍。微生物使得 Fe^{3+}快速再生，是促进硫化矿物氧化的关键步骤，有研究表明嗜酸性铁氧化菌会加快黄铁矿的氧化，且其速度是自发氧化的 10^6 倍。嗜酸性铁氧化微生物如嗜酸氧化亚铁硫杆菌 *Acidithiobacillus ferrooxidans*（*A.f*）、铁卵形菌属 *Ferrovum*；嗜酸氧化硫硫杆菌 *Acidithiobacillus thiooxidans*；氧化亚铁硫杆菌 *Thiobacillus ferrooxidans*（*T.f*）；嗜热硫氧化硫化杆菌 *Sulfobacillus thermosulfidooxidans* 等均可加速硫化矿物的氧化。虽然酸性矿山排水自然条件严苛且地球化学因素相对简单，但具有丰富的嗜酸性铁、硫氧化及异养的细菌和古菌，因此，酸性矿山排水中的微生物及其铁、硫元素代谢一直备受关注。煤矿酸性废水形成过程及污染路径见图 2-2。

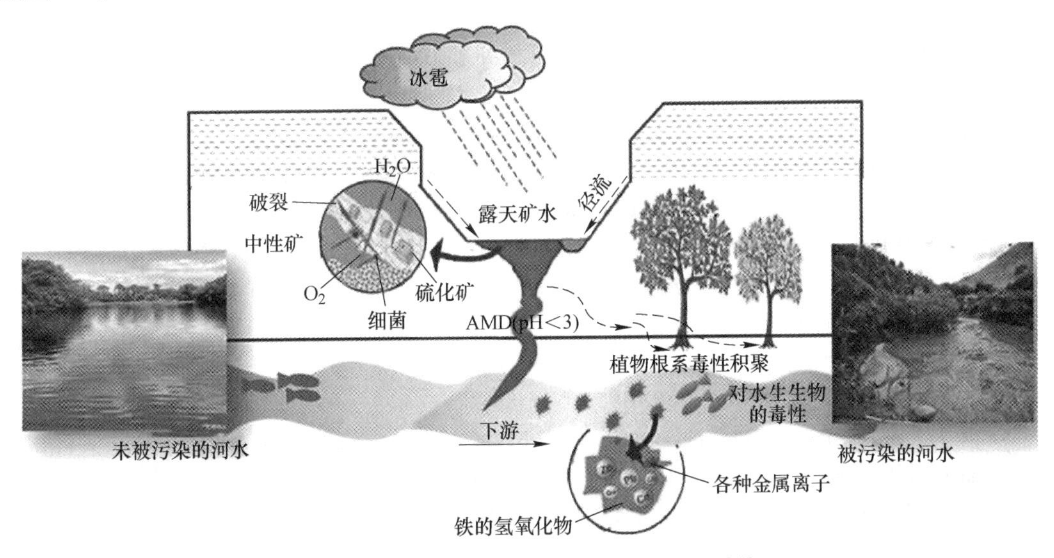

图 2-2　AMD 形成过程及污染路径示意图[47]

本章小结

影响煤矿酸性废水的产生条件按照性质可分为三大类：物理因素、化学因素、微生物因素，具体包括酸碱度、溶解氧、硫化矿物的分布和赋存方式、硫含量、煤炭成分和含硫矿物之间的相互作用过程、微生物群落分布等。硫化矿物是前提，氧气是诱导剂，水是载体，Fe^{3+}和微生物是催化剂。硫化矿物主要指黄铁矿、磁黄铁矿等，有嗜酸性铁氧化菌的加入会加快黄铁矿的氧化，其速度约是自发氧化的 106 倍。煤矿酸性废水的水源包括降水、地表水、上覆松散孔隙水、相邻矿井含煤裂隙水和下伏岩溶水等，在硫化矿物（尤其是黄铁矿）丰富、煤炭埋藏较浅、矿井水循环较快的条件下，煤矿酸性废水形成的可能性较大。

思 考 题

2-1 煤矿酸性废水的产生条件主要包括哪些因素？
2-2 从酸性废水的产生条件和过程来看，煤矿酸性废水和其他金属矿酸性废水有哪些异同？
2-3 请以黄铁矿为例，用化学反应方程式介绍煤矿酸性废水的形成过程。
2-4 在酸性废水的形成过程中，微生物有什么作用？
2-5 从煤矿酸性废水的产生条件和过程可以得到哪些酸性废水防治的思路？

参 考 文 献

[1] Acharya B S, Kharel G. Acid mine drainage from coal mining in the United States-An overview [J]. Journal of Hydrology, 2020, 588: 125061.
[2] 刘强. 阳泉市山底河流域酸性老窑水形成机制及其影响研究 [D]. 太原：太原理工大学，2018.
[3] 吕欣. 老窑水对阳泉山底河流域水生态环境的影响及防治对策研究 [D]. 太原：山西大学，2021.
[4] Sheoran A S, Sheoran V, Choudhary R P. Geochemistry of acid mine drainage: A review [J]. Environmental Research Journal, 2011.
[5] 张雷，刘利军. 山西省闭坑煤矿酸性老窑水的形成机制及防控修复思路——以宁武县某闭坑煤矿为例 [J]. 山西科技，2020，35 (4)：136-140.
[6] Kefeni K K, Msagati T A M, Mamba B B. Acid mine drainage: Prevention, treatment options, and resource recovery: A review [J]. Journal of Cleaner Production, 2017, 151: 475-493.
[7] Evangelou V P, Zhang Y L. A review: Pyrite oxidation mechanisms and acid mine drainage prevention [J]. Critical Reviews in Environmental Science and Technology, 1995, 25 (2): 141-199.
[8] 郑先坤，冯秀娟，王佳琪，等. 酸性矿山废水的成因及源头控制技术 [J]. 有色金属科学与工程，2017，8 (4)：105-110.
[9] Park I, Tabelin C B, Jeon S, et al. A review of recent strategies for acid mine drainage prevention and mine tailings recycling [J]. Chemosphere, 2019, 219: 588-606.
[10] Pozo-Antonio S, Puente-Luna I, Lagüela-López S, et al. Techniques to correct and prevent acid mine drainage: A review [J]. Dyna, 2014, 81 (186): 73-80.
[11] 苟习颖，陈炳辉，曹丽娜，等. 广东大宝山 AMD 中铁离子、次生矿物组合与重金属元素分布的关系探讨 [J]. 中山大学学报（自然科学版），2020，59 (3)：12-22.
[12] Chen G, Ye Y, Yao N, et al. A critical review of prevention, treatment, reuse, and resource recovery from acid mine drainage [J]. Journal of Cleaner Production, 2021, 329: 129666.
[13] Colmer A R, Hinkle M E. The role of microorganisms in acid mine drainage: a preliminary report [J]. Science, 1947, 106 (2751): 253-256.
[14] Sand W, Gerke T, Hallmann R, et al. Sulfur chemistry, biofilm, and the (in) direct attack mechanism—a critical evaluation of bacterial leaching [J]. Applied Microbiology and Biotechnology, 1995, 43 (6): 961-966.
[15] Hallberg K B, Johnson D B. Novel acidophiles isolated from moderately acidic mine drainage waters [J]. Hydrometallurgy, 2003, 71 (1-2): 139-148.
[16] Hallberg K B, Johnson D B. Biodiversity of acidophilic prokaryotes [J]. Advances in Applied Microbiology, 2001, 49: 37-84.
[17] Baker B J, Banfield J F. Microbial communities in acid mine drainage [J]. FEMS Microbiology Ecology,

2003, 44 (2): 139-152.

[18] Hogsden K L, Harding J S. Consequences of acid mine drainage for the structure and function of benthic stream communities: A review [J]. Freshwater Science, 2012, 31 (1): 108-120.

[19] Chen L, Huang L, Méndez-García C, et al. Microbial communities, processes and functions in acid mine drainage ecosystems [J]. Current Opinion in Biotechnology, 2016, 38: 150-158.

[20] Johnson R B, Onwuegbuzie A J, Turner L A. Toward a definition of mixed methods research [J]. Journal of Mixed Methods Research, 2007, 1 (2): 112-133.

[21] Bond P L, Banfield J F. Design and performance of rRNA targeted oligonucleotide probes for in situ detection and phylogenetic identification of microorganisms inhabiting acid mine drainage environments [J]. Microbial Ecology, 2001, 41 (2): 149-161.

[22] Hallberg K B. New perspectives in acid mine drainage microbiology [J]. Hydrometallurgy, 2010, 104 (3-4): 448-453.

[23] Johnson D B, Hallberg K B. Carbon, iron and sulfur metabolism in acidophilic micro-organisms [J]. Advances in Microbial Physiology, 2008, 54: 201-255.

[24] Baker B J, Banfield J F. Microbial communities in acid mine drainage [J]. FEMS Microbiology Ecology, 2003, 44 (2): 139-152.

[25] 宋立博. 阳泉矿区酸性矿水微生物群落特点及对下游水质影响分析 [D]. 太原: 山西大学, 2019.

[26] Rambabu K, Banat F, Pham Q M, et al. Biological remediation of acid mine drainage: Review of past trends and current outlook [J]. Environmental Science and Ecotechnology, 2020, 2: 100024.

[27] 刘桂华. AMD 持续污染岩溶区旱地土壤的环境及生物效应 [D]. 贵州: 贵州大学, 2015.

[28] Simate G S, Ndlovu S. Acid mine drainage: Challenges and opportunities [J]. Journal of Environmental Chemical Engineering, 2014, 2 (3): 1785-1803.

[29] 包艳萍. AMD 污染河流铁硫循环微生物多样性及其对铁硫酸盐次生矿物相转变的影响 [D]. 广州: 华南理工大学, 2018.

[30] 张农, 阚甲广, 王朋. 我国废弃煤矿资源现状与分布特征 [J]. 煤炭经济研究, 2019, 39 (5): 4-8.

[31] 尚煜, 戚鹏. 废弃煤矿环境负效应及治理研究 [J]. 煤炭工程, 2018, 50 (11): 147-150.

[32] 武强, 李松营. 闭坑矿山的正负生态环境效应与对策 [J]. 煤炭学报, 2018, 43 (1): 21-32.

[33] 刘赛. 硫铁矿层强干扰条件下采空区水害探查技术研究 [D]. 廊坊: 华北科技学院, 2016.

[34] 王鹤茹, 杨琳琳, 王蕊, 等. 基于不同能源底物和营养水平的酸性矿山废水产生机制研究 [J]. 环境科学学报, 2021, 41 (10): 4056-4063.

[35] 王增辉, 王娉娉, 栾和林, 等. 酸性矿山废水治理过程中产生二次污染的研究 [J]. 环境化学, 2009, 28 (6): 842-845.

[36] 蔡美芳, 党志. 磁黄铁矿氧化机理及酸性矿山废水防治的研究进展 [J]. 环境污染与防治, 2006 (1): 58-61.

[37] 岳馥莲. 含砷生物冶金废水砷铁共沉淀法脱砷的研究 [D]. 北京: 中国科学院大学 (中国科学院过程工程研究所), 2020.

[38] 谢越, 周立祥. 生物成因次生铁矿物对酸性矿山废水中三价砷的吸附 [J]. 土壤学报, 2012, 49 (3): 481-490.

[39] Corkhill C L, Vaughan D J. Arsenopyrite oxidation-A review [J]. Applied Geochemistry, 2009, 24 (12): 2342-2361.

[40] Lengke M F, Tempel R N. Natural realgar and amorphous AsS oxidation kinetics [J]. Geochimica et Cosmochimica Acta, 2003, 67 (5): 859-871.

[41] McKibben M A, Tallant B A, Del Angel J K. Kinetics of inorganic arsenopyrite oxidation in acidic aqueous solutions [J]. Applied Geochemistry, 2008, 23 (2): 121-135.

[42] Daskalakis K D. The solubility of sphalerite (ZnS) in sulfidic solutions at 25℃ and 1 atm pressure [J]. Geochimica et Cosmochimica Acta, 1993, 57 (20): 4923-4931.

[43] Buckley A N, Woods R, Wouterlood H J. An XPS investigation of the surface of natural sphalerites under flotation-related conditions [J]. International Journal of Mineral Processing, 1989, 26 (1-2): 29-49.

[44] Moncur M C, Jambor J L, Ptacek C J, et al. Mine drainage from the weathering of sulfide minerals and magnetite [J]. Applied Geochemistry, 2009, 24 (12): 2362-2373.

[45] Shapter J G, Brooker M H, Skinner W M. Observation of the oxidation of galena using Raman spectroscopy [J]. International Journal of Mineral Processing, 2000, 60 (3-4): 199-211.

[46] Dutrizac J E, MacDonald R J C. The effect of some impurities on the rate of chalcopyrite dissolution [J]. Canadian Metallurgical Quarterly, 1973, 12 (4): 409-420.

[47] Naidu G, Ryu S, Thiruvenkatachari R, et al. A critical review on remediation, reuse, and resource recovery from acid mine drainage [J] . Environmental Pollution, 2019, 247: 1110-1124.

3 煤矿酸性废水的生态环境影响

本章提要：

（1）了解煤矿酸性废水对地表水和地下水的影响。

（2）了解煤矿酸性废水对土壤和河流底泥等的影响。

（3）掌握煤矿酸性废水对周围植被及微生物群落的影响。

（4）掌握高通量测序技术在研究河水和底泥中微生物群落分布中的方法与应用。

由于2030年和2060年“双碳”目标的提出和新能源的不断发展，我国煤炭生产与消耗将呈迅速下降趋势。近年来我国已有大量煤矿废弃、整合或去产能关闭，矿井关闭并停止排水后，地下水水位回弹，淹没废弃矿坑、巷道与工作面，煤岩层原生矿物组分（如黄铁矿）以及遗留井下的废弃设备、物料、残留污染物等，极易造成水体污染，引起地表水和地下水中硫酸盐、重金属（尤其铁、锰）等含量超标，并有可能造成串层污染，而受污染的矿井水排入地表或渗入地下后会对周边水体及生态环境造成危害[1]。由于酸性废水的酸度和大量溶解的金属，河流下游的水生生态系统和沿岸的生物群落会造成损害，削弱了水道作为蓄水、渔业、灌溉和休闲等的多种用途；对地下水水质，特别是浅部含水层产生影响，甚至影响矿区职工和周围社区群众的健康，并给周围环境带来长期、潜在的不利影响[2]。以下从矿井水污染模式与类型、对地表水质的影响、对地下水质的影响、对水中浮游生物和微生物群落的影响、对土壤和河流底泥的影响等方面分别进行阐述。

3.1 矿井水污染模式与类型

3.1.1 矿井水污染模式

煤炭安全开采过程常疏放顶底板含水层中的水，在煤炭开采区域形成大范围的水位降落漏斗。一方面，矿井水外排、煤炭开采形成的地裂缝会造成邻近水源地和浅层农业水井水位下降、泉水断流或流量渐少、地表水系渗漏和退化；另一方面，矿井长期的疏排水会破坏地下水资源，间接造成了地下水资源量的衰减和短缺，影响浅地表生态环境。2019年全国煤矿矿井水产量达到71亿立方米（图3-1），西北和华北贫水地区吨煤矿井水产生量达0.78m^3/t和1.05m^3/t，中南地区的吨煤矿井水产生量达5.39m^3/t，这些煤矿矿井水如果不善加处理和控制，将会对生态环境造成巨大影响。

矿井水污染的模式主要表现为矿井水外排诱发的地表水和浅层地下水污染，矸石山淋滤水和煤炭洗选废水泄漏对浅地表水系的污染和生态破坏、废弃矿井水对局部地区多含水

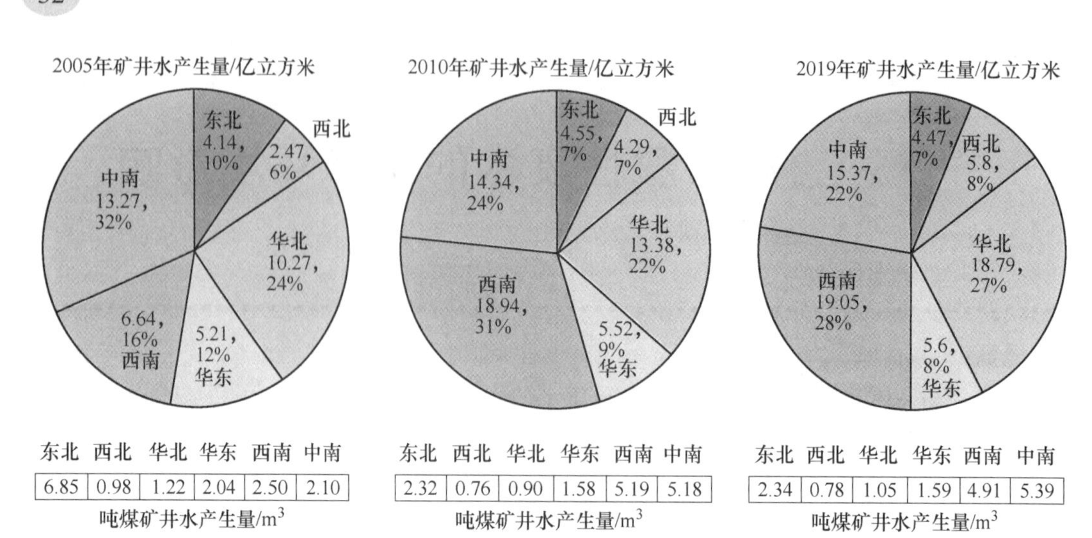

图 3-1 2005 年、2010 年和 2019 年全国各区煤矿矿井水产生量和吨煤矿井水产生量情况

层串层污染和地表水系的污染、煤层顶底板含水层水通过导水通道进入工作面形成污染地下水等（图 3-2）。目前国内外对矿井水污染的模式研究均比较重视，大量研究从水污染的动力学机制出发，结合水动力-化学-生物等多场耦合方法，查清矿井水污染成因，从源头、通道和污染受体等方面进行阻断、减量[3]。

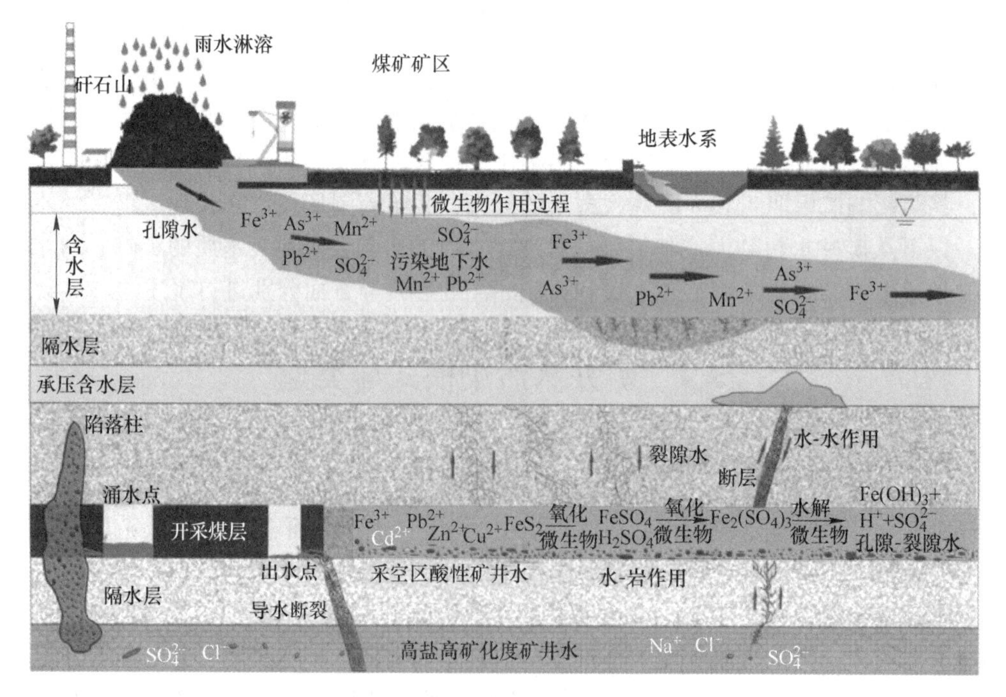

图 3-2 煤矿区矿井水污染模型

3.1.2 矿井水污染类型

矿井水污染类型可根据矿井水的组成成分进行划分，包括常见组分矿井水、酸性矿井

水、高矿化度矿井水、高硫酸盐矿井水、高氟矿井水、碱性矿井水及含特殊组分的矿井水7种类型。其中特殊组分是针对矿井水中的有害离子，如重金属镉（Cd）、汞（Hg）、铅（Pb）、砷（As）、铬（Cr^{6+}）、镍（Ni）等。目前对矿井水的水化学方面的研究多以常规离子为主，对有害元素（Hg、Cd、Pb、As 等）、总 α、β 放射性及有益元素（锶、硒等）研究比较零散，特别是关于有益元素的研究几乎没有，但是这些有害或有益元素对矿井开采前后的环境影响及水资源利用有重大影响，掌握矿井水有害、有益元素的分布特征、物源基础、成因机制及演化规律，建立完善的评价理论及方法对于客观认识煤矿开采造成的水污染后果具有重要作用[3]。

3.2 对地表水的影响

煤矿酸性废水直接的污染对象是地表水和地下水，因酸性废水含有高浓度的硫酸盐和重金属，它们可随地表水流入下游区域或入渗到地下，给当地生态环境或居民的生产生活带来危害[4]。本节通过资料收集和实验案例相结合介绍煤矿酸性废水对地表水水质的影响。

3.2.1 研究进展

AMD 是一种持续性的环境问题，同时也是重要的水环境污染源之一。由于煤矿中伴生的硫化矿物的氧化是一个缓慢的过程，在采煤活动结束后，甚至矿井闭矿以后几十年甚至上百年的时间内，污染物还会持续不断地释放出来，对周围水环境造成严重危害，具有环境风险大、污染面积广、持续时间长等特点。受 AMD 污染的水体会呈现出水体色度变化，悬浮物增加，同时水体 pH 值降低，可溶态金属及硫酸盐含量增加。煤矿酸性矿水的颜色常呈红棕色，水体 pH 值为 2~4，具有高浓度的 SO_4^{2-} 以及铁、铅、铜、铝、砷等重金属[6]。在 2014 年，Moncur 等[6]对加拿大北部废弃煤矿附近的地表水和地下水进行长达五年的监测，发现废弃矿场出水导致周围水体锌、铜、硫酸盐等均高于背景值且形成污染，污染物浓度随时间呈增加趋势。欧洲地区遭受 AMD 污染的河流曾超过 5000km，美国境内约 19300km 的河流和 720km^2 的湖泊和水库都曾受到 AMD 污染。Feng et al 调查分析了我国 269 个煤矿矿井水样品，发现我国煤矿矿井水的水质特征总体为酸性，且 SO_4^{2-}、盐度（Salinity）、氟化物（Fluoride）、Fe 和 Mn 浓度较高[7]。

实地调查显示，2020 年忻州宁武县涔山乡闭坑煤矿遗留有规模不等的采空积水区 20 余处，并聚集有酸性废水。现场已发现两处出流时间较长的煤矿酸性废水渗出点：一处位于东侧沟谷，水流长年不断，水量随季节发生变化，雨季水量较大，经估算约 8~10m^3/h；另一处位于西侧沟谷，出水量较小，估算约 1~2m^3/h。两处出流点汇入地表水处的煤矿酸性废水样品硫酸盐 3080mg/L、铁 156mg/L、锰 22mg/L，总硬度 1690mg/L、溶解性总固体 4880mg/L、pH 值 2.7，超《地表水质量标准》的倍数分别为 12.32 倍、520 倍、220 倍、3.76 倍、4.88 倍。出露的两处煤矿酸性废水汇合后顺势沿着沟谷顺流而下，流经区域颜色、气味已引起人们的感官不适，群众反映强烈，严重影响周边的生态环境和居民的饮水安全及汾河源头的水质[8]。太原西山牛家口矿区矿井关闭多年，煤矿酸性废水从夏石村附近出流，2016 年 5 月 2 日取样分析，TDS = 4475mg/L，硬度 HB = 1885mg/L，SO_4^{2-} =

3256mg/L，pH=4.522，说明地表水已受到较严重污染。

董强等[4]对山东淄博淄川煤矿区矿坑水进行研究，发现矿坑水排入地表水，引起地表水污染，从孝妇河历年水质变化规律看，随着矿坑水的排入量加大，河水 SO_4^{2-}、总硬度、矿化度分别增长2.2倍、3.5倍及2.6倍。上游神头断面污染相对较轻，各项化学组分含量较低，矿化度为611.14mg/L、SO_4^{2-} 含量134.96mg/L、总硬度380.4mg/L；白塔断面，由于博山城区工业及生活污废水特别是夏庄煤矿矿坑水的汇入，河水的水质状况不佳，SO_4^{2-} 含量1139.22mg/L、矿化度1772.95mg/L、总硬度1073.8mg/L；淄川昆仑西龙角断面，由于接纳西河矿矿坑水的排入，SO_4^{2-} 含量1860.01mg/L、矿化度3026.23mg/L、总硬度1701.08mg/L；七里河断面，接纳石谷煤矿矿坑水的排入，SO_4^{2-} 含量2066.68mg/L、矿化度3406.0mg/L、总硬度1408.67mg/L；贾庄断面受淄川城区工业及生活排污影响，无矿坑水排入，因此 SO_4^{2-} 降至1079.27mg/L、矿化度2876.45mg/L、总硬度1142.88mg/L。以上可见，矿坑酸性废水对地表水水质的影响较大，尤其是 SO_4^{2-} 含量、矿化度、总硬度。

2018年11月7日，中央第五生态环境保护督察组现场督察发现（https://www.sohu.com/a/313074703_123753），贵州省黔东南州鱼洞河流域煤矿废水治理项目进展缓慢，仍有大量矿井废水直排，鱼洞河“黄水”污染问题依旧。大量煤矿矿井废水未经处理直排环境是主要原因[11]。经查，凯里市鱼洞河流域24个煤矿矿井每年产生酸性废水约5000万吨。现已建成的五里桥煤矿、龙场煤矿和鱼洞煤矿等3座废水处理站每年处理能力约800万吨，每年仍有4000多万吨酸性废水未经处理通过井筒、溶洞、暗河及岩溶裂隙直接排入鱼洞河。流域水环境污染十分严重。鱼洞河支流白水河22.6千米、平路河11.6千米及干流约3.4千米河段仍为“黄水河”。据调查，每年排入鱼洞河的铁有13000多吨、锰60多吨。监测数据表明，鱼洞河总铁超标数十倍甚至上百倍，同时还存在锰超标现象，水质仍为劣Ⅴ类。鱼洞河流域煤矿酸性废水特点如下：（1）废水的排放主要类型为：低pH值，高Fe、Mn等重金属含量型，中Fe、Mn、SO_4^{2-} 等含量超标。（2）煤矿酸性废水中污染物种类与煤质特征及地质条件相关。鱼洞矿区煤质为高硫、高灰分、低发热量烟煤，富含硫铁矿，属陆植煤类——腐植煤型。梁山组上覆二叠系栖霞茅口组岩溶发育，造成具有极强侵蚀能力的酸性废水大量排出，环境污染严重。（3）流域内采煤历史长，小煤窑较多，形成一定规模的采空区。由于分布于岩溶地区，受气候和地质条件影响，导致废水排放点多、面广、分散、持久，对水环境、土壤环境和生态环境的污染严重。同时，酸性废水造成河流覆盖含铁沉积物，严重影响人的视觉景观感受。（4）流域内受国家及贵州省能源政策及资源条件的影响，小煤矿废弃或关闭形成无主煤矿，这些煤矿产生的酸性废水排放点多、面广分散。无人管理，治理难度大。煤矿闭坑后产生的酸性废水排放已成为本区乃至贵州省一个突出的水环境污染问题[1]。

3.2.2 实验案例

山西大学耿红课题组以山西省阳泉山底村两处煤矿酸性废水渗出点、煤矿酸性废水汇入点及山底河上游1500m和下游1000m处为采样点，采集受煤矿酸性废水污染和未受污染的河水，分别称为污染河水和对照河水。通过原子吸收光谱法、铬酸钡分光光度法、火焰原子吸收分光光度法等对水样理化特性进行研究；通过16S rRNA基因高通量测序技术对各样点水体细菌群落组成特征进行研究；通过生物显微镜观察和记录水样中浮游生物的种类和数量，在此基础上对污染河水和对照河水的所有结果进行比较分析[2]。

3.2.2.1 山底河流域及采样点简介

山西省阳泉市山底河流域面积58km^2，位于娘子关泉域内，自西向东穿过河底镇，最终汇入温河。流域内原有28座煤矿，2005年通过煤矿整合，北部所有小煤矿关闭。到2009年，流域煤系地层地下水开始从山底村通过闭坑矿井和石炭系底部K1砂岩出流地表，并很快进入下游碳酸盐岩渗漏区[5]。矿坑内积累了大量煤矿酸性废水且渗出地面污染山底河支流，河水外观呈黄绿色，河底内含有大量的泥沙和石头。经2014年7月21日自2015年2月25日取样分析，水中TDS = 4974.54mg/L，平均SO_4^{2-} = 3570.29mg/L，HB = 2590.13mg/L，pH = 3.56；2018年3月20～22日取样分析，水中TDS = 7327mg/L，平均SO_4^{2-} = 5209mg/L，HB = 3529mg/L，pH = 3.39，铁1519mg/L，锰29mg/L，说明枯水期煤矿酸性废水对河流水质的影响大于平水期和丰水期。据调查，山底河主要有四个煤矿排水口受纳点，具体如下：山底村西庙沟煤矿井口排水、山底村南风摩亭地下排水、山底村东柳沟排水、高速路东侧排水。煤矿酸性废水从各出水口逸出后，进入山底河使河水受到污染，山底河汇入温河，继而汇入绵河，从绵河下游流过奥陶系灰岩裸露区渗漏段，可能会对娘子关水源地岩溶水造成污染。

于2020年丰、平、枯三季采集地表水样进行测量分析，采样点的具体分布如图3-3所示。分别以小沟煤矿和山底煤矿的煤矿酸性废水渗出位置为采样点F01和F03，将受山底煤矿酸性废水污染的支流汇集点下游1000m处的区域作为采样点F04，采集总汇合后的河

图3-3 阳泉市河底镇山底河采样位置图

水。F01 处的水体随山顶溪流一起沿坡向下流至山底河内，考虑到样品的可采集性，在该条支流汇入山底河前 5m 处作为采样点 F02。把 F02 汇集点上游 1500m 处的区域作为采样点 F05，因 F05 处的河水未受煤矿酸性废水污染，因此将其作为实验的对照点。

3.2.2.2 采样与分析方法

综合考虑水样采集的代表性和可行性，于 2020 年山底河平水期（5 月）、丰水期（8 月）、枯水期（12 月）分别在 F01～F05 采集水样 W，并记做 W01～W05，其中 W05 为对照水样。在每个采样点水面边缘等距离选择 3 个位置进行水样采集，现场使用 DZB-712 型多参数分析仪测定 pH 值、水温和电导率。样品采集深度均约为 5～15cm，各位置采集的水量为 2L。

3.2.2.3 水样理化性质测量与结果分析

各水样相关测试指标和测试方法见表 3-1。其中，水样的 pH 值、温度及电导率是采集样品时直接测定，其余指标带回实验室检测完成。

表 3-1 实验所测水体理化因子及检测方法

水样指标	分析方法
Cd、Mn、Zn、Cu、Ni	电感耦合等离子体质谱法
K^+、Na^+、Ca^{2+}、Mg^{2+}	火焰原子吸收分光光度法
SO_4^{2-}	铬酸钡分光光度法
NH_4^+	纳氏试剂分光光度法
Fe^{2+}、Fe^{3+}	邻菲罗啉分光光度法

（1）在平水期，各水样的理化性质见表 3-2。对污染河水和正常河水的各理化因子的平均值进行比较后得出的结论如下：

1）W01～W03 的 pH 值、SO_4^{2-} 含量均显著下降，其中 pH 值分别下降 65.8%、65%和 56.67%；SO_4^{2-} 含量分别下降 98.63%、95.22%和 97.49%，但在 W04 中 SO_4^{2-} 含量呈上升趋势，而 pH 值呈下降趋势，两者的变化幅度均不显著。

2）W01～W03 的电导率、总硬度、Fe^{2+}和 Fe^{3+}的含量均显著上升。其中电导率分别增大了 2.71 倍、1.91 倍和 49.45%；总硬度分别增大了 1.84 倍、1.85 倍和 55.8%；Fe^{2+}含量分别增大了 9543.44 倍、103.78 倍和 1136.44 倍；Fe^{3+}含量分别增大 241.86 倍、25.44 倍和 10.5 倍。不同的是在 W04 中，电导率呈上升趋势；总硬度、Fe^{2+}和 Fe^{3+}含量呈下降趋势，两者的变化幅度均不显著。

3）在 W01～W03 中，K^+含量分别显著降低了 75.1%、92.83%和 15.64%，而在 W04 中显著上升了 31.6%，均具有统计学意义。

4）在 W01、W02 和 W04 中 Na^+含量分别显著降低了 86.83%、85.30%和 13.78%，在 W03 中也呈下降趋势，但不具有统计学意义。

5）在 W01～W03 中，Ni 和 NH_4^+ 含量均呈显著增大，其中 NH_4^+ 含量分别增大 43.7 倍、7.3 倍和 30.02 倍，Ni 含量分别增大 576.78 倍、336.41 倍和 33.55 倍；而在 W04 中，NH_4^+ 含量显著下降了 33.53%，Ni 含量无差距。

6）各水样中的 Mn 含量显著上升，分别增大了 482.55 倍、367.42 倍、54.02 倍和

1.05倍。因为在W05中未检测出Zn、Cu和Cd的含量，因此不对这三个指标做差异性分析。Zn、Cu、Cd在W01和W02中的平均值分别为9.84μg/L、114.37μg/L、12.46μg/L。

表3-2　平水期各水样理化因子数据统计比较

指标	W01	W02	W03	W04	W05
pH值	2.73±0.12**	2.80±0.10**	3.47±0.12**	7.73±0.06	8.00±0.00
水温/℃	20.50±1.41	19.33±0.76	21.17±1.59	19.73±1.62	18.60±2.26
电导率/mS·cm^{-1}	117.00±2.52**	91.67±1.26**	47.08±0.60**	32.03±0.57	31.50±1.32
SO_4^{2-}	23.53±4.51**	82.49±19.23**	43.31±20.98**	1810.11±44.33	1725.38±67.92
NH_4^+	97.51±1.05**	18.11±1.29**	67.67±5.19**	1.45±0.42*	2.18±0.16
K^+	1.30±0.06**	0.37±0.09**	4.39±0.16**	6.85±0.17**	5.20±0.21
Na^+	37.33±0.34**	41.67±5.06**	262.33±7.04	244.33±12.50**	283.38±11.12
总硬度	1267.04±16.19**	1269.78±34.54**	693.11±25.90**	429.22±20.49	444.85±16.35
Mn/μg·L^{-1}	55.07±9.61**	41.96±4.29**	6.27±0.16**	0.23±0.02**	0.11±0.02
Zn/μg·L^{-1}	12.63±2.17	7.06±0.70	402.00±12.40	4.91±4.84	ND
Cu/μg·L^{-1}	102.07±38.89	126.67±15.84	ND	ND	ND
Ni/μg·L^{-1}	3.47±0.83**	2.02±0.20**	0.21±0.00**	0.01±0.00	0.01±0.00
Cd/μg·L^{-1}	13.62±4.43	11.30±0.95	ND	ND	ND
Fe^{2+}	1718.00±277.96**	18.86±1.76**	204.56±10.29**	0.17±0.12	0.18±0.09
Fe^{3+}	605.33±158.98**	65.91±2.76**	28.67±11.72**	2.30±0.50	2.49±0.94

注：1. 除了pH值和已标注单位的指标外，其余指标的单位为mg/L；

2. 运用单因素方差分析，与未受煤矿酸性废水污染W05（对照）相比，* 为 $P \leqslant 0.05$，** 为 $P \leqslant 0.01$；

3. ND表示未检出；

4. 总硬度为Ca^{2+}和Mg^{2+}的浓度之和；

5. 检验均以$\alpha=0.05$作为检验水准，规定$P \leqslant 0.05$表示差异具有统计学意义，并采用LSD法或Dunnett's T3法进行多重比较。

（2）在丰水期，各水样的理化性质见表3-3。对污染河水和正常河水的各理化因子的平均值进行比较后得出如下结论：

1）W01和W02的pH值分别显著下降了66.23%和64.24%，与之相反的是Cu含量，分别显著增大了379.15倍和355.58倍，在W03和W04中，pH值有下降趋势，Cu有上升趋势（在W03中未检测出），但变幅均不显著。

2）Na^+和K^+含量在W01和W02中显著下降，Na^+含量分别下降了75.13%和75.99%，K^+含量分别降低了97.7%和86%；而在W03中呈显著上升趋势，分别增大了1.56倍和1.48倍，在W04中也呈上升趋势，但不显著。

3）在W01～W03中，SO_4^{2-}含量分别显著下降了93.79%、94.06%和96.11%，而在W04中显著上升了41.81%。

4）在W01、W02和W04中，Ni、NH_4^+和Cd含量均显著上升，其中Ni含量分别显著增大了35.40倍、45.07倍和1.05倍；NH_4^+含量分别增大了116.62倍、61.12倍和1.9倍；Cd含量分别增大了76.11倍、89.55倍和2.33倍。在W03中未检测到Cd存在，Ni

含量也显著下降了 62.12%，而 NH_4^+ 含量仅轻微增高。

5）除 W04 的电导率上升不显著外，W01～W04 的电导率、总硬度、Zn 和 Mn 含量均显著增大，其中电导率分别增大了 19.16 倍、5.67 倍、1.94 倍；总硬度分别增大 1.87 倍、3.05 倍、2.95 倍和 24.34%；Zn 含量分别增大了 497.36 倍、398.63 倍、50.47%和 9.12 倍；Mn 含量分别增大了 30.27 倍、41.11 倍、6.89 倍和 93.93%。

6）Fe^{2+} 和 Fe^{3+} 含量在 W01 和 W02 中均显著上升，其中 Fe^{2+} 含量分别增大 81.27 倍和 54.12 倍，Fe^{3+} 含量分别增大 1212.79 倍和 445.06 倍。在 W04 中，两者均有显著上升趋势，其中 Fe^{3+} 含量显著增大了 1.5 倍，但 Fe^{2+} 含量仅升高 11.19%。在 W03 中，Fe^{2+} 含量显著下降了 88%，Fe^{3+} 含量显著增大了 1 倍。

表 3-3 丰水期各水样理化因子数据统计比较

指标	W01	W02	W03	W04	W05
pH 值	2.55±0.07**	2.70±0.00**	7.15±0.21	6.80±0.99	7.55±0.50
水温/℃	25.85±1.06	25.08±0.71	25.05±2.05	25.80±0.14	25.80±0.42
电导率/mS·cm^{-1}	29.84±1.34**	9.86±0.31**	4.36±0.21**	1.75±0.09	1.48±0.05
SO_4^{2-}	38.17±1.28**	36.50±2.13**	23.90±7.26**	871.17±108.93*	614.33±69.32
NH_4^+	103.13±13.58**	54.47±4.14**	1.25±0.45	2.55±0.08**	0.88±0.05
K^+	0.06±0.01**	0.37±0.01**	6.60±0.44**	3.02±0.06*	2.67±0.11
Na^+	22.10±0.58**	21.33±0.97**	227.5±22.41**	97.43±2.88*	88.85±3.95
总硬度	880.65±29.64**	921.75±12.36**	900.5±45.89**	283.20±8.51**	227.77±4.65
Mn	30.58±0.35**	41.18±0.53**	7.71±0.15**	1.90±0.04**	0.98±0.02
Zn/μg·L^{-1}	6318.33±400.37**	5066.67±103.47**	19.08±1.13**	128.33±3.67**	12.68±3.44
Cu/μg·L^{-1}	577.83±42.39**	542±46.17**	ND	1.63±0.08	1.52±0.25
Ni/μg·L^{-1}	1481.67±110.71**	1875.00±163.68**	15.42±0.38**	83.58±0.63**	40.70±3.49
Cd/μg·L^{-1}	13.88±0.69**	16.30±1.14**	ND	0.60±0.02**	0.18±0.02
Fe^{2+}	1948.33±121.56**	1281.67±43.09**	2.84±0.43**	26.33±2.98*	23.68±3.32
Fe^{3+}	1060.00±38.99**	388.67±22.11**	1.74±0.34**	2.19±0.73**	0.87±0.22

注：1. 除了 pH 值和已标注单位的指标外，其余指标的单位为 mg/L；
2. 运用单因素方差分析，与未受煤矿酸性废水污染 W05（对照）相比，* 为 $P \leqslant 0.05$，** 为 $P \leqslant 0.01$；
3. ND 表示未检出；
4. 总硬度为 Ca^{2+} 和 Mg^{2+} 的浓度之和；
5. 检验均以 $\alpha = 0.05$ 作为检验水准，规定 $P \leqslant 0.05$ 表示差异具有统计学意义，并采用 LSD 法或 Dunnett's T3 法进行多重比较。

（3）在枯水期，各水样的理化性质见表 3-4。对污染河水和正常河水的各理化因子的平均值进行比较得：

1）W01～W04 的 pH 值均呈显著下降趋势，分别下降了 60.87%、56.52%、46.58% 和 14.9%。

2）W01～W03 的电导率、总硬度和 SO_4^{2-} 含量呈显著上升趋势，其中电导率分别增大了 7.64 倍、5.86 倍和 1.98 倍；总硬度分别增大了 1.1 倍、1.38 倍和 55.5%；SO_4^{2-} 含量分别增大了 6.23 倍、6.22 倍和 1.28 倍；在 W04 中，三者的含量均上升，但趋势不明显。

3）W01～W04 的 Mn、Zn、Ni、Fe^{2+}、Fe^{3+}和 Cd 含量均呈显著上升趋势，其中 Mn 含量分别增大了 23.94 倍、320.84 倍、6.23 倍和 1.48 倍；Zn 含量分别增大了 266.7 倍、326.07 倍、22.58 倍和 2.72 倍；Ni 含量分别增大了 84.73 倍、96.62 倍、19.14 倍和 1.48 倍；Fe^{2+}含量分别增大了 2748.74 倍、1137.20 倍、109.52 倍和 16.43 倍；Fe^{3+}含量分别增大了 190.68 倍、85.03 倍、37.74 倍和 86.27%；Cd 含量分别增大了 52.36 倍、48.56 倍、1.75 倍和 75.3%。

4）W01～W04 的 Na^+含量呈显著下降趋势，分别下降了 90.89%、91.53%、30.62%和 24.35%；在 W01 和 W02 中，Cu 和 NH_4^+含量呈显著上升趋势，Cu 含量分别增大了 112.27 倍和 64.25 倍，NH_4^+含量分别显著增大了 1.54 倍和 81.2%，而 K^+含量分别显著降低了 94.84%和 92.07%。在 W03 和 W04 中，Cu 含量分别显著下降了 36.58%和 11.09%；K^+含量也呈下降趋势，但趋势不显著；NH_4^+含量在 W03 中轻微下降，在 W04 中呈显著上升趋势，增大了 25.12%。

表 3-4 枯水期各水样理化因子数据统计比较

指标	W01	W02	W03	W04	W05
pH 值	3.15±0.07**	3.50±0.00**	4.30±0.00**	6.85±0.07**	8.05±0.21
水温/℃	5.65±0.07	3.95±0.21	6.40±0.28	6.65±0.21	5.05±0.21
电导率/$mS \cdot cm^{-1}$	12.44±0.19**	9.88±0.29**	4.29±0.11**	1.67±0.03	1.44±0.02
SO_4^{2-}	10725.83±204.02**	10717.50±157.79**	3387.17±41.09**	1703.17±5.19	1484.17±11.50
NH_4^+	65.68±1.70**	46.75±4.05**	23.50±1.58	32.28±5.01**	25.80±1.15
K^+	0.30±0.02**	0.46±0.03**	5.20±0.51	5.78±0.36	5.85±0.60
Na^+	29.05±4.54**	27.03±4.63**	221.33±37.56**	241.33±13.41**	319.00±23.26
总硬度	898.68±13.04**	1016.70±23.16**	664.17±13.04**	477.50±18.40**	427.12±6.41
Mn	47.97±1.34**	619.00±6.93**	13.90±0.27**	4.78±0.02**	1.92±0.01
Zn	13.30±0.14**	16.25±0.27**	1.17±0.02**	0.18±0.01**	0.05±0.00
Cu/$\mu g \cdot L^{-1}$	381.33±3.61**	219.67±9.56**	2.14±0.11**	2.99±0.15*	3.37±0.05
Ni/$\mu g \cdot L^{-1}$	3363.33±59.22**	3830.00±30.98**	790.00±39.71**	97.25±5.17**	39.23±0.81
Cd/$\mu g \cdot L^{-1}$	23.15±0.46**	21.50±0.56**	1.20±0.07**	0.76±0.05**	0.43±0.02
Fe^{2+}	806.50±50.43**	333.83±7.49**	32.42±0.30**	5.11±0.68**	0.29±0.08
Fe^{3+}	1651.67±83.53**	741.33±87.55**	333.83±4.75**	16.05±0.52**	8.62±0.33

注：1. 除了 pH 值和已标注单位的指标外，其余指标的单位为 mg/L；

2. 运用单因素方差分析，与未受煤矿酸性废水污染 W05（对照）相比，* 为 $P \leqslant 0.05$，** 为 $P \leqslant 0.01$；

3. ND 表示未检出；

4. 总硬度为 Ca^{2+}和 Mg^{2+}的浓度之和；

5. 检验均以 $\alpha = 0.05$ 作为检验水准，规定 $P \leqslant 0.05$ 表示差异具有统计学意义，并采用 LSD 法或 Dunnett's T3 法进行多重比较。

以上实验结果表明：煤矿酸性废水汇入河水支流后，会使河水的 pH 值显著降低；令河水电导率、总硬度、Fe^{2+}、Fe^{3+}、Mn、Cu、Zn、Ni 和 Cd 的含量显著升高。其中，丰水期 W01 的平均 pH 值为 2.55，酸性最强且下降最多（66.23%）；平均电导率在平水期的 W01 中达到最大，为 117mS/cm；平均总硬度在平水期的 W02 中达到最大，为 1269.78mg/L；Fe^{2+}和 Fe^{3+}的平均含量分别在丰水期和枯水期的 W01 中达到最大，分别为 1948.33mg/L 和 1651.67mg/L；金属 Cu 和 Zn 的平均含量在丰水期的 W01 中均达到最大，分别为 577.83μg/L 和 6318.33mg/L；Cd 和 Mn 的平均含量分别在枯水期的 W01 和 W02 中达到最大，分别为 23.15μg/L 和 619mg/L；Ni 的平均含量在枯水期的 W02 中达到最大，为 3830μg/L。河水中的 Na^+、NH_4^+和 K^+含量的变化不成规律，目前对这三者在煤矿酸性废水中的迁移机理研究较少，需进一步综合分析。

3.3 对地下水的影响

3.3.1 研究进展

在过去的几十年中，国内外学者研究评估了 AMD 排放对邻近水体的影响。大部分的研究主要集中在 AMD 排放对下游地表水质、对尾矿孔隙水化学性质的影响，近年来，矿区周围地下含水层中污染物（如金属元素）的迁移转化以及地下水地球化学演化等受到关注。英国环境署（Environment Agency）在水框架指令（water framework directive，WFD）中强调矿井水污染是造成英格兰和威尔士水资源无法满足 WFD 环境目标的重要原因之一，评估报告显示，英国境内约 2276km 的河流和 31380km^2 的地下水体受到煤矿 AMD 污染[3]。我国学者对矿山废水排放造成的水环境问题开展了大量的研究，其中大部分集中在煤炭开采对地下水资源及水环境影响程度、煤矿废水对地下水水质污染及其评价、地下水运动规律的数值模拟、采矿区周围水域水质演化规律、矿区不同含水层地下水的水化学特征及地下水环境保护对策的研究等方面。

山东淄博北斜井矿位于淄博沣水泉域内，是一个发生多次下伏岩溶水突水的老矿井，与岩溶含水层有密切联系。从 1987 年煤矿封井至上世纪末，整个矿井采空区被充满并从回风巷溢流出地表排入孝妇河，2010 年 7 月取样分析结果表明，矿化度2874.05mg/L、总硬度（HB）2109.43mg/L、硫酸盐（SO_4^{2-}）含量 941.45mg/L，水质评价为地下水分类Ⅴ类水，有 8 项指标超标，分别为 HB、溶解性总固体（TDS，total dissolved solids）、SO_4^{2-}、Cl^-、TFe、Mn、COD、NH_4-N。“煤矿酸性废水”使罗村一带岩溶水遭受严重污染，如 1991 年附近岩溶水的 SO_4^{2-} 含量 45~80mg/L，到 1997 年枯水期达到 1320.8mg/L，附近有 32 眼井污染，28 眼被迫停用，淄博市政府不得不拨专款从 30km 以外的太河水库紧急调水解决群众吃水问题。

北京西山门头沟区杨坨矿处于玉泉山泉域内，曾多次发生下伏岩溶水突水事故，与岩溶水有密切联系。该矿于 2000 年闭坑，闭坑后的坑道系统一定程度上成为岩溶水循环通道，同时污染岩溶水，对附近岩溶水质的 3 年平均浓度分析表明，SO_4^{2-} 含量分别为 196mg/L、237.4mg/L、301.9mg/L，说明硫酸盐浓度逐年提高。同处于玉泉山泉域内的潭柘寺北村岩溶井2次水质分析发现：SO_4^{2-} 含量分别为813mg/L、375mg/L，调查结果表明，其污染源来源于附近村办煤矿闭坑后排出的“酸性废水”（水中 SO_4^{2-} 含量2157mg/L、pH=3.6）出流后的下渗污染，同时坑口周边树木全部死亡。

钟佐燊等[6]以山东淄博煤田富硫煤煤矿作为典型研究区，阐述了由于直接排放酸性、高 SO_4^{2-} 离子、高硬度和较高矿化度（TDS）的矿坑水导致的地表水体及地下水的污染。研究区内地表水体的水质主要受控于矿坑排水的质量，区内主要河流、水库已被污染，引用这种受污染的地表水进行灌溉，会引起浅层地下水的严重污染，并影响到饮用此类地下水的人的身体健康。为揭示污水灌溉过程中水岩相互作用及地下水污染的机理，利用现场土柱模拟实验分别模拟污水灌溉和降水入渗过程。实验结果表明，含煤矿酸性污水灌溉过程中 SO_4^{2-} 不会被吸附，也不会产生沉淀，因此，污水灌溉成为污灌区地下水受污染的主要原因；降水入渗过程中，污灌区土壤中的 SO_4^{2-}、Ca^{2+}和 Mg^{2+}等可以通过降水淋滤进入地下水，这是污灌区地下水受污染的另一条途径，应予以高度重视。

在喀斯特地区，煤矿酸性废水对地下水带来的不良影响比地表水更为严重[10]。贵州岩溶地区采矿方式一般是地下开采，这样的开采方式极易导致煤层上覆或下伏地层的破坏。贵州的碳酸盐岩含水层一般上覆或下伏于含煤地层，在矿山开采过程中地层易被破坏，从而导致岩溶水沿开采裂隙渗漏，不但造成地下水资源的浪费，还会导致地下水位下降、泉水断流等，最终导致水资源短缺、居民生活用水及农业用水困难等问题。同时，矿山开采疏干了矿区周围地表水，浅层地下水长期得不到补充恢复，打破了地下水原有的补、径、排平衡状态，从而改变了矿区自然条件下“三水”（降水、地表水、地下水）转化关系，导致区域地下水补给量和可利用水资源量发生变化。此外，AMD 的排放还会影响地下水水质，AMD 中含有大量重金属离子、固体悬浮物，而且有的矿山废水（如铀矿）中甚至含有放射性物质，从而导致受纳地下水呈现水质恶化的现象。

贵州岩溶地区由于受溶蚀作用的影响，含水层溶蚀裂隙、管道等高度发育并相互贯通，形成岩溶区特有的地下、地表“双层空间”结构体系，地下空间通过表层带的溶蚀裂隙、管道、落水洞等与地表相通，使岩溶含水层与地表的联系更加密切，从而导致岩溶含水层具有高度脆弱性。同时，由于地下水含水层水流多以紊流和管道流为主，与非岩溶区相比，岩溶地下水流速较快，在含水层中滞留时间相对较短，因此对污染物的自净能力往往较弱。特别是在采矿活动强烈的地区，污染物未经处理直接通过岩溶通道排入地下含水层，并迅速扩散，加上喀斯特地区岩溶含水系统复杂多变、水文地球化学特征独特、地球化学敏感性和生态环境脆弱性突出，一旦污染，治理与恢复困难，因此矿山废水污染地下水问题已经成为贵州地区一个重要的关注焦点。织金煤矿开发区内由于受到煤矿开采的影响，区内的河流、泉点、民用井的流量及水质均受到了不同程度的影响，主要表现在井、泉的流量逐年减少，河流污染物浓度升高，色度浊度增加等。泉、井出水量的减少，已经对当地居民的生产及生活用水造成了一定的影响[10]。

3.3.2 对地下水质的影响机制

煤炭开采引发的一系列地质活动打破了地下水系统的原有水文地质条件和岩组结构，不仅破坏了原有的含水层结构，例如以孔隙为主的弱渗含水层转变成为以裂隙为主的强渗含水层，还造成了地下水循环系统中有效隔水层的损伤，进而影响原有地下水流场动态平衡。

3.3.2.1 酸性废水对地下水阴离子的影响

一般认为酸性水是在有水有氧的条件下，煤中伴生的黄铁矿（FeS_2）氧化生成。

$$2FeS_2 + 7O_2 + 2H_2O = 2Fe^{2+} + 4SO_4^{2-} + 4H^+ \tag{3-1}$$

$$2Fe^{2+} + O_2 + 4H^+ \longrightarrow 2Fe^{3+} + 2H_2O \tag{3-2}$$

$$14Fe^{3+} + FeS_2 + 8H_2O = 15Fe^{2+} + 2SO_4^{2-} + 16H^+ \tag{3-3}$$

值得注意的是，生成的 H_2SO_4 和 Fe^{3+}不仅具有很强的酸性，而且具有较强的溶解性，在酸性水流经的地方，由于铝土矿的溶解含有硅，使得与酸性水混合的地下水含有硅酸根或偏硅酸根。

式（3-3）的反应也是酸性水产生的重要因素，该式的反应发生在酸性水没流到沟道之前，虽增加酸性水的酸度不多，但为式（3-2）的反应提供了条件。因此，在酸性水的突水点，即使有较高的 Fe^{3+}，Fe^{2+}浓度也较高。

由于酸性水强烈的酸性，它或与地下水中的 HCO_3^- 作用，或与围堰中的其他碱性物质中和，碳酸以超饱和的形式存在。监测数据表明[11]，HCO_3^- 在酸性水中是不存在的。如地下水与酸性水混合后，不表现为酸性，则地下水中可能有 HCO_3^-。其他阴离子如 Cl^-、NO_3^- 与地下水相似，含量较低。矿山闭坑停止矿坑水灌溉后，土壤对 SO_4^{2-} 具有吸附能力，吸附作用具有时间短、速度快，易饱和的特征，而且土壤中的 SO_4^{2-} 解吸、转移能力较强，易随大气降水入渗污染地下水。

总之，受酸性水污染的地下水中主要阴离子是 SO_4^{2-}，它与饮用水要求的往往不是一个数量级。目前采用砂滤的方法滤除处理后酸性水中的悬浮物，一般不能正常运转，是因为 SO_4^{2-} 太高，中和剂又是选用带 Ca^{2+}的碱性物质，$CaSO_4$ 也是以超饱和形式存在的，很容易引起滤料的板结。如何在处理过程中降低 SO_4^{2-} 离子的浓度，是酸性水处理的难题。

3.3.2.2 酸性废水对地下水阳离子的影响

酸性水的常规监测指标有：pH 值、酸度、Fe^{2+}、Fe^{3+}、SO_4^{2-} 等。其他金属离子如 Mn^{2+}、Zn^{2+}等一般是不参加氧化还原反应的，对酸性水的影响较小，但从产生酸度的角度看，它们比 Fe^{2+}、Fe^{3+}等离子复杂得多。

地下水常规含有 K^+、Na^+、Ca^{2+}、Mg^{2+}等阳离子，如地下水中含有锰和铁，则称这种水为含锰地下水或含铁地下水。通常情况下，地下水中其他离子，如 Al^{3+}、Mn^{2+}、Zn^{2+}等含量不高。地下水一旦受酸性水的污染，情况就发生了巨大的变化，各种离子的浓度与水的 pH 值有密切的关系，根据溶度积原理，受污染的地下水中常见金属离子完全去除（$<10^{-5}$mol/L）时的 pH 值分别是：Fe^{2+} pH = 8.95，Fe^{3+} pH = 3.68，Al^{3+} pH = 4.71，Zn^{2+} pH = 8.04，Mn^{2+} pH = 10.14。另外，Al^{3+}和 Zn^{2+}表现为明显的两性，处理过的酸性水中仍含有大量的铝离子。在低 pH 值时，Fe^{2+}是很难氧化成 Fe^{3+}的，因此铁多以 Fe^{2+}的形式存在，其处理是非常困难的，其中的铝更是难以去除。

矿坑水入渗污染地下水的途径大致分为两种类型，即间歇入渗型（如农灌）和连续入渗型（如河流及排水渠等）。引矿坑水灌溉将不可避免地进入孔隙水含水层中，矿坑水中的 SO_4^{2-}、总硬度等污染物随着农灌被间断地输入地下含水层中，多年积累会使灌区地下水遭受严重污染。连续入渗型主要分布于受污染的河道及排水水渠沿岸地带，由于河水位高于地下水位，地表水源源不断地补给地下水，污染物也随之进入地下水含水层中，造成地下水污染[12]。

由于酸性矿井水在井下与围岩裂隙水存在着一定的水力联系，因此有可能在未排放前，直接污染地下水。另外，受酸性矿井水污染的地表水如果直接补给浅层地下水，也将导致地下水不同程度的污染，主要表现在 Fe 离子和 SO_4^{2-} 超标，且地下水污染的治理尤为困难[13]。

3.4 煤矿酸性废水对水中浮游生物和微生物群落的影响

3.4.1 研究进展

由于酸性矿井水的 pH 值较低，通常 pH<5.0，导致鱼类、藻类、浮游生物等绝大多数水生生物死亡，既减少了水生生物的数量，也限制了生物的多样性。如美国宾夕法尼亚州，超过 3000 英里的河流受到酸性矿井水的污染，由此造成的渔业损失每年接近 6.7×10^7 美元，而要恢复这些遭到破坏的流域，费用估计超过 5×10^9 美元。

由于酸性矿井水未经处理会对环境造成严重危害，因此，有关酸性矿井水及有害元素的环境效应也是研究的热点之一。酸性矿井水通常含有大量的重金属，这些重金属有可能在生物体内富集，通过食物链对人体健康造成潜在威胁。P. R. Mays（2001）指出，在人工建造的处理酸性矿井水的湿地中，Mn、Zn、Cu、Ni、Cr 等元素在植物体内大量地富集。Winter bourn（1999）对新西兰的几处受酸性矿井水影响的水体研究发现，丝状藻、苔藓植物和无脊椎动物体内的 Al、Fe 等金属元素严重超标，危害了当地的生态环境。Liesl Hill 和 Swbastian Jooste（1999）通过分析沉淀物和酸性矿井水水样以及毒理学试验认为，对于很多物种来说，化学物质能够直接从沉淀物中进入生物体内，重金属在相当大的程度上增强了水体的毒性。

不同煤矿类型、气候条件及水文特征环境下形成的 AMD 中微生物种类、丰度均呈现出较大差异，微生物群落结构也随着地理环境不同呈现出一定的组成规律。目前已知至少有 11 个原核生物存在于 AMD 微生物群落中，AMD 的微生物家族包括了细菌、古菌和真菌三大类，其中细菌为主要优势成员，古菌为酸矿水微生物群落的次要成员，在硫化矿物氧化溶解中扮演关键角色的铁氧化和硫氧化微生物属于细菌和古菌。Sun 等[14]发现 AMD 中微生物群落受 pH 影响最大，不同 pH 范围有不同的微生物分布特点：硫代芽孢杆菌 *Sulfobacillus* 是 pH < 3 的水体中的指示物种，而在 3 <pH <3.5 的水体中，嗜酸杆菌属细菌 *Acidobacteriaceae-affiliated bacteria* 则占主导。近年来，不依赖于培养的微生物群落分析方法，如 16SrRNA 基因克隆文库、扩增子测序、宏基因组测序以及宏转录组测序技术等已广泛用于 AMD 中微生物的研究，使人们对其中的微生物多样性、群落结构和功能，以及微生物与环境的相互作用有了更全面的认识。真核微生物群落结构的变化主要受硫酸根和电导率的影响，而微生物群落影响了 AMD 与原始土壤混合过程中 Fe(Ⅱ) 氧化能力的发展[15]。有的矿区老窑水水温高于普通环境，水体中的微生物群落就会趋向于嗜热性微生物，而有的矿区老窑水水温低，微生物会以耐寒性的微生物为优势类群，说明温度也会对 AMD 中微生物的分布产生影响。

AMD 通过各种途径进入水体后，一旦被藻类吸收，将引起藻类生长代谢与生理功能紊乱，抑制光合作用，减少细胞色素，导致细胞畸变、组织坏死，甚至使藻类中毒死亡，改变天然环境中藻类的种类组成。AMD 的高 pH 梯度（从 1.9 到 8.5）与硅藻物种密切相关，硅藻物种从酸性向中性转变。然而，重金属在很大程度上使得硅藻丰富度减少，甚至使硅藻群落中出现畸形。作为河流生态系统的初级生产者，底栖生物因固定生活于某一生境，不能通过迁移或其他形式来躲避污染的危害，很容易直接受到物理和化学因子的影响。一些敏感的底栖生物因无法耐受老窑水的高酸度和重金属环境而消失。一些底栖藻类密度、叶绿素 a 浓度、无灰干重及自养指数等受酸性矿山废水影响明显，且枯水期酸性矿山废水的影响更显著；一些藻类（如丝藻、短缝藻）经常在全世界受到酸性矿山废水影响的地区出现，可以作为酸性矿山废水污染的指示种。

3.4.2　实验案例

3.4.2.1　采样时间和地点

仍以阳泉山底河实验为例，采样时间和地点同 3.2.2 节。

3.4.2.2　样品采集

采地表水的同时，用 25 号浮游生物网呈“∞”形来回采集浮游生物于 300mL 采样瓶内，采样后立即滴入 3 滴鲁哥试剂（即鲁哥氏碘液，是碘和碘化钾的水溶液），每个样点采集三瓶。将采集后的样品迅速送回实验室进行样品处理及分析。

将不同位置的水样按同等比例混合均匀，取 500mL 混匀的水样，将其通过 0.22μm 微孔滤膜真空抽滤得到富集细菌的样本滤膜，将滤膜移入已紫外灭菌的一次性 50mL 离心管中，密封好的离心管按“年份-月份-采样点”编号保存于冰盒中进行细菌高通量测序。将每个样点采集的浮游生物样液混合摇匀后倒入 1L 烧杯中沉淀 24h，用吸管将上清液吸出，剩下 30mL 左右的沉淀物转入 50mL 定量瓶中定容，摇匀后在显微镜下进行观察。

本次采集的样品中出现的浮游动物数量极少，多为浮游植物，故本实验只对浮游植物进行检测分析。参照周凤霞编著《淡水微型生物图谱》和魏复盛编著的《水和废水监测分析方法》，在尼康荧光显微镜 ECLIPSE TS100 下观察记录水样中浮游植物的种类及数量。

3.4.2.3　数据处理与分析

A　浮游植物检测

采用 Excel 软件先对观察到的浮游植物数量进行密度换算，对所得结果分别进行物种分布柱状图的绘制和 Shannon-Wiener 多样性指数 H'、Margalef 丰富度指数 D、Pielou 均匀度指数 J 和 Jaccard 群落相似性系数 Q 的计算，计算公式具体如下。

（1）浮游植物密度计算：

$$N = \frac{C_s}{F_s \times F_n} \times \frac{V}{U} \times P_n$$

式中　C_s——计数框面积，mm^2；

F_s——每个视野面积，mm^2；

F_n——计数过的视野数；

V——1L 水样经沉淀浓缩后的体积，mL；

U——计数框的体积；

P_n——计数出的浮游植物个数，mm^2。

实验中样本体积为900mL，浓缩后的体积为50mL。采用的计数框面积为400mm^2，计数框的体积为0.1mL。视野数根据所观察到的浮游植物数量决定，本实验中常用的视野数为100和200。实验采用尼康荧光显微镜ECLIPSE TS100，其配置的是标准视场数22的目镜，故视野直径为0.55mm（视野直径=视野数/物镜倍率）。

（2）Shannon-Wiener多样性指数（H'）。H'多用来反映浮游藻类群落结构的组成复杂程度，从侧面可以反映水体受污染情况。一般指数值越大，证明物种群落结构越复杂，对环境的承受能力越强，水体受污染程度越小。

$$H' = -\sum_{i=1}^{S} P_i \log_2 P_i$$

$$P_i = \frac{n_i}{N}$$

（3）Margalef丰富度指数（D）。D可反映环境中物种数目的多少，它是假定物种数S与总个体数的对数值$\ln N$具有一定的线性关系，D值越大，水质越好。

$$D = \frac{S-1}{\ln N}$$

（4）Pielou均匀度指数（J）。J反映各个物种的个体数目分配的均匀程度，每个种类的个体数越是接近，说明各种类的个体数分布越均匀，群落的均匀度就越高，反之则越低。J值范围在0~1之间，J值越大，表明种间个体数分布越均匀；J值越小，说明种间个体数分布越不均匀。

$$J = \frac{H'}{\ln S}$$

式中 S——样品中出现的物种总数；
N——所有物种的个体数量之和；
n_i——第i个物种的个体数量；
P_i——物种相对重要值。

（5）Jaccard群落相似性系数（Q）。该系数用来反映受污染河水浮游植物种类的变化程度。数值越接近1，两地区种类组成越相同，若$Q<0.5$，则表面两地区存在实质性差异。

$$Q = \frac{C}{A+B-C}$$

式中 C——两个水样中共有的浮游植物种类数；
A——水样a中浮游藻类种类数；
B——水样b中浮游藻类种类数。

采用单因素方差分析对污染河水和正常河水间浮游植物多样性指数的差异进行检验，检验均以$\alpha=0.05$作为检验水准，规定$P\leqslant 0.05$表示差异具有统计学意义，并采用LSD法或Dunnett's T3法进行多重比较。

B 细菌检测

水体细菌检测方法：由上海生工生物工程股份有限公司对平水期、丰水期和枯水期的水样进行高通量测序，以下为高通量测序的具体步骤。

（1）DNA提取与扩增。采用E. Z. N. A. ® soil试剂盒对每个样品进行总DNA提取，并用Qubit® 2.0荧光计（life，USA）测量DNA浓度以确保提取出足够数量的高质量基因组 DNA。在 PCR 仪（Applied Biosystems，9700，USA）下采用细菌通用正向引物（CCTACGGGNGGCWGCAG）和反向引物（GACTACHVGGGTATCTAATCC）对 DNA 的 V3-V4 区域进行 PCR 扩增。对于每个样品重复进行 3 次实验并混合每个样品所扩增的 PCR 产物，在 1%琼脂糖凝胶中加入混合后的 PCR 产物并在 TBE 缓冲液中进行电泳，结束后在 EB 染液下进行染色并在紫外灯下观察。

（2）基因文库的构建、定量及测序。样品在 Illumina 平台下构建基因文库。测序前，使用 Qubit® 2.0 荧光计测定每个样品 PCR 产物的 DNA 浓度，并使用生物分析仪（Agilent2100，美国）对其进行质量控制，随后利用 Illumina 公司的 Miseq PE300 平台进行测序。

（3）测序数据处理。使用 Trimmomatic 软件和 Cutadapt 软件对原始序列进行过滤和引物去除得到高质量序列，再使用 FLASH 软件对每个样品高质量序列进行拼接；采用 UCHIME 软件去除拼接后存在的嵌合体序列；在 97%相似度条件下采用 Usearch 软件对序列进行聚类；使用朴素贝叶斯分类器并参考 SILVA 数据库对特征序列进行分类学注释；在 QIIME 软件中生成不同分类水平上的物种丰度表。

（4）使用 Mothur 软件对三个时期各采样点水样的 α 多样性指数进行评估。采用 R 软件分别绘制三个时期水样的物种稀释性曲线图、属水平下的物种分布柱状图、细菌群落与环境因子的相关 CCA 图。

3.4.2.4 实验结果与讨论

A 浮游生物

在所研究的流域中，几乎没有浮游动物的存在，只检测出了少量的浮游藻类。故本实验只对浮游藻类进行检测，所得的藻类物种和结果如图 3-4 和图 3-5 所示。

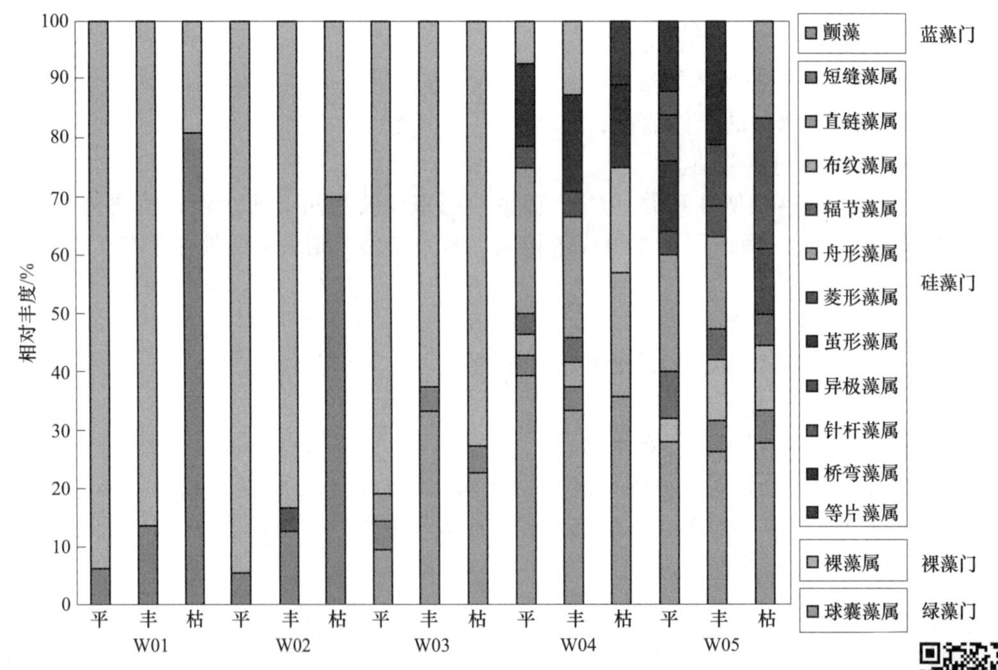

图 3-4 各采样点不同时期属水平浮游植物种类及数量相对丰度

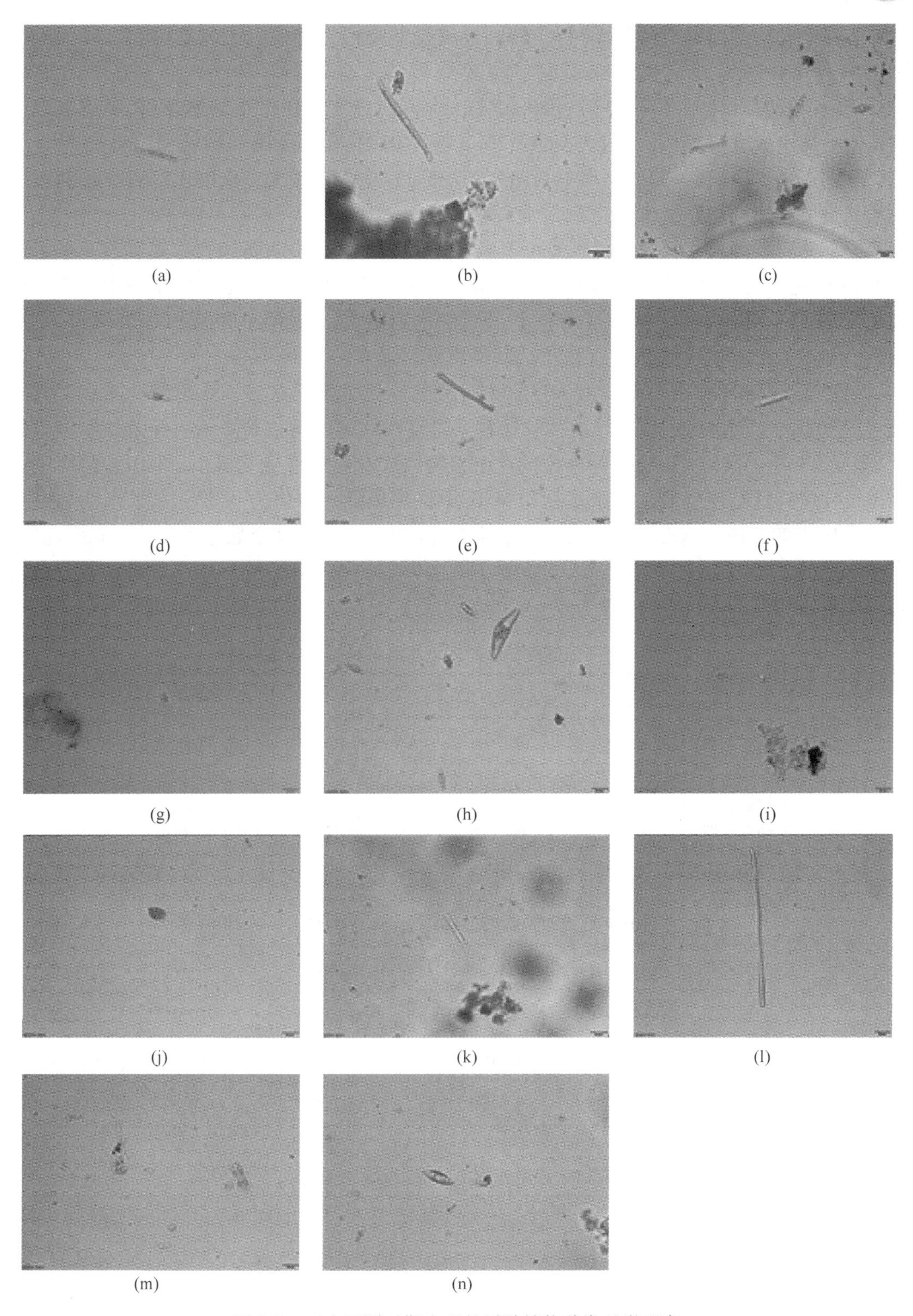

图 3-5 三个不同时期出现的浮游植物种类显微观察

（a）短缝藻属；（b）布纹藻属；（c）等片藻属；（d）舟形藻属；（e）直链藻属；（f）针杆藻属；（g）异极藻属；（h）桥弯藻属；（i）球囊藻属；（j）裸藻属；（k）菱形藻属；（l）颤藻属；（m）茧形藻属；（n）辐节藻属

实验中共检测出浮游藻属 14 种，分别隶属于蓝藻门、裸藻门、硅藻门和绿藻门。在 W01 和 W02 中多以裸藻属（裸藻门）和短缝藻属（硅藻门）为主，分别在平水期的 W02（94.44%）和枯水期的 W01（80.95%）中占到最大，在平水期的 W02 中还出现了少量的菱形藻属（硅藻门），仅占到 4.17%。在 W03 中以裸藻属和颤藻属（蓝藻门）为主，分别在平水期（80.95%）和丰水期（33.33%）中占到最大，水中还存有少量的短缝藻属和舟形藻属，均在平水期占到最大（均为 4.76%）。在 W04 和 W05 中，共同出现了硅藻门下的布纹藻属、辐节藻属、舟形藻属、菱形藻属、茧形藻属和等片藻属，在平水期的 W05 中还发现了绿藻门下的球囊藻属，相对丰度占到 16.67%；在这两水体中，颤藻属和舟形藻属占据较大的优势，且均在平水期中达到最大，分别占 39.29%、28%和 25%、20%。此外，在 W04 中还大量存在茧形藻属类别，最大占到 16.67%。

结合表 3-5 和表 3-6 可知，河水在三个时期整体呈重污染状态，煤矿酸性废水汇入后显著加重了河水的污染程度，浮游植物物种丰富度和均匀度均显著降低，浮游植物多样性极小。与 W01～W03 相比较，W04 中的浮游植物组成及多样性变化较小，W01～W03 中的浮游植物多样性整体偏低，在平水期的 W01 中达到最低，H' 值为 0.32。在平水期和丰水期，W01 中的物种丰富度最小，为 0.09；W01 和 W02 中的物种个数分布较其余水样均匀，在枯水期的 W02 中物种个体分布最均匀，J 值为 0.61；在 W03～W05 中，物种个数分布均匀程度整体相差不大。

表 3-5　不同采样点三个时期河水浮游植物多样性指数

多样性指数	时期	W01	W02	W03	W04	W05
H'	平水期	0.32±0.01**	0.39±0.01**	0.44±0.01**	0.78±0.01	0.81±0.01
	丰水期	0.41±0.01**	0.44±0.00**	0.50±0.00**	0.71±0.01	0.73±0.06
	枯水期	0.40±0.01**	0.42±0.00**	0.46±0.01**	0.50±0.01	0.56±0.03
D	平水期	0.09±0.00**	0.18±0.00**	0.23±0.02**	0.55±0.02**	0.73±0.02
	丰水期	0.09±0.00**	0.17±0.00**	0.18±0.00**	0.64±0.02	0.62±0.02
	枯水期	0.10±0.00**	0.10±0.00**	0.18±0.00**	0.50±0.07	0.56±0.01
J	平水期	0.46±0.01**	0.36±0.01	0.32±0.00*	0.40±0.01**	0.37±0.00
	丰水期	0.59±0.02**	0.40±0.00*	0.46±0.00**	0.34±0.00	0.35±0.03
	枯水期	0.58±0.01**	0.61±0.00**	0.42±0.01**	0.47±0.01**	0.29±0.01

表 3-6　浮游植物多样性指数评价标准

项目	重污染	中重污染	轻污染	寡污型（清洁）
指标评价标准[6,7]	$H'<1$	$1<H'<2$	$2<H'<3$	$H'>3$
	$1<D<2$	$2<D<3$	$3<D<4$	$D>4$
	$0<J<0.3$	$0.3<J<0.5$	$0.5<J<0.8$	$0.8<J<1$

为了明确受煤矿酸性废水污染的河水中浮游植物群落多样性的变化程度，本实验对正常河水（W05）和污染河水（W01～W04）进行 Jaccard 群落相似性系数 Q 计算，计算结果见表 3-7。表中显示：在三个时期中，W01～W04 的 Q 值均小于 0.5，这表明 W01～W04 与 W05 的浮游植物群落组成存在实质性的差异。在平水期的 W02 中，其浮游植物的群落组成与 W05 完全不同，Q 值为 0。相比之下，在平水期和丰水期的 W04 中，还存有少量的河水原有的浮游植物种类。

表 3-7 煤矿酸性废水对浮游植物群落多样性的影响

Q	平水期	丰水期	枯水期
W01	0.100	0.111	0.125
W02	0.000	0.100	0.125
W03	0.182	0.222	0.250
W04	0.455	0.455	0.200

注：每个水样与 W05 相比较所得的 Q 值。

B 高通量测序结果

各样品测序所得结果见表 3-8，从表中可得过滤后的高质量序列平均长度在 416～423bp 之间，满足测序所需长度。为了验证所得到的高质量序列能够充足反映样品中的物种多样性，对不同时期样品做稀释性曲线分析，结果如图 3-6 所示。从图中可看到每个样品的曲线趋势均先上升后趋于平缓，这表明每个样品中的物种不会再随测序数量的增多而显著增多，从而证明样品中的有效序列充足。采用 $Q30$ 来衡量测序的准确度，结果显示每个样品所得 $Q30$ 值均大于 85%，证明所得序列准确度良好。

表 3-8 三个不同时期各样点水样高通量测序结果

每时期各指标值		W01	W02	W03	W04	W05
高质量序列	平水期	37119	37881	39202	39603	44920
	丰水期	70790	79626	79272	79768	79320
	枯水期	32540	57112	21781	37044	27629
平均序列长度	平水期	416	422	421	423	417
	丰水期	422	423	418	421	420
	枯水期	416	416	416	416	416
$Q30$/%	平水期	94.21	94.29	93.97	94.24	94.42
	丰水期	95.64	95.72	95.89	96.03	96.08
	枯水期	94.21	94.21	94.21	94.21	94.21

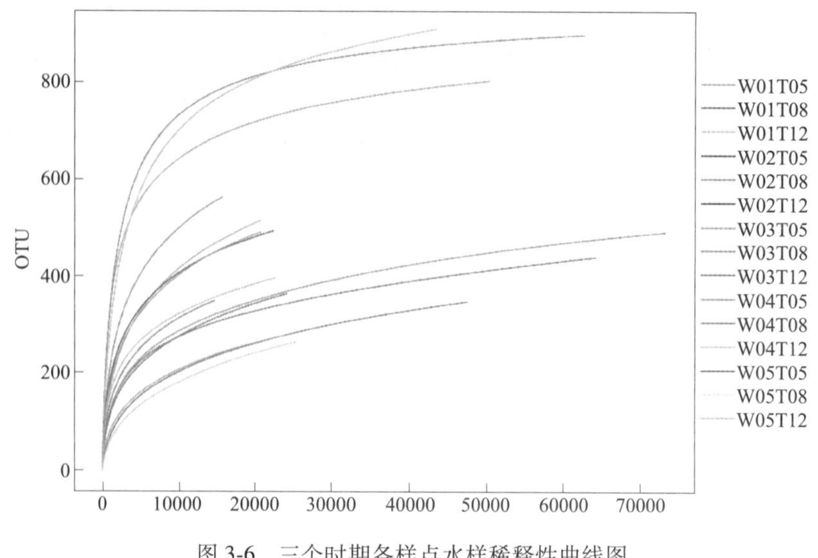

彩色原图

图 3-6 三个时期各样点水样稀释性曲线图

C 水体细菌群落的组成

三个时期各位置水样的细菌物种分布柱状图如图 3-7 所示，将正常河水和污染河水的细菌群落组成相比较得：

（1）在平水期，W01 和 W02 分别以原生动物 *Euglena_mutabilis*(41.12%)和铁卵形菌属 *Ferrovum*(54.38%)为主。此外，W01 中还存有大量的硫杆菌属 *Acidithobacillus*（21.98%）和少量的嗜酸菌属 *Acidiphilium*（6.43%）。W03~W05 则主要以其他菌属为主，在 W03 中还出现了大量 *Ferrovum*（36.87%）。不动杆菌属 *Acinetobacter* 和嗜冷杆菌属 *Psychrobacter* 广泛活动在 W04 中，分别占到 23.14%和 10.48%。双歧杆菌属 *Bifidobacterium* 和 *Acinetobacter* 在 W05 中占有较小的优势，分别占到 6.96%和 9.95%。

（2）在丰水期，除其他菌属外，W01 和 W02 主要以酸硫杆菌属 *Acidithiobacillus*、钩端螺旋菌属 *Leptospirillum* 和铁卵形菌属 *Ferrovum* 为主，最大分别占到 21.65%、11.24%和 43.41%。而 W03~W05 主要以其他菌属为主，其在 W03 中的相对丰度占比高达 83.38%；此外，在 W05 中还出现了少量的鞘氨醇杆菌属 *Novosphingobium*（5.11%）和未被鉴别的 *uncultured_bacterium_f_Burkholderiaceae* 属（5.09%）；*Pseudarcicella* 属在 W05 中占据一定的优势，其相对丰度占到 10.59%，而在 W04 中优势不大，仅占到 5.73%。

（3）在枯水期，除其他菌属以外，W01 和 W02 与它们在平水期的细菌组成情况相似，分别以 *Euglena_mutabilis*（61.36%）和 *Ferrovum*（40.34%）为主，W01 中还出现了少量的硫杆菌 *Acidithiobacillus*（13.37%）和钩端螺旋菌属 *Leptospirillum*（5.93%）；W02 中的 *Euglena_mutabilis*（27.77%）和 *Acidithiobacillus*（17.87%）占据不小的优势。而 W03 主要以嘉利翁氏菌属 *Gallionella*（27.74%）和附钟藻属 *Epipyxis* 中的 *Epipyxis_sp._PR26KG* 种（14.20%）为主。在 W04 中，除了出现大量弓形杆菌属 *Arcobacter*（28.14%）外，还出现了少量的普雷沃菌属 *Prevotella_9*（5.26%）；与 W04 相同的是 W05 中也存有大量 *Arcobacter*（31.47%）和少量的 *Prevotella_9*（7.32%），不同的是 W05 中还发现的少量的不动杆菌属 *Acinetobacter*（5.19%）。

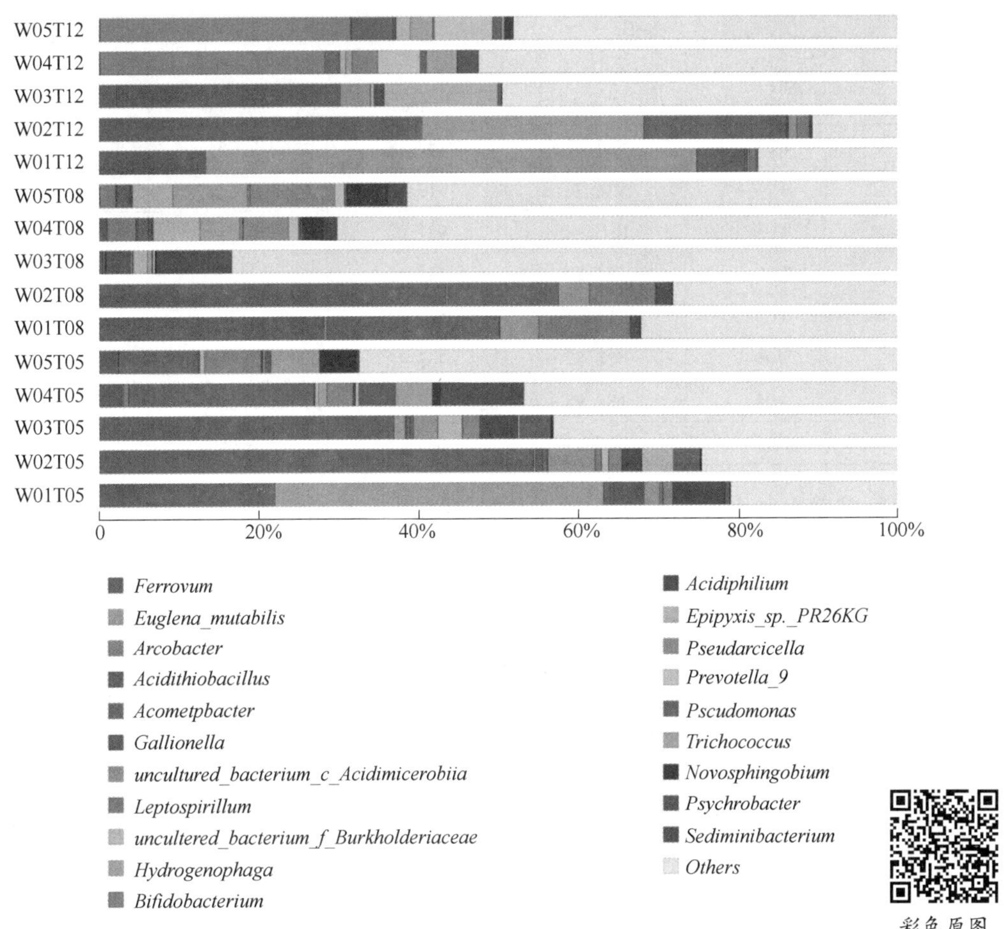

图 3-7 属水平下三个不同时期各水样细菌物种分布柱状图

采用 α 多样性指数来反映各样本内细菌群落的多样性及丰度。其中用 Chao1 和 Ace 指数评估物种丰度，用 Shannon 和 Simpson 指数评估物种多样性，Chao1 和 Ace 指数越大表明细菌群落丰度越高，Shannon 和 Simpson 指数越大表明细菌群落多样性越高。三个时期各样本的多样性指数见表 3-9。

表 3-9 三个时期各水样的 α 多样性指数

时期	采样点	多样性指数			
		Chao1	Ace	Shannon	Simpson
平水期	W01	364. 15	367. 89	3. 54	0. 78
	W02	481. 15	543. 76	3. 75	0. 71
	W03	506. 22	493. 74	5. 30	0. 89
	W04	619. 05	620. 58	6. 06	0. 96
	W05	595. 18	586. 24	6. 32	0. 97
丰水期	W01	597. 66	656. 98	4. 59	0. 87
	W02	596. 25	594. 29	4. 14	0. 79

续表 3-9

时期	采样点	多样性指数			
		Chao1	Ace	Shannon	Simpson
丰水期	W03	844.67	847.18	7.75	0.98
	W04	918.98	913.38	7.89	0.99
	W05	1019.42	981.02	7.24	0.98
枯水期	W01	354.20	441.13	2.37	0.59
	W02	463.17	522.63	2.79	0.73
	W03	421.82	433.42	4.98	0.89
	W04	689.95	658.21	5.64	0.94
	W05	665.44	675.73	6.05	0.94

从表中可以看出各水样的细菌群落多样性和丰度均在丰水期间较高，在平水期和枯水期间变化不显著。对三个时期正常河水与污染河水的 α 多样性指数进行比较可以得出：

（1）在平水期，W01～W03 的细菌种类丰度均呈下降趋势，且丰度大小排序为：W02、W03>W01，其中 W02 和 W03 的种类丰度较相近，大小难分，W04 中的细菌种类丰度比 W05 高。细菌群落多样性排序综合表现为 W05>W04>W03>W01、W02，W01 和 W02 的物种丰度也较相似，难分上下。

（2）在丰水期，细菌种类丰度由大到小依次排序为：W05>W04>W03>W01>W02；但细菌群落多样性排序表现为：W04>W03>W05>W01>W02。

（3）在枯水期，W04 和 W05 的细菌物种丰度均较大，其次是 W02、W03 和 W01；细菌群落多样性由大到小依次排序为 W05>W04>W03>W02>W01。

采用典范对应分析（CCA）方法，评估属水平下丰度排名前 10 的细菌群落与河水理化因子之间的相关关系，所得结果如图 3-8 所示。图中灰色的直线表示环境因子，线段的长短表示该环境因子对细菌群落影响的大小，蓝色虚线表示细菌属类，虚线和灰色直线间的夹角表示环境因子与细菌群落间的相关性，锐角呈正相关，钝角呈负相关。从图中分析可得，水样中的细菌分为嗜酸和不嗜酸两大类群，其中嗜酸类群有原生动物 *Euglena_mutabilis*、硫杆菌属 *Acidithiobacillus*、钩端螺旋菌属 *Leptospirillum*、铁卵形菌属 *Ferrovum*、嗜酸菌属 *Acidiphilium* 和嘉利翁氏菌属 *Gallionella*；不嗜酸类群包括不动杆菌属 *Acinetobacter*、双歧杆菌属 *Bifidobacterium*、弓形杆菌属 *Arcobacter* 和氢噬胞菌属 *Hydrogenophaga*，分别分布在图的左侧和右侧。

D　水体细菌群落与环境因子的 CCA 分析

水样的 pH 值、总硬度和 Cd 含量的变化是不同季节细菌群落组成差异的主要影响因子，而水温、Zn 和 SO_4^{2-} 含量对其影响较小。嗜酸类群的细菌除嘉利翁氏菌属 *Gallionella* 外，均与水样的总硬度，Fe^{2+}、Fe^{3+}、NH_4^+、Cd 和 SO_4^{2-} 的含量呈显著正相关，与 pH 值、Na^+和 K^+含量呈显著负相关，非嗜酸类群则相反。嘉利翁氏菌属 *Gallionella* 的分布虽与水温呈显著正相关，但其丰度受水温的影响却并不大。

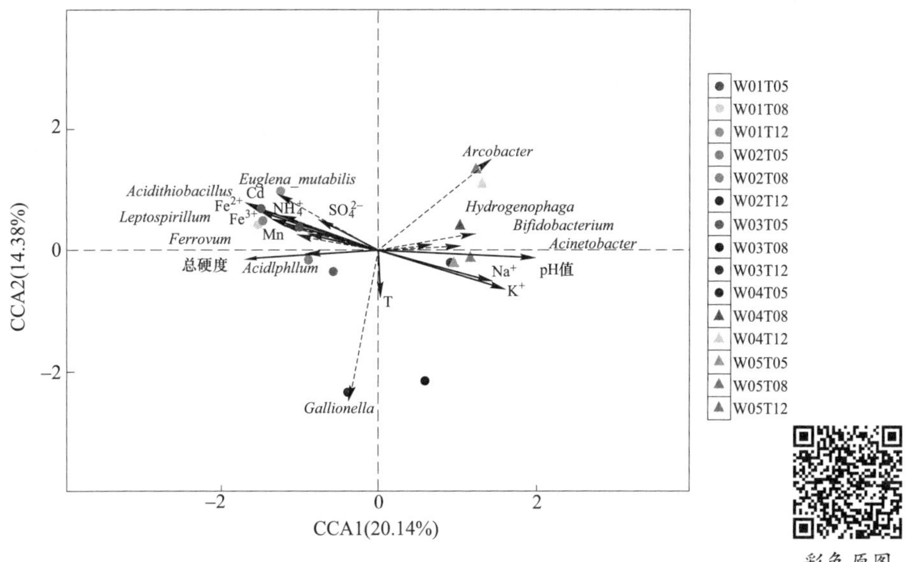

图 3-8 水体细菌群落组成与环境因子的典范对应分析

3.4.2.5 讨论与结论

结合这三个时期水样理化因子分析结果可得，在 W01 和 W02 处，河水受煤矿酸性废水污染显著，而在另一个煤矿酸性废水渗出点 W03 处的河水污染不显著，原因可能是：W01 处渗出的煤矿酸性废水聚集面积较大，且渗出量较多，汇入 W01 处的山顶溪流水流量较小，对渗出的煤矿酸性废水稀释作用不大；而 W03 处的地面坑洼不平，各坑处的煤矿酸性废水蓄积量不相同，且在丰水期，W03 点处的河水流量过大导致污染物很快被稀释。为了更准确地分析煤矿酸性废水对河水理化特性的影响，分别对 W05 和 W01、W02、W04 处三个时期的水样理化因子、浮游植物和细菌群落组成及其多样性进行比较分析，讨论如下：

（1）无论在什么时期，煤矿酸性废水均会显著降低河水的 pH 值，使河水的总硬度、Fe^{2+}、Fe^{3+}、Mn、Zn、Cu、Ni 和 Cd 的含量显著升高。这与煤矿酸性废水的水质有着极大的关系，目前已有较多研究表明煤矿酸性废水的酸性较强，且水化学成分复杂，矿化度和总硬度较高，在演化成酸性水的过程中会对围岩产生溶蚀作用，并腐蚀矿井管道形成酸性地下水，若渗出地表，会使周围土壤板结，农作物枯黄，严重时还会引发透水事故。在平水期和丰水期中，W01 和 W02 的 SO_4^{2-} 含量均较低，这可能是因为水量较大，对硫酸盐具有稀释作用。河水中的 Na^+、NH_4^+和 K^+含量变化不成规律，目前对这三者在煤矿酸性废水中的迁移机理研究较少，需结合水中微生物进一步综合分析。也有人在受煤矿酸性废水污染的地下水中发现，Na^+含量普遍偏高，这极有可能是 Na^+与地下水中黏土矿物上的 Ca^{2+}大量交换，从而导致地下水的 Na^+含量较高。

（2）对水体浮游植物群落组成及其多样性研究发现：在平丰枯三个时期中，研究水样中仅出现了 14 种浮游藻类，分别隶属于蓝藻门、硅藻门、裸藻门和绿藻门。早期研究中，在受酸性矿水污染的湖内和湖边发现绿藻门和裸藻门的浮游藻类。在本实验检测中，裸藻和短缝藻属在 W01 和 W02 中占据极大优势，在 W03 中还出现了少量的短缝藻属，鉴于丝藻（*Ulothrix sp.*）和短缝藻（*Eunotia sp.*）经常在酸性矿水中出现，可作为酸性矿水废水的指示种。而颤藻在弱酸性或弱碱性下生长状态最好，故在 W04 和 W05 中大量生长。结合浮游植物的多样性评价指标可得：水体浮游植物种类多样性整体偏小，河水呈重污染状态，表明煤矿酸性废水汇入后会加重河水的污染程度，使浮游植物多样性显著降低。

（3）煤矿酸性废水汇入河水支流后，河水中出现了大量的铁硫化菌如铁卵形菌属 *Ferrovum*、嗜酸菌属 *Acidiphilium*、酸硫杆菌属 *Acidithiobacillus*、钩端螺旋菌属 *Leptospirillum* 和嘉利翁氏菌属 *Gallionella*。在 W01 中，*Ferrovum*、*Acidithiobacillus* 和 *Leptospirillum* 占据较大的优势；而在 W03 中多以 *Ferrovum* 和 *Gallionella* 为主。结合 CCA 图可知这与水环境中的 pH 值及 Fe^{2+}、Fe^{3+} 和 SO_4^{2-} 离子含量有关。*Ferrovum* 和 *Acidithiobacillus* 均靠氧化 Fe^{2+} 为生，*Acidithiobacillus* 还可氧化硫单质，W01 的高铁高硫环境无疑为这两菌属提供了良好的营养环境，且两者属内细菌均嗜酸，其他研究也表明 *Ferrovum* 几乎只存在酸性矿水中。*Acidithiobacillus* 属内的耐铁嗜酸硫杆菌（*At. ferridurans*）是一种兼性厌氧自养的嗜酸硫杆菌，在好氧条件下氧化铁和硫，但在厌氧条件下还原铁和硫。嗜酸自养兼性厌氧菌 *Leptospirillum* 受水温影响较大，与它嗜热的属性有关，该属细菌已被发现有 4 种不同的细菌，大都是革兰氏阴性菌。在嘉利翁氏菌属 *Gallionella* 中有多种细菌耐酸但不嗜酸，这可能就是该细菌大量出现在 W03 中的原因，该菌属被称为化能自养的铁氧化及铁沉淀菌，在微氧或好氧的条件下可氧化 Fe^{2+}。

（4）水中还出现了耐酸性的原生动物 *Euglena_mutabilis*（易变眼虫，一种嗜酸可进行光合作用的微型真核生物）和附钟藻属 *Epipyxis* 下的未定名的 *Epipyxis_sp. _PR26KG* 种。*Euglena_mutabilis* 与水中 Fe^{2+}、Fe^{3+} 和 SO_4^{2-} 离子含量呈正相关，而 W02 中这三个离子的含量不及 W01，因此 *Euglena_mutabilis* 在 W02 中失去优势，有学者研究发现 *Euglena_mutabilis* 也受 NH_4^+ 的影响，在一定含量 NH_4^+ 的条件下能够促进 *Euglena_mutabilis* 生长。目前在酸矿水中发现 *Epipyxis_sp. _PR26KG* 种的研究极少，在国内仅有冯佳在山西省太原市和山东青岛的河水中发现附钟藻属 *Epipyxis*，由于“长期受煤矿酸性废水污染的藻类可能会产生抗性”，推测 *Epipyxis_sp. _PR26KG* 种是附钟藻属 *Epipyxis* 的变异藻种。

（5）pH 值对细菌群落组成起着主要作用，pH 值越低，细菌物种多样性越低，群落结构越不相似，因此 W01～W03 与 W04 和 W05 的细菌群落组成极不相似。W04 和 W05 均以弓形杆菌 *Arcobacter*、不动杆菌 *Acinetobacter* 和嗜冷杆菌属 *Psychrobacter* 等致病性菌为主，其中弓形杆菌 *Arcobacter* 在自然界中很常见，是一种人畜共患的食源性和水源性病原菌，适宜生长在中性常温的环境；不动杆菌 *Acinetobacter* 是一种存在于土壤和水中的条件致病菌，其中的鲍曼不动杆菌 *Acinetobacter baumannii* 常引起肺炎和皮肤感染；嗜冷杆菌属 *Psychrobacter* 感染的病例少见，该菌属是革兰氏阴性球杆菌，喜欢生活在寒冷环境，因此在枯水期的 W04 中广泛出现。此外，在 W04 和 W05 中还出现了 *Pseudarcicella* 属（假悬藓属），该属在会仙喀斯特湿地被姜磊检测出并推测其可能会参与湿地中的碳循环[16]。

3.4.2.6 小结

在本实验中共检测出 4 门 14 种浮游植物。分别有蓝藻门、裸藻门、硅藻门和绿藻门，其中硅藻门占有较大优势。在平水期的 W01 和 W02 中，浮游植物多样性最小，H' 分别为 0.32 和 0.39，两水样中均以短缝藻属和裸藻属为主。相比之下，W04 和 W05 的浮游植物多样性较高，共同出现了硅藻门下的布纹藻属、辐节藻属、舟形藻属、菱形藻属、茧形藻属和卵形藻属，水中以颤藻和舟形藻属为主。W01～W03 中的浮游植物群落组成与 W05 极不相似，在平水期 W02 中，两水体的浮游植物组成完全不同。根据浮游植物多样性指数评价标准可知，河水整体呈重污染状态，浮游植物多样性较小，煤矿酸性废水汇入后显著降低了浮游植物多样性。

在 W01 和 W02 中，细菌群落多样性及丰度最低。在平水期和枯水期，水中多以耐酸性的原生动物 *Euglena_mutabilis* 和铁卵形菌属 *Ferrovum* 为主，但在丰水期主要以酸硫杆菌属 *Acidithiobacillus*、钩端螺旋菌属 *Leptospirillum* 和 *Ferrovum* 为主，这些细菌受河水总硬度以及 Fe^{2+}、Fe^{3+}、NH_4^+、Cd 和 SO_4^{2-} 的含量影响较大。在枯水期的 W03 中，还出现了大量的嘉利翁氏菌属 *Gallionella*，虽与温度呈显著相关，但受其影响较小。在 W04 和 W05 中，弓形杆菌 *Arcobacter*、不动杆菌属 *Acinetobacter* 和嗜冷杆菌属 *Psychrobacter* 是主要优势菌属，前两种细菌随 pH 值、Na^+和 K^+含量的增大而增多。在平水期和枯水期还分别出现了少量的鞘氨醇杆菌属 *Novosphingobium* 和普雷沃菌属 *Prevotella_9*。

3.5 对土壤和河流底泥的影响

3.5.1 研究进展

煤矿周边土壤重金属存在富集现象，重金属除来源于煤矿开采过程或煤矸石堆放过程中产生的粉尘沉降外，煤矿酸性废水也是一个重要来源。富含重金属的矿井水长期外排至地表、煤炭洗选泄漏的污废水或矸石山经过降雨淋滤生成含重金属的废水，经自然蒸发、运移和渗透、生物吸收和转化、土壤包气带吸附和富集等，岩层中的重金属富集至地表土壤中，导致土壤重金属超标。AMD 及其沉淀物的化学成分和物相组成中，硫酸盐以及铁、锰、铝、铅、铀、锌、镍、钴、铜等离子含量较高，对土壤环境有潜在危害[4]。

3.5.1.1 对土壤肥力和土质的影响

煤炭开采对周边土壤化学性质的影响主要表现在土壤氮、磷等养分元素损失上。研究表明，沉陷区土壤中养分出现下降趋势，其中全氮、全磷、速效钾的下降达到显著或极显著水平；采煤塌陷可使土壤中营养元素随裂隙流入采空区，造成土壤养分短缺。在氮的流失途径中，硝态氮可以从土壤剖面淋至较深的土层；水解性有机氮（一般占全氮的 50%～70%）可以通过微生物的矿化作用转化为易流失的无机态氮。在磷的流失途径中，磷可以随淋溶作用进入深层土壤，使土壤磷元素损失。

煤炭资源开发产生的土地沉陷还会导致土壤结构产生变化，从而造成土壤质量下降。塌陷式土壤总孔隙度明显变小，土壤毛管孔隙度明显变大，非毛管孔隙度显著变小，导致土壤比表面积较小，持水保肥能力弱，抗蚀能力差，不利于植物生长和植被恢复。也有研究发现，采煤造成土体一定程度的松动，使土壤容重有一定程度的降低，从而对土壤的透气性、透水性、持水性、溶质迁移能力以及土壤的抗侵蚀能力都有较大影响。此外，煤炭开采导致土壤剖面耕作层厚度减小，土壤各土层产生垮落、错动，改变土壤剖面，使土壤原有质量受到影响。王虎等[17]对喀斯特稻田环境进行研究，结果表明：（1）在污染前期较低污染倍数下，喀斯特稻田水-土系统对 AMD 污染有较好的缓冲性能，但高浓度持续污染 1 周以上可导致稻田田面水及土壤的明显酸化，增加体系的电导率（E_C）和氧化还原电位（E_n）。(2) AMD的污染程度增加可提高田面水中铁、锰、铜、锌和SO_4^{2-}含量；稻田土壤可通过吸附及自身的缓冲体系使得田面水中铁、锰、铜、锌含量下降，但在明显较高的污染程度下，又会通过土壤溶出已有组分，明显增加田面水中锰、铜、锌含量。(3) AMD污染可降低稻田土壤微生物量、脲酶活性，但对磷酸酶活性的影响不明显；由于AMD引入大量H^+及丰富的铁离子将会促进H_2O_2的分解，进而造成过氧化氢酶活性总体升高的假阳性趋势。

3.5.1.2 对河流底泥重金属沉积的影响

煤具有元素种类多、某些元素相对富集的特点。煤中除了C、H、O、N、S五种常量元素之外，还有一些有害的微量重金属元素，如Hg、Mn、Zn等。煤的地球化学性质复杂，在开采过程中水和煤层发生一系列的地球化学水-岩/水-煤相互作用。矿井水处于较低pH值条件并有氧气供应时，煤中的矿物被氧化，在氧化溶解的过程中以固体形态存在的重金属元素，如Cu、Pb、Zn等可以溶解到AMD中。此外，酸性水对地层中物质的溶滤作用也是AMD中重金属的一种来源。

一般认为，煤中Hg的主要载体是黄铁矿，还赋存在硒化物、黏土矿物和有机物中。Ca、Mg主要来自方解石、白云石的溶解，Fe在煤层中多以黄铁矿形态存在。Cr在煤中的赋存状态包括与有机质缔合、被黏土矿物吸附、赋存在煤中某些碎屑矿物内等。煤中Se多以有机缔合态存在，其次是黄铁矿或其他硫化物与硒化物；煤中As的赋存状态主要是黄铁矿。

许多重金属离子在微量浓度时，有益于微生物、动植物及人类，是生物体的微量元素；但当浓度超过一定值后，即达到毒阀浓度时就能产生毒性，具有毒害作用。当生物体长期暴露在低浓度的重金属环境中，随着酸度增高，矿井水中的某些重金属离子会从不溶性化合物变为可溶性状态，使其毒性增大。例如溶解性铁的氧化作用会消耗水中的溶解氧，导致藻类、浮游生物等绝大多数水生生物死亡，降低了水体的自净能力和利用价值。此外，利用该类酸性矿井水灌溉时，可破坏土壤的团粒结构，使土壤板结，农作物枯黄、减产。重金属进入人体后，能和体内生理大分子物质，如蛋白质和酶等发生强烈的相互作用，使它们失去活性，从而破坏生物体正常的生理代谢活动，也可能累积在人体的某些器官中，造成慢性中毒，危害人体健康[18]。

梁浩乾等[1]测定了鱼洞河流域废弃煤矿矿井水底泥中重金属（Fe、Mn、Cu、Cd、Pb、Zn）含量。结果表明，鱼洞河流域底泥中Cu、Mn未超出贵州省土壤背景值，而Fe、Cd、Pb、Zn均存在一定程度的超标，地累积指数法评价结果显示，鱼洞河流域河流底泥受Cd、Pb、Fe的轻微污染，矿井排水口底泥受Fe中度至强污染。曹星星等[19]对常年受酸性废水影响的贵州兴仁猫石头水库沉积物中26种微量元素的质量分数、相关性及控制因素进行了分析，结果表明，相较未受AMD影响的水系沉积物，研究区水库沉积物具有明显的As和Sb富集特征。水库沉积物中Li、Be、Rb、Sr、Cs、Ba、Sc、Y、Zr、Hf、Nb、Ta、Th之间存在显著正相关关系，而As与这些元素之间存在显著负相关关系。另外，研究区重金属元素中，Cd、Cu、Pb、Cr、Zn的生态风险轻微，而As和Sb则具有很强的潜在生态风险。谢欢欢等[20]对水库表层水、界面水和沉积物孔隙水中水质参数的变化进行分析，结果表明，沿沉积物削面向下酸化程度逐渐减弱；上游AMD在水库水体中存在自然净化过程，而表层沉积物可再次提高上覆水体酸度；沉积物孔隙水$\rho(SO_4^{2-})$极高（0.29~11.85g/L），且在垂向剖面上变化波动。

Pan 等[21]调查了横石河附近水稻土中铜、镉、铅、锌的空间分布及微生物群落，土壤中这些有毒金属的生态风险大小顺序为 Cd>Cu>Pb>Zn。在检测到的优势细菌中，有铁代谢和硫代谢的细菌属，包括厌氧菌属、硫杆菌属和地杆菌属。基于典型对应分析，土壤中砂粒含量、铜和 pH 值与微生物群落组成的相关性最强。有毒金属组分与有机质、全硫含量等环境参数呈显著正相关，而铁的影响较小。有毒金属组分成为改变土壤微生物群落的主要驱动力。Chen 等[22]通过 AMD 静止实验和透析实验评价了 AMD 静止和水稀释对金属元素迁移的影响，发现在河流筑坝过程中经常出现的 AMD 停顿状态会导致铁次生矿物的沉淀，并伴随着溶解性元素的衰减和水体 pH 值的降低。两种沉积物和实验室沉淀物均以施氏锰矿为主，是酸度和金属元素的最重要来源。FTIR（傅里叶变换红外光谱）结果揭示的阳离子重金属清除主要依赖于富硅锰铁矿沉积物表面羟基（—OH）对 H^+ 的交换作用。H^+ 释放速率符合二级模型，这取决于不同的铁羟基矿物类型及其在沉积物中的含量。在 35d 的稀释期内，施特曼尼特为主的沉积物（即施氏矿物，一种发现于矿山废石中的含铁和硫的矿物。通常出现在矿山酸性排水环境中，在 pH 值为 3~4 酸性富硫酸盐的环境中稳定）中轻微的相变导致了金属元素释放的高风险。金属元素释放的风险大小顺序为 Cd>Mn>Zn>Pb，沉积物中 Cu 和 As 的稳定性要高得多。Luo 等[23]对横石河中重金属的物理化学特性、毒性风险和行为进行分析。结果表明，在尾矿库附近，地表水中重金属浓度比中国农业地表水标准高 2~100 倍。在地下水中，重金属浓度很低，风险很小。横石河沿岸的土壤已受到重金属污染，潜在生态风险顺序为 Cd>Cu>Pb>As>Zn。重金属在河水沉积物中的潜在生态风险为 Cd>As>Cu>Pb>Zn，表明 AMD 中存在多种金属污染和毒性。枯水期地表水中砷的价态以 As(Ⅲ) 为主，而在丰水期则以 As(Ⅴ) 占主导地位。大多数土壤采样点的砷含量超过了国家土壤标准，且砷在沉积物中的生态风险为中等，采矿和土地使用变化等人为活动会导致砷和其他重金属的释放，可能对当地居民造成危害。

赵峰华等[24]利用电感耦合等离子质谱（ICP-MS）、离子色谱（IC）和 X 射线衍射（XRD）等方法研究了马兰煤矿酸性矿井水及其沉淀物的化学成分和物相组成，并通过吸附解吸实验和 PHREEQC（一个用于计算多种水文地球化学反应的计算机软件，最简单的应用就是计算溶液中各种化学物质的分布，以及溶液中矿物质与气体的饱和状态。此外，还能够调查各种自然和受人类影响的环境的地球化学反应，包括酸性矿水排放、放射性废物隔离、污染物运移、营养物富集、含水层自然及人工修复、饮用水处理等）水化学模拟计算研究了典型酸性矿井水样品中 Pb、Th、U、Be、Zn、Ni、Co、Cd、Cu、As、Cr、V、Ba 等有害元素的迁移特性。研究表明：（1）煤矿酸性矿井水中 SO_4^{2-}、Fe、Mn、Al、Pb、Th、U、Be、Zn、Ni、Co、Cu 等离子含量较高，对环境存在潜在危害；（2）酸性矿井水中有害元素的迁移主要受 pH 值、Fe-Al-Mn 含量和水体颗粒物矿物组成的控制；（3）Fe、Al 和 Mn 的含量随 pH 值上升而迅速下降，并控制着 Pb、Th、U、Be、Zn、Ni、Co、Cu 等潜在有害微量离子的迁移行为；（4）各离子随 pH 值上升被去除的先后顺序为：Th>Fe>Pb>Cr>Al>Cu>Be>U>Zn>As>Cd>Mn>Co>Ni>Ba；（5）酸性矿井水中 V 不能够随 pH 值的升高而去除，反而会有更多的 V 溶解在水中。

3.5.1.3 对底泥微生物群落的影响

煤矿酸性废水渗入河流后，水体细菌群落中淡水域浮游菌和土壤细菌等土著成员消失，而部分兼性厌氧菌如 *Acidithiobacillus ferroxidans* 等可以适应酸性环境，因而成为了群落中的主要菌属[25,26]。Kuang 等[27]研究发现尽管具有长距离的地理隔离和矿区基岩种类的差异，不同区域形成的煤矿酸性废水中微生物的分布沿着 pH 值梯度呈现出相似的规律，如 *Acidithiobacillus ferroxidans* 和 *Leptospirillum ferrooxidans* 趋向于分布在 pH 值 2.0~2.4 的水体环境中，而 pH>3 的水体环境中，这两种自养铁氧化菌失去优势，另一种自养铁氧化菌 *Ferrovum* 成为了优势菌。温度也会对煤矿酸性废水中微生物的分布产生影响，有的矿区煤矿酸性废水水温高于普通环境，水体中的微生物群落就会趋向于嗜热性微生物，而有的矿区煤矿酸性废水水温低，微生物会以耐寒性的微生物为优势类群。

研究表明，煤矿酸性废水自然条件严苛且地球化学因素相对简单，但具有丰富的嗜酸性铁、硫氧化细菌和古菌。近些年来，不依赖于培养的微生物群落分析方法如 16S rRNA 基因克隆文库、扩增子测序、宏基因组测序以及宏转录组测序技术等已广泛用于煤矿酸性废水的研究，使人们对其中的铁、硫元素代谢，微生物多样性，群落结构和功能以及微生物与环境的相互作用有了更全面的认识。例如梁宗林、秦亚玲等[28]采用高通量测序技术，探究了影响群落结构的主要因素，进而分析了菌群的分布和适应性及重要功能。刘帆等[29]发现，沉积物中真核微生物群落 Alpha 多样性随酸性矿山废水污染梯度降低而逐渐升高。原核微生物和真核微生物对同样环境胁迫响应并不相同。酸性矿山废水环境沉积物中真核微生物群落结构的变化主要受硫酸根和电导率的影响。Sharma 等[30]研究表明，煤矿酸性废水的初始化学和微生物群落影响了煤矿酸性废水与原始土壤混合过程中 Fe(Ⅱ) 氧化能力的发展。刘闪等[31]研究表明，变形菌门 *Proteobacteria* 是受 AMD 影响水库水体的主要细菌门类，在 3 个受 AMD 影响的水库中均占比 95%以上。在属分类水平上，红杆菌属 *Rhodobacte*、不动杆菌属 *Acinetobacter*、假单胞菌属 *Pseudomonas* 和铁氧化细菌属 *Ferrovum* 是受 AMD 影响水库水体中的主要菌属。经分析，受 AMD 影响水库细菌群落结构特征与未受 AMD 影响水库细菌群落存在明显差异，推测溶解性有机碳（DOC）、pH 值及 Na^+浓度对此差异起主导作用。孙青等[32]从安徽铜陵狮子山硫化物矿山酸矿水溪流水样中，利用分离菌株 16S rRNA 基因序列构建系统进化树，获得的菌株可分为 3 个功能群：嗜酸性异养菌、嗜酸性自养菌、中度嗜酸性铁氧化细菌。嗜酸性异养菌主要与酸矿水中三价铁的异化还原和寡营养状态的维持有关；嗜酸性自养菌与酸矿水中铁元素、硫元素的氧化有关，是酸矿水中的生产者；中度嗜酸性铁氧化细菌能将二价铁氧化成三价铁，并产生难溶性的矿物，可实现酸矿水与酸矿水底泥之间铁元素的动态平衡。

高通量测序技术的出现使得我们对微生物多样性的了解比以前更深入、更广泛，从而为全面研究微生物的分布提供了新的机会。Kuang 等[27]对中国东南部不同地方酸矿水中的微生物进行了 16S rRNA 测序，结果表明 pH 值是酸矿水细菌群落组成的最强影响因子。事实上，这种酸碱度特定的生态位划分对于优势菌种如酸性硫杆菌、铁细菌和钩端螺旋体来说是显而易见的。先前的研究表明，铁卵形菌属 *Ferrovum* 等比氧化亚铁硫杆菌和氧化亚铁钩端螺旋菌对酸更敏感，在亚铁浓度相对高和 pH 值较为适中的条件下生长。

Wang 等[33]对日本 Yanahara 矿产生的酸矿水中微生物群落进行分析，发现水中铁卵形属 *Ferrovum* 和披毛菌属 *Gallionella* 相关的细菌占主导地位。与主巷道相连的一条名为

Yasumiishi 的巷道内酸矿水显中等酸性（pH=4.1），铁离子浓度较低（约 51mg/L）。16S rRNA 特异性引物分析表明，嗜酸的铁或硫氧化细菌，如嗜酸氧化亚铁硫杆菌 *Acidithiobacillus ferrooxidans*、钩端螺旋菌属 *Leptospirillum spp.*、喜温嗜酸硫杆菌 *Acidithiobacillus caldus*、氧化硫硫杆菌 *Acidithiobacillus thiooxidans* 以及硫化杆菌属 *Sulfobacillus spp.* 均不存在，微生物群落中占优势的反而是属于嗜热菌目 *Thermoplasmatales* 的一类古细菌。Chen 等[34]对贵州省鱼洞河流域 20 多个废弃煤矿的酸性矿井水（AMD）微生物群落组成、相互作用模式和代谢功能进行了研究，有助于更好地理解这类生态系统，进而以制订针对 AMD 污染的生态修复策略，并沿着 AMD 流经线路采集对照和污染的土壤样品作高通量测序。结果表明，长期的 AMD 污染促进了 γ 变形菌纲 γ-*Proteobacteria* 的进化，属于该纲的嗜酸性铁氧化菌 *ferrovum*（相对丰度为 15.50%）和铁还原菌 *Metallibacterium*（相对丰度为 9.87%）成为优势菌属。共现分析技术（Co-occurrence analysis）揭示出土壤中细菌间正相关的比例从 51.02%（对照组）增加到 75.16%（污染土壤），表明酸性污染促进了微生物间共生作用网（mutualistic interaction networks）的形成。代谢功能预测（Tax4Fun）显示，AMD 污染增强了微生物肽聚糖和脂多糖的翻译、修复、生物合成功能，这可能是微生物在极端酸性环境中生存的一种适应机制。此外，酸性污染促进了土壤中固氮基因的高表达，而自养固氮细菌 *Autotrophic nitrogen-fixing bacteria*（如铁氧化细菌属 *Ferrovum*）的发现，则体现了利用该类细菌进行生物修复 AMD 污染的可能性。

3.5.1.4 对底栖生物的影响

AMD 不经处理直接排放，常造成受纳水体的酸化，水体中高含量的金属阳离子［如 Fe(Ⅱ)、Fe(Ⅲ)、Mn(Ⅱ) 和 Al(Ⅲ)］和重金属元素（如 Cu、Hg、Pb、Zn 和 Ag）等使区域水质退化，对下游溪流的水生生物和河流生态系统造成了严重的破坏，底栖动植物种类和数量均大幅减少。作为河流生态系统的初级生产者，底栖生物因固定生活于某一生境，不能通过迁移或其他形式来躲避酸性废水污染的危害。一些敏感的底栖生物因无法耐受煤矿酸性废水的高酸度和重金属环境而消失。底栖藻类密度、叶绿素 a 浓度、无灰干重及自养指数等受酸性矿山废水影响明显，且枯水期酸性矿山废水的影响更显著[35]。相关分析表明，自养指数与各金属显著正相关，而与 pH 值显著负相关，可以很好地指示矿山酸性废水对底栖藻类的影响。另外，在长期受煤矿酸性废水影响的河流中，底栖生物可能会产生抗性，自德国学者 Kolkwitz 和 Marrson 1908 年首次提出污染生态系统和河流不同污染带具有指示物种（其中包括藻类）后[36]，人们曾尝试通过大量研究找出耐煤矿酸性废水污染的指示种。Whitton 和 Douglas 等[37,38]认为：一些在世界各地受酸性矿山废水影响的河流中经常出现的藻类（如丝藻 *Ulothrix sp.*、短缝藻 *Eunotia sp.* 等）可以作为酸性矿山废水污染的指示种。蒋万祥等[35,36]研究硫铁矿酸性矿山废水对大型底栖动物群落结构的影响以及底栖动物功能摄食类群对酸性矿山废水的响应发现，大型底栖动物群落结构受矿山酸性废水的影响非常严重，大型底栖动物五个功能类群（滤食者、收集者、捕食者、刮食者、撕食者）水生态系统遭到破坏；捕食者和刮食者对矿山酸性废水造成的污染反应最为敏感，多足摇蚊 *Polypedilum tritum* 和真凯氏摇蚊 *Eukiefferiella brehmi* 对酸性矿山废水具有较强的耐受力，大型底栖动物生物多样性受 Al、Ca、Cd、Fe、Mg、Mn 等金属影响最大，密度受 Ca、Cr 和 Mg 的影响最大。非度量多维标度排序和多响应置换过程分析表明，受污染河段底栖动物各功能摄食类群密度和生物多样性指数明显低于对照河段，且组成相对单一，各功能摄食类群群落结构同对照河段存在较大差异，矿山酸性废水的排放是影响底栖动物功能摄食类群分布的主要因素。DeNicola 等[37]对受 AMD 影响的溪流沉积物中的底栖动物进行研究，发现沉积物中铁和铝等金属元素对大型无脊椎动物或附生植物的密度和物种组成没有显著影响，AMD 的水化学环境对生物体的影响大于底层沉淀物（厚度约 0.5mm），改善受 AMD 影响的溪流水质有利于底栖生物环境的恢复。研究者普遍认为，酸性矿山废水对底栖藻类影响显著，藻类总密度、叶绿素 a 浓度、无灰干重在污染河段明显低于对照地区，而自养型指数则表现为相反趋势，受污染越严重的区域自养指数越高，可见自养和异养物质在该区域均受到抑制。有两种机制可以解释这种现象：一是金属在水体中氧化沉积在藻体上；二是通过沉积在藻类附着的基质，间接阻止藻类附着[38]。

3.5.2 实验案例

3.5.2.1 采样地点和时间

沉积物的采样地点和时间同 3.1 节水样。

3.5.2.2 采样和分析方法

因采样点水体深度较浅，采用铁锹进行沉积物 S01～S05 采集。在每个采样点水面边缘等距离选择三个位置进行沉积物 S 的采集，样品采集深度均约为 5～15cm，每个位置采集的沉积物约 500g。将采集的样品贴上标签后迅速送回实验室处理。处理沉积物前先按等同等比例混合沉积物，取一部分混合均匀的沉积物灌入提前紫外灭菌的一次性 50mL 离心管内，密封好后按“年份-月份-采样点”编号保存于冰盒中送回实验室进行高通量测序。剩下的沉积物先过 40 目分样筛进行底栖动物筛选，过筛的沉积物放置容器中自然风干，风干后的沉积物过 2mm 孔径筛后收集并进行理化因子实验分析，沉积物处理过程如图 3-9 所示。

图 3-9 山底河沉积物处理过程示意图

底泥理化分析：对沉积物进行如表 3-10 所示的理化因子检测，表中同时列出了分析方法。

表 3-10 检测的沉积物理化指标及方法

沉积物指标	分析方法
pH 值	土壤检测第 2 部分：土壤 pH 值的测定
土壤水溶性盐（SO_4^{2-}、K^+、Na^+、Ca^{2+}、Mg^{2+}）	森林土壤水溶性盐分分析
土壤 NH_4^+-N	靛酚蓝比色法
全量铜、锌、铁、锰、镉	高氯酸-硝酸-氢氟酸消化，原子吸收光谱法

参照周凤霞编著的《淡水微型生物图谱》筛选观察底栖动物的种类及数量。在筛选过程中，仅在平水期和丰水期沉积物中发现少量普通螺类和几只蜗牛，因此对底栖动物不做分析。

沉积物细菌检测方法：沉积物的检测方法和结果处理同 3.4.2 节水样。

3.5.2.3 数据处理

（1）测量沉积物中水溶性无机离子 SO_4^{2-}、K^+、Na^+、Ca^{2+}、Mg^{2+}、NH_4^+ 以及金属元素铜、锌、铁、锰、镉（测量方法见表 3-10），并测量细菌群落组成，测量方法仍用 16SrRNA 基因高通量测序。

（2）基于 Bray-Curtis 距离算法，对三个时期沉积物的细菌群落组成进行主坐标 PCoA 分析，并采用 PERMANOVA 对样品间的差异进行检验。

3.5.2.4 理化因子测量结果

在平水期，各位置沉积物的理化因子含量如表 3-11 所示，将受 AMD 影响的样品（S01～S04）与对照（S05）的平均理化因子含量相比可得：

（1）S01～S03 的 pH 值和金属铜呈显著下降趋势，其中 pH 值分别下降了 70.51%、69.69%和 51.66%，金属铜分别下降了 56.59%、43.83%、57.5%。S04 的 pH 值和金属铜与 S05 相差甚微。

（2）K^+和 Na^+含量在 S01、S02 和 S04 中显著上升，其中 K^+含量分别增大了 39.40%、12.64%和 21.53%，Na^+含量分别增大了 16.01%、20.57%和 19.65%；但在 S03 中，两者含量均显著下降，分别下降了 39.28%和 65.93%。

（3）在 S01～S04 中，Ca^{2+}和 NH_4^+含量均呈显著下降趋势，其中 Ca^{2+}含量分别下降了 93.17%、99.79%、98.30%和 77.5%；NH_4^+含量分别下降了 75.24%、56.71%、26.65%和 25.10%。

（4）Mg^{2+}以及金属锰、锌和镉的含量均在 S01～S03 中呈显著下降趋势，其中 Mg^{2+}含量分别下降了 22.66%、35.16%和 69.27%；锰含量分别下降了 95.82%、95.96%和 97.82%；锌含量分别下降了 75.78%、77.84%和 72.30%；镉含量分别下降了 97.37%、98.03%和 96.71%；前三者的含量在 S04 中均呈显著上升趋势，分别增大了 29.95%、1.38 倍和 14.64%。

（5）金属铁和 SO_4^{2-} 的含量在 S01～S04 中均呈显著上升趋势，其中铁含量分别显著增大了 2.5 倍、2.56 倍、3.71 倍和 1.12 倍；SO_4^{2-} 含量分别增大了 3.21 倍、25.69%、25.31%和 20.55%。

表 3-11 平水期各沉积物理化因子数据统计比较

采样点及时间	S01	S02	S03	S04	S05
pH 值	2.28±0.14**	2.35±0.09**	3.74±0.08**	7.75±0.15	7.74±0.05
SO_4^{2-}/g·kg^{-1}	33.61±0.71**	10.03±0.26**	10.00±0.24**	9.62±0.12**	7.98±0.21
K^+/g·kg^{-1}	7.64±0.26**	5.30±0.12**	1.82±0.11**	5.90±0.12**	4.63±0.19
Na^+/g·kg^{-1}	3.31±0.09*	3.50±0.08**	1.84±0.08**	3.46±0.09**	2.78±0.10
Ca^{2+}/g·kg^{-1}	4.29±5.01**	0.13±0.01**	1.07±0.05**	14.13±0.26**	62.8±1.86
Mg^{2+}/g·kg^{-1}	2.97±0.07**	2.49±0.16**	1.18±0.06**	4.99±0.07**	3.84±0.09
NH_4^+/mg·kg^{-1}	7.62±0.06**	13.32±0.51**	22.57±0.50**	23.05±1.14**	30.77±0.80
全量锰/mg·kg^{-1}	134.80±4.17**	130.30±6.86**	70.25±0.50**	11737±354.88**	3226.50±145.06
全量锌/mg·kg^{-1}	120.42±3.05**	110.2±4.10**	137.72±6.74**	570.05±7.06**	497.25±6.48
全量铜/mg·kg^{-1}	21.46±1.58**	27.77±0.84**	21.01±1.70**	47.87±1.08	49.44±1.08
全量铁/g·kg^{-1}	272.52±9.80**	277.02±5.52**	366.45±11.39**	164.70±13.72**	77.83±7.58
全量镉/mg·kg^{-1}	0.04±0.00**	0.03±0.00**	0.05±0.00**	1.58±0.11	1.52±0.15

注：运用单因素方差分析，与未受煤矿酸性废水污染 S05（对照）相比，* 为 $P \leqslant 0.05$，** 为 $P \leqslant 0.01$。

在丰水期，各位置沉积物的理化因子含量如表 3-12 所示，将受 AMD 影响的样品（S01～S04）与对照（S05）的平均理化因子含量相比可得：

（1）S01 和 S02 的 pH 值呈显著下降趋势，分别下降了 70.03%和 61.35%，S03 和 S04 的 pH 值变化不大。

（2）K^+、Na^+和金属锰含量在 S01～S04 中均呈显著下降趋势，其中 K^+含量分别下降了 55.13%、25.85%、32.56% 和 41.84%；Na^+ 含量分别下降了 59.98%、22.87%、38.05%和 31.74%；锰含量分别下降了 86.37%、85.45%、42.33%和 42.37%。

（3）在 S01、S03 和 S04 中，Ca^{2+}含量分别显著增大了 82.59%、1.16 倍和 20.71 倍，在 S04 中显著下降了 90.63%。

（4）在 S01～S03 中，金属铁含量分别显著增大了 5.09 倍、2.34 倍和 88.66%，而金属锌和 Mg^{2+}含量呈显著下降趋势，其中锌含量分别下降了 16.06%、20.91%、14.26%，Mg^{2+}含量分别下降了 95.53%、59.01%和 22.95%；在 S04 中，铁含量呈下降趋势但不显著，金属锌和 Mg^{2+}含量显著增大了 40.11%和 1.23 倍。

（5）在 S01 和 S02 中，NH_4^+含量分别显著增大了 1.66 倍和 28.86%；在 S03 和 S04 中，分别显著下降了 51.64%和 73.95%。

（6）金属铜的含量在 S01 和 S04 中分别显著下降了 20.86%和 13.38%，在 S02 和 S03 中虽呈上升趋势，但不显著。

（7）在 S01、S02 和 S04 中，SO_4^{2-} 含量分别显著上升了 41.03%、18.08%和 20.64%；在 S03 中 SO_4^{2-} 含量轻微下降。

（8）在 S01～S04 中，镉含量均显著下降了 76.92%、76.92%、61.53%和 50%。

在枯水期，各位置沉积物的理化因子含量见表 3-13，将受 AMD 影响的样品（S01～S04）与对照（S05）的平均理化因子含量相比可得：

表 3-12 丰水期各沉积物理化因子数据统计比较

采样点及时间	S01	S02	S03	S04	S05
pH 值	2.35±0.10**	3.03±0.04**	7.53±0.07	7.45±0.11	7.84±0.12
SO_4^{2-}/g·kg^{-1}	11.00±0.13**	9.21±0.10**	7.56±0.08	9.41±0.10**	7.80±0.14
K^+/g·kg^{-1}	6.96±0.11**	11.50±0.57**	10.46±0.23**	9.02±0.08**	15.51±0.54
Na^+/g·kg^{-1}	4.69±0.10**	9.04±0.14**	7.26±0.06**	8.00±0.10**	11.72±0.53
Ca^{2+}/g·kg^{-1}	4.09±0.06**	0.21±0.01**	4.85±0.07**	48.64±0.76**	2.24±0.04
Mg^{2+}/g·kg^{-1}	0.29±0.00**	2.66±0.04**	5.00±0.05**	20.96±0.47**	6.49±0.10
NH_4^+/mg·kg^{-1}	46.31±0.27**	22.46±0.58**	8.43±0.07**	4.54±0.05**	17.43±0.62
全量锰/mg·kg^{-1}	109.10±3.34**	116.42±3.91**	461.58±8.10**	461.28±12.53**	800.37±6.16
全量锌/mg·kg^{-1}	106.68±3.96*	100.52±2.38**	108.98±9.13*	178.08±4.45**	127.10±2.84
全量铜/mg·kg^{-1}	26.37±0.40**	36.01±1.06	35.72±0.82	28.86±0.73**	33.32±1.08
全量铁/g·kg^{-1}	209.63±3.16**	114.98±4.41**	64.90±0.88**	33.12±1.34	34.40±0.98
全量镉/mg·kg^{-1}	0.06±0.00**	0.06±0.00**	0.10±0.01**	0.13±0.01**	0.26±0.00

注：运用单因素方差分析，与未受煤矿酸性废水污染 S05（对照）相比，$*P\leqslant0.05$，$**P\leqslant0.01$。

（1）除 S04 的 pH 值轻微下降外，pH 值、Ca^{2+}和金属锰含量在 S01～S04 中均呈显著下降趋势，其中 Ca^{2+}含量分别下降了 41.16%、84.32%、98.23%和 83.02%；锰含量分别下降了 94.31%、96.66%、96.98%和 71.01%；pH 值在 S01～S03 中分别下降了 71.46%、67.42%和 59.60%。

（2）SO_4^{2-}、NH_4^+和铁含量在 S01～S04 中均呈显著上升趋势，其中 SO_4^{2-} 含量分别增大了 14.19 倍、15.13 倍、10.97 倍和 6.76 倍；NH_4^+含量分别增大了 14.38%、79.94%、1.49 倍和 1.18 倍；铁含量分别增大了 23.46%、62.44%、6.67 倍和 41.36%。

（3）Mg^{2+}、金属锌、铜和镉的含量在 S01～S03 中均呈显著下降趋势，其中 Mg^{2+}含量分别下降了 41.30%、8.39%和 81.55%；锌含量分别下降了 51.09%、43.51%和 58.62%；铜含量分别下降了 30.14%、12.68%和 66.32%；镉含量分别下降了 92.31%、86.15%和 93.85%。在 S04 均呈显著上升趋势，分别增大了 13.84%、70.51%、67.42%和 26.15%。

（4）K^+含量在 S03 和 S04 中分别显著下降了 90.86%和 13.91%，在 S02 中显著增大了 40.61%，在 S01 中变化不大。

（5）Na^+含量在 S01 和 S02 中分别显著增大了 25.47%和 25.82%，在 S03 中显著下降了 79.52%，在 S04 中变化不大。

表 3-13 枯水期各沉积物理化因子数据统计比较

采样点及时间	S01	S02	S03	S04	S05
pH 值	2.26±0.23**	2.58±0.06**	3.20±0.36**	7.47±0.08	7.92±0.11
SO_4^{2-}/g·kg^{-1}	13.67±0.59**	14.52±0.50**	10.78±0.20**	6.99±0.06**	0.90±0.02
K^+/g·kg^{-1}	9.41±0.07	13.85±0.46**	0.90±0.06**	8.48±0.18**	9.85±0.09
Na^+/g·kg^{-1}	7.29±0.17**	7.31±0.10**	1.19±0.07**	6.31±0.08	5.81±0.06
Ca^{2+}/g·kg^{-1}	4.99±0.04**	1.33±0.07**	0.15±0.02**	1.44±0.07**	8.48±0.36

续表 3-13

采样点及时间	S01	S02	S03	S04	S05
Mg^{2+}/g·kg^{-1}	2.80±0.05**	4.37±0.09*	0.88±0.06**	5.43±0.11**	4.77±0.06
NH_4^+/mg·kg^{-1}	15.11±0.47**	23.77±0.94**	32.92±1.62**	28.88±0.52**	13.21±0.16
全量锰/mg·kg^{-1}	106.80±5.37**	62.72±73.42**	56.67±2.93**	544.22±4.26**	1877.50±17.57
全量锌/mg·kg^{-1}	110.52±3.51**	127.63±4.26**	93.50±1.38**	385.30±6.25**	225.97±7.43
全量铜/mg·kg^{-1}	22.92±0.62**	28.65±0.68**	11.05±1.81**	54.93±0.72**	32.81±1.58
全量铁/g·kg^{-1}	71.20±2.34**	93.68±0.98**	442.43±6.46**	81.52±1.27**	57.67±1.54
全量镉/mg·kg^{-1}	0.05±0.00**	0.09±0.00**	0.04±0.01**	0.82±0.02**	0.65±0.01

注：运用单因素方差分析，与未受煤矿酸性废水污染 S05（对照）相比，* $P \leqslant 0.05$，** $P \leqslant 0.01$。

3.5.2.5 底泥高通量测序结果

因为平水期的 S01 经过多次 PCR 扩增实验均失败，无法进行建库测序，因此未有其多样性检测结果。其余样品测序所得结果如表 3-14 所示，从表中可知高质量序列的平均长度范围在 413~419bp 之间，满足测序所需长度。为了验证所得到的高质量序列能够充分反映样品中的物种多样性，本实验对不同时期样品做稀释性曲线分析，结果如图 3-10 所示。从图中我们可看到，每个样品的曲线均先上升后趋于平缓，这表明每个样品中的物种不会随测序数量的增多而显著增多，从而证明样品中有效序列的充足。采用 *Q*30 来衡量测序的准确度，结果显示每个样品所得 *Q*30 值均大于 85%，证明所得序列准确度良好。

表 3-14 三个时期各样点沉积物高通量测序结果

每时期各指标值		S01	S02	S03	S04	S05
高质量序列	平水期	—	78803	71245	88029	46672
	丰水期	79680	79287	79597	59723	79570
	枯水期	36246	34343	38417	36851	37980
平均序列长度	平水期	—	415	413	417	417
	丰水期	419	419	418	417	419
	枯水期	418	418	419	419	417
*Q*30/%	平水期	—	98.17	98.09	98.11	98.12
	丰水期	96.15	96.13	96.07	95.26	96.13
	枯水期	96.74	96.63	96.8	96.71	96.81

3.5.2.6 底泥细菌群落的组成

三个时期各位置沉积物的细菌物种分布柱状图如图 3-11 所示，通过对受 AMD 影响的沉积物和对照的对比分析得：

（1）在平水期中，S02~S05 均以其他菌属为优势菌属。除此之外，在 S02 中还出现了大量的金属细菌属 *Metallibacterium*（20.87%）、酸微菌纲 *uncultured_bacterium_c_Acidimicrobiia*（18.29%）和少量的高铁丝菌属 *Ferrithrix*（10.18%）及嗜酸菌属 *Acidiphilium*（9.25%）；在 S03 中出现了大量 *uncultured_bacterium_c_Acidimicrobiia*（13.37%）和少量的嗜酸菌属 *Acidiphilium*（8.56%）。*uncultured_bacterium_p_WPS-2*（12.54%）少量

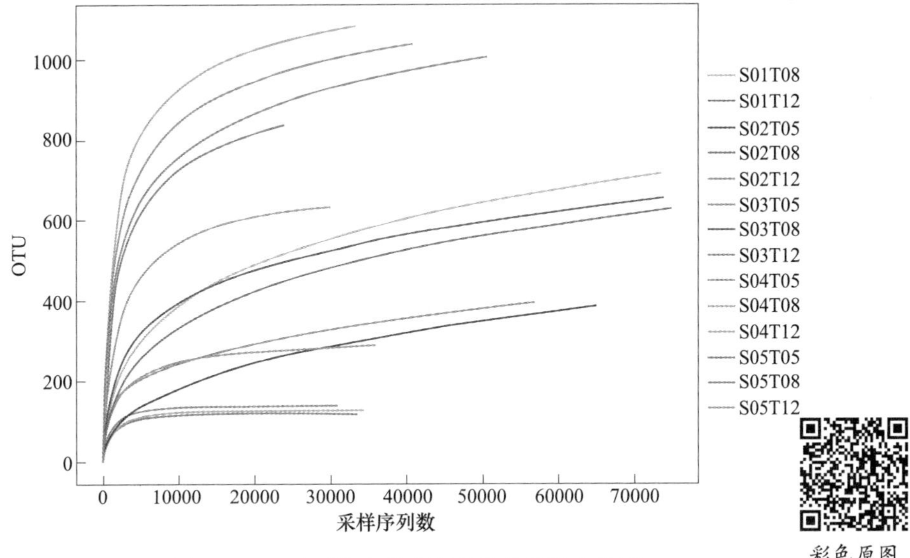

图 3-10 三个时期各样点沉积物稀释性曲线图

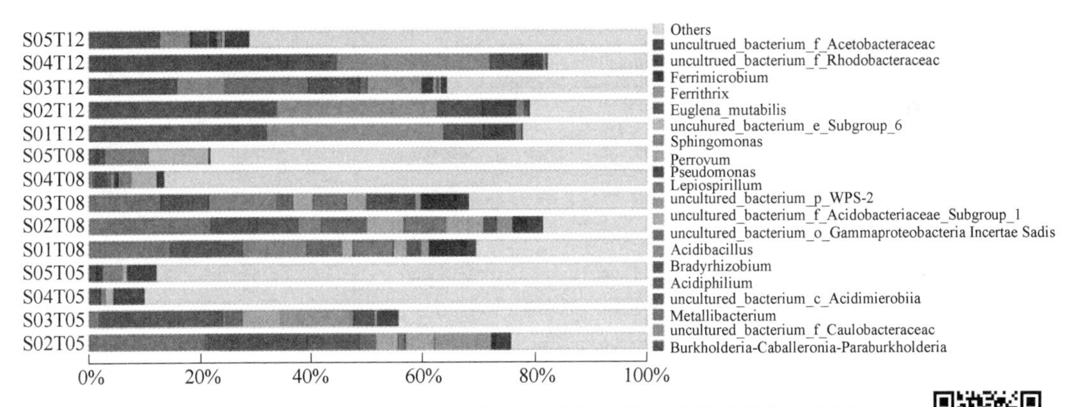

图 3-11 属水平下三个不同时期各沉积物细菌物种分布柱状图

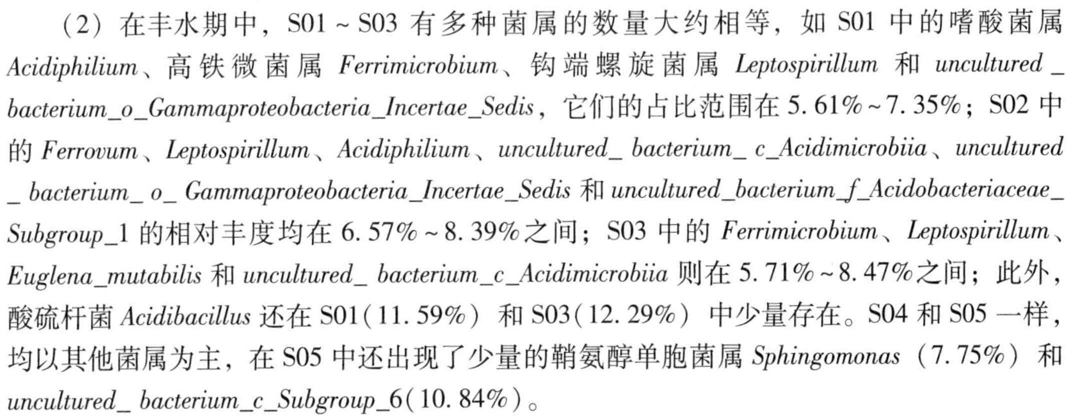

彩色原图

生存在该沉积物中。在 S04 和 S05 中，除其他菌属外还生存了少量的 *uncultured_ bacterium_ f_Rhodobacteraceae* 属，分别占 5.36%和 5.08%。

（2）在丰水期中，S01～S03 有多种菌属的数量大约相等，如 S01 中的嗜酸菌属 *Acidiphilium*、高铁微菌属 *Ferrimicrobium*、钩端螺旋菌属 *Leptospirillum* 和 *uncultured_ bacterium_o_Gammaproteobacteria_Incertae_Sedis*，它们的占比范围在 5.61%～7.35%；S02 中的 *Ferrovum*、*Leptospirillum*、*Acidiphilium*、*uncultured_ bacterium_ c_Acidimicrobiia*、*uncultured_ bacterium_ o_ Gammaproteobacteria_Incertae_Sedis* 和 *uncultured_bacterium_f_Acidobacteriaceae_Subgroup_1* 的相对丰度均在 6.57%～8.39%之间；S03 中的 *Ferrimicrobium*、*Leptospirillum*、*Euglena_mutabilis* 和 *uncultured_ bacterium_c_Acidimicrobiia* 则在 5.71%～8.47%之间；此外，酸硫杆菌 *Acidibacillus* 还在 S01(11.59%) 和 S03(12.29%) 中少量存在。S04 和 S05 一样，均以其他菌属为主，在 S05 中还出现了少量的鞘氨醇单胞菌属 *Sphingomonas*（7.75%）和 *uncultured_ bacterium_c_Subgroup_6*(10.84%)。

（3）在枯水期中，*Burkholderia-Caballeronia-Paraburkholderia* 和 *uncultured_ bacterium_* *f_Caulobacteraceae* 广泛活跃在 S01（32.1%、31.54%）、S02（33.81%、28.64%）和 S04（44.64%、27.25%）中，相比之下，在 S03（15.86%、8.55%）和 S05（12.74%、5.41%）中少量出现。此外，慢生型大豆根瘤菌 *Bradyrhizobium* 和假单胞菌属 *Pseudomonas* 在 S01（7.1%、5.7%）、S02（7.78%、5.95%）和 S04（前者 5.78%）中占据一定优势。S03 中还出现了少量的 *Metallibacterium*（15.17%）、*Uncultured_bacterium_p_WPS-2*（9.62%）和 *Uncultured_bacterium_c_Acidimicrobiia*（5.03%）。

3.5.2.7 底泥细菌群落多样性及与环境因子的关系

采用 α 多样性指数来分析各沉积物内细菌群落的多样性及丰度，结果如表 3-15 所示。从表中可看出在平水期和丰水期间，各沉积物内的细菌群落多样性和丰度均较高，但到枯水期，细菌群落多样性和丰度均显著变小。对受 AMD 污染的沉积物和对照进行多样性指数比较得：在平水期，细菌群落多样性及丰度排序综合表现为 S05>S04>S03>S02；在丰水期，综合排序表现为 S04>S05>S03>S01>S02；而在枯水期，细菌种类丰度和群落多样性由大到小依次排序均为：S05>S04>S03>S02>S01。

表 3-15 三个时期各沉积物样本的多样性指数

时期	样品	多样性指数			
		Chao1	Ace	Shannon	Simpson
平水期	S01	—	—	—	—
	S02	551.16	546.05	4.75	0.94
	S03	639.99	562.08	5.90	0.97
	S04	1110.19	1111.45	8.66	1.00
	S05	913.15	979.29	8.23	0.99
丰水期	S01	917.70	927.24	6.01	0.97
	S02	814.08	829.45	5.54	0.96
	S03	938.67	885.45	6.11	0.97
	S04	1148.77	1175.92	9.00	1.00
	S05	1110.33	1137.59	8.36	0.99
枯水期	S01	121.15	121.00	3.26	0.79
	S02	138.38	138.50	3.49	0.79
	S03	303.75	309.50	5.27	0.94
	S04	427.75	427.75	6.06	0.95
	S05	662.25	667.73	6.90	0.97

底泥细菌群落与环境因子的典型相关分析（Canonical Correlation Analyses，CCA）：结合图 3-12 分析可得，沉积物的 pH 值对细菌群落分布影响最大，其次是 Ca^{2+}，金属铁、锰和镉的含量。在沉积物中，鞘氨醇单胞菌属 *Sphingomonas* 的分布与沉积物 pH 值，Ca^{2+}，Mg^{2+}，金属铜、锌、镉和锰含量均呈显著正相关，且受 pH 值影响最大；*Burkholderia-Caballeronia-Paraburkholderia*、假单胞菌属 *Pseudomonas* 和慢生型大豆根瘤菌 *Bradyrhizobium* 虽与 SO_4^{2-} 呈正相关，但受其影响较小；金属铁含量极大影响着金属细菌属

Metallibacterium、钩端螺旋菌属 *Leptospirillum*、原生动物 *Euglena_mutabilis*、嗜酸菌属 *Acidiphilium*、铁卵形菌属 *Ferrovum* 的分布。

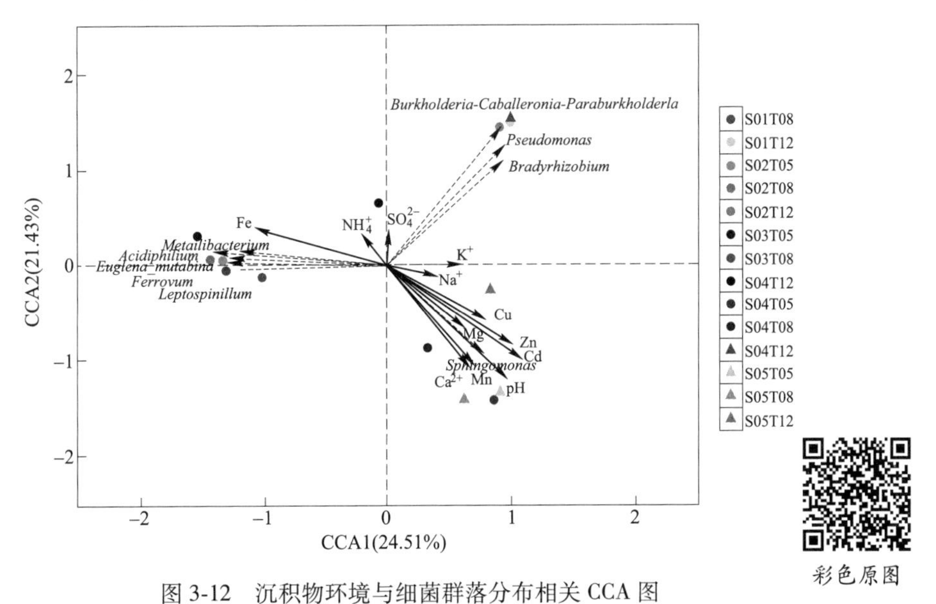

图 3-12 沉积物环境与细菌群落分布相关 CCA 图

3.5.2.8 水体与底泥细菌群落的组成差异分析

以上研究发现，在受煤矿酸性废水污染的河水和沉积物中均出现了嗜酸菌属 *Acidiphilium*、钩端螺旋菌属 *Leptospirillum*、铁卵形菌属 *Ferrovum* 等嗜酸性铁硫代谢菌，为了探究煤矿酸性废水对两者的细菌群落组成影响是否相似，分别绘制三个时期水样和沉积物的细菌组成差异主坐标分析（principal coordinates Analysis，PCoA）图（图 3-13~图 3-15）。

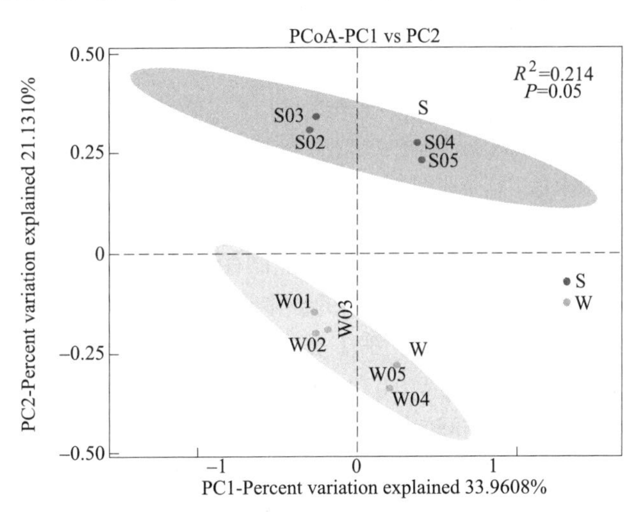

图 3-13 平水期水样与沉积物间细菌物种差异 PCoA 图

从图中可以整体看出，河水和沉积物的细菌群落组成结构在平水期（$R^2=0.214$，$P=0.05$）和枯水期（$R^2=0.334$，$P=0.009$）呈显著差异。图中每个样点代表不同的样本，

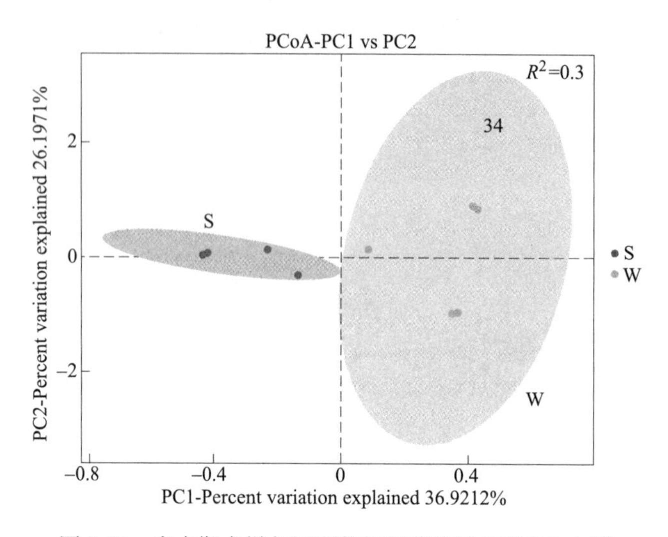

图 3-14 丰水期水样与沉积物间细菌物种差异 PCoA 图

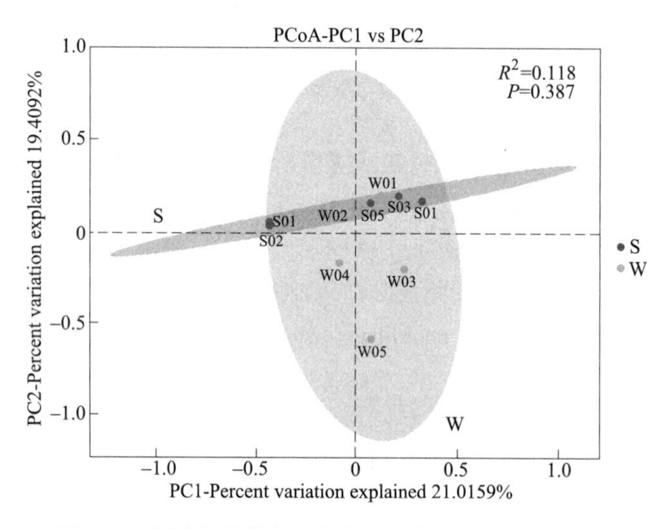

图 3-15 枯水期水样与沉积物间细菌物种差异 PCoA 图

样点之间的距离代表物种之间的相似程度，样点间距离越近，表明物种组成及丰度越相似。根据这一特性，分别对平水期和枯水期的样本进行分类，得到以下具体结果：

（1）在平水期，样本共分为四类。第Ⅰ类是 S02 和 S03，第Ⅱ类是 S04 和 S05；第Ⅲ类为 W01、W02 和 W03；第Ⅳ类为 W04 和 W05。这四类中的样本细菌群落组成结构均相似，但各类间的细菌群落组成差异较大，水样 W 和沉积物 S 之间的差异最大。

（2）在枯水期，样本共分为六类。第Ⅰ类是 W01 和 W02，第Ⅱ类是 W04 和 W05，第Ⅲ类为 S01、S02 和 S04，剩下的 W03、S03 和 S05 各为一类。在前三类中，样本细菌群落组成结构均相似。Ⅲ类与Ⅰ类和Ⅱ类之间的细菌群落组成结构差异最大。

（3）在丰水期，河水与沉积物的细菌群落组成具有一定的相似性，这可能是因为两者之间均出现了大量的嗜酸菌属 *Acidiphilium*、钩端螺旋菌属 *Leptospirillum*、铁卵形菌属 *Ferrovum*。从图中可看出 W01 和 W02 与 S03～S05 之间的距离较短，故这五个样本的细菌群落组成结构较相似。剩余样本的细菌群落组成差异较大，其中 W05 分别与 S04、W02、S01 和 S02 之间的组成差异最大。

3.5.2.9 讨论与结论

对各位置的沉积物进行处理时发现，S01~S03 处的沉积物多呈泥状，而 S04 和 S05 处的沉积物多由河沙、卵石和碎石组成。S04 和 S05 区域的岩性主要为泥岩、砂岩、页岩、石灰岩及煤层等，而石灰岩中的方解石常含有 Mn、Zn、Mg 等金属，这可能是 S04 和 S05 中的钙、镁和金属含量远远高于 S01 和 S02 的原因。此外，AMD 中的 Mn 多以 Mn^{2+}形式存在，在酸碱度呈中性或弱碱性的环境中发生氧化，最终形成难溶的 Mn^{4+} 和 $MnCO_3$ 沉淀，这可能也是造成 S04 和 S05 中金属锰含量高的原因。沉积物中的 Na^+、NH_4^+和 K^+含量变化均不成规律，目前还未出现对煤矿酸性废水沉积物中这些离子迁移变化的研究，仍需进一步综合分析。尽管如此，沉积物中的 pH 值、SO_4^{2-} 和铁含量呈规律性显著变化。煤矿酸性废水汇入后，沉积物的 pH 值显著降低，铁含量显著升高；在平水期和丰水期，沉积物中的 SO_4^{2-} 含量显著增高；在枯水期，沉积物中的 SO_4^{2-} 含量均显著增大，这与水体 SO_4^{2-} 含量变化相对应，受氧化亚铁硫杆菌的影响可能性较大。在对受煤矿酸性废水污染的山底河底泥中发现底泥 pH 值显著降低，铁含量大大升高，最大达到 913g/kg。有研究者在对韶关市酸矿水沉积物的细菌群落组成研究中也发现，沉积物的 pH 值大大降低，SO_4^{2-} 的含量显著升高。

虽然在受煤矿酸性废水污染的河水和沉积物中均出现了嗜酸菌属 *Acidiphilium*、钩端螺旋菌属 *Leptospirillum*、铁卵形菌属 *Ferrovum* 等嗜酸性铁硫代谢菌，但两者的细菌群落组成仍存在着显著差异。在受煤矿酸性废水污染的沉积物中，还出现了金属细菌属 *Metallibacterium*、高铁丝菌属 *Ferrithrix* 和高铁微菌属 *Ferrimicrobium* 等铁硫代谢菌。其中，*Metallibacterium* 属常在高铁含量的底泥中被检测出来。故在 S01、S02 和 S03 的丰水期及 S02 枯水期中大量出现，该菌属具有还原 Fe^{3+}的能力。*Acidiphilium* 嗜酸菌属以嗜酸为名且较广泛出现在 S01 和 S02 的平水期，适宜生长的 pH 值在 2.0~5.9 中；*Acidibacillus* 酸杆菌属在 S01 的平水期占有较大优势，有学者推测类似 *Acidibacillus* 酸杆菌的硫氧化菌会利用环境中的硫化合物生成硫酸盐从而降低环境 pH 值。而铁氧化菌 *Ferrovum* 和钩端螺旋菌属 *Leptospirillum* 在沉积物中均失去优势，据报道它们常在酸性矿水中被检测出来，在底泥中较少出现。在 S02 中还出现了少量的高铁丝菌属 *Ferrithrix*，目前研究表明该属仅包含耐热高铁丝菌 *Ferrithrix thermotolerans* 一种，该细菌嗜酸喜热，可氧化 Fe^{2+}和 Fe^{3+}，故该细菌整体出现的丰度并不高，且大都生存在 S02 的平水期和丰水期，但在 S01 的丰水期失去优势。同门下的高铁微菌属 *Ferrimicrobium* 也在底泥中被发现，但仅在 S01 的丰水期分布广泛，该属目前也仅发现一种嗜酸菌种 *Fm. acidiphilum*，该菌种与前者相同，嗜酸且可氧化 Fe^{2+}，不同的是该细菌喜温，最大生长温度为 37℃，因此该属细菌在丰水期的 S01 中活跃出现，且比同时期中的 *Ferrithrix* 高铁丝菌属更具优势。与水样相比发现，泥中的优势铁硫化菌属随时期变化较大。此外，在泥中也有原生动物 *Euglena_mutabilis* 的生存，但不具优势，仅在丰水期的 S03 中大量出现。*Burkholderia-Caballeronia-Paraburkholderia* 和未被鉴别出的 *uncultured_bacterium_f_Caulobacteraceae* 在 S04 的枯水期更具优势；多数学者研究表明伯克氏菌属 *Burkholderia* 是一类植物促生菌，在酸性环境下具有明显的竞争优势。甚至有学者在以滇红为原料的茯砖茶中发现 *Burkholderia-Caballeronia-Paraburkholderia* 属[39]。

通过以上分析，得出结论如下：

（1）煤矿酸性废水汇入河水后，会显著降低支流处沉积物的 pH 值，大多时期使 SO_4^{2-} 和铁含量显著升高。其中，枯水期 S02 的酸性最强，平均 pH 值为 2.26 且降幅最大（71.46%），SO_4^{2-} 和铁的平均含量分别在平水期 S01 和枯水期 S03 中达到最大，分别为 33.49g/kg 和 442.43g/kg。在所研究的沉积物中，S01～S03 以泥土为主，而 S04 和 S05 以河沙、卵石和碎石为主，故 S04 和 S05 中的 Mg^{2+}、锰、锌、镉、铜和 Ca^{2+} 的平均含量显著高于 S01～S03，且前五个因子均在 S04 中达到最大，分别为 20.96g/kg（丰水期）、11.4g/kg、0.57g/kg、0.0016g/kg（三个均在平水期）和 0.055g/kg（枯水期），平水期 S05 中 Ca^{2+} 的平均含量达到最大，为 62.8g/kg。

（2）在平水期和丰水期，S01～S03 中出现了大量的 *Metallibacterium* 和少量的高铁丝菌属 *Ferrithrix*、嗜酸菌属 *Acidiphilium*、铁卵形菌属 *Ferrovum*、钩端螺旋菌属 *Leptospirillum* 和原生动物 *Euglena_mutabilis*。其中，*Metallibacterium*、嗜酸菌属 *Acidiphilium*、铁卵形菌属 *Ferrovum*、钩端螺旋菌属 *Leptospirillum* 和原生动物 *Euglena_mutabilis* 受铁含量的影响较大；S04 和 S05 中主要以除嗜酸性铁硫代谢菌外的其他细菌为主。在枯水期，各沉积物中的微生物群落组成均发生改变且结构相似，均出现了大量的 *Burkholderia-Caballeronia-Paraburkholderia* 和 *uncultured_ bacterium _f_ Caulobacteraceae*。鞘氨醇单胞菌属 *Sphingomonas* 的分布受 Ca^{2+}、Mg^{2+}、铜、锌、镉和锰含量的影响较大，受 pH 值影响最大；*Burkholderia-Caballeronia-Paraburkholderia*、假单胞菌属 *Pseudomonas* 和慢生型大豆根瘤菌 *Bradyrhizobium* 虽与 SO_4^{2-} 呈显著正相关，但受其影响较小。

（3）虽然在河水和沉积物中均出现了嗜酸菌属 *Acidiphilium*、钩端螺旋菌属 *Leptospirillum*、铁卵形菌属 *Ferrovum* 等嗜酸性铁硫代谢菌，但两者之间的微生物群落组成在大多时候极不相似。在平水期，两者微生物群落组成差异最大，而在丰水期，两者的微生物群落具有一定的相似性，该时期两者中出现的嗜酸菌属 *Acidiphilium*、钩端螺旋菌属 *Leptospirillum* 和铁卵形菌属 *Ferrovum* 的含量较高。

本章小结

煤矿矿井废水的排放一方面造成了水资源的大量浪费，另一方面因其复杂的成分及特性，直接排放会对生态环境造成破坏，产生较多的环境问题。煤矿关闭后，被破坏的地下水系统难以恢复，即便不再继续排水，地下水仍会涌入矿井，积存在地下采空区形成老窑水，即酸性矿井水，老窑水外溢可加重地下水和土壤污染。煤矿酸性废水对生态环境的影响源于其低 pH 值、高浓度硫酸盐和高浓度铁、锰等重金属离子。煤矿酸性废水 pH 值一般在 2～5 范围内，会将流经的土壤及岩石中金属物质慢慢溶解，造成水体中重金属元素含量增加，对河水和底泥中动植物的生长、微生物群落分布等产生影响。通过对山西省阳泉市山底河流域受 AMD 影响的水域中水样和底泥理化因子、藻类、细菌群落等测定发现：（1）老窑水汇入山底河后，会显著降低河水和沉积物的 pH 值，使铁含量显著升高，河水中的 Mg、Mn、Cu、Zn 和 Cd 的含量也显著增大。（2）在山底河中共检测出 14 种浮游藻类，分别隶属于蓝藻门、硅藻门、裸藻门和绿藻门，河中底栖生物和浮游动物很少。

在老窑水渗出点，河水呈重污染状态，老窑水汇入后会显著加重河水的污染程度，河水中仅有短缝藻属和裸藻两种藻属出现，而在未受污染的河水中，颤藻、舟形藻属和茧型藻属占据主体优势，说明 AMD 不仅导致浮游植物种类多样性显著降低，还极大改变了原有浮游植物群落的组成结构。（3）AMD 会显著降低河水中细菌群落多样性及丰度，使水中出现大量的铁卵形菌属 *Ferrovum*、嗜酸菌属 *Acidiphilium*、酸硫杆菌属 *Acidithiobacillus* 和钩端螺旋菌属 *Leptospirillum*，它们受河水 pH、Mg^{2+}和 Ca^{2+}等含量影响较大，水中还出现了耐酸性的原生动物 *Euglena_mutabilis*；在未受污染的对照河水中，主要以不动杆菌属 *Acinetobacter* 和嗜冷杆菌属 *Psychrobacter* 等种类为主，在平水期和枯水期还分别出现了少量的鞘氨醇杆菌属 *Novosphingobium* 和普雷沃菌属 *Prevotella_9*。（4）在受 AMD 污染的河流底泥中，细菌群落的多样性及丰度显著降低。底泥中也出现了大量的嗜酸性铁硫代谢菌，但与水样中的种类不完全相同。除嗜酸菌属 *Acidiphilium*、钩端螺旋菌属 *Leptospirillum*、铁卵形菌属 *Ferrovum* 外，还出现了金属细菌属 *Metallibacterium*、铁卵形菌属 *Ferrovum*、高铁微菌属 *Ferrimicrobium* 和高铁丝菌属 *Ferrithrix*；原生动物 *Euglena_mutabilis* 虽也出现，但不具有优势。*Euglena_mutabilis* 和前四种细菌受沉积物中金属铁的含量影响较大。以上结果说明，AMD 汇入河流后，对河水及沉积物理化性质、浮游动植物、底栖动植物、细菌多样性及其群落分布等均产生较大危害，导致流经地区生态环境功能严重受损。

思 考 题

3-1　简述煤矿酸性废水对地表水及地下水的影响。

3-2　煤矿酸性废水对土壤和河流底泥的影响有哪些？

3-3　煤矿酸性废水对水生生物的危害有哪些？

3-4　煤矿酸性废水中的微生物群落分布特点及优势种群有哪些？

参 考 文 献

[1] 梁浩乾，冯启言，周来，等．鱼洞河流域废弃煤矿矿井水对水环境的影响［J］．水土保持研究，2019，26（6）：382-388.

[2] 吕欣．老窑水对阳泉山底河流域水生态环境的影响及防治对策研究［D］．太原：山西大学，2021.

[3] 陈宏坪，韩占涛，沈仁芳，等．废弃矿山酸性矿井水产生过程与生态治理技术［J］．环境保护科学，2021，47（6）：73-80.

[4] 董强，董淑娟．山东淄博淄川煤矿区矿坑水特征及对水资源影响［J］．城市建设与商业网点，2009，（20）：80-82.

[5] 陈迪．高硫煤废弃矿井微生物群落演替规律及铁硫代谢基因的功能预测［D］．北京：中国矿业大学，2020.

[6] Moncur M C, Ptacek C J, Hayashi M, et al. Seasonal cycling and mass-loading of dissolved metals and sulfate discharging from an abandoned mine site in northern Canada [J]. Applied Geochemistry, 2014, 41: 176-188.

[7] Feng Q Y, Li T, Qian B, et al. Chemical characteristics and utilization of coal mine drainage in China [J]. Mine Water and the Environment, 2014, 33: 276-286.

[8] 张雷，刘利军．山西省闭坑煤矿酸性老窑水的形成机制及防控修复思路——以宁武县某闭坑煤矿为例［J］．山西科技，2020，35（4）：136-140.

[9] 钟佐燊，汤鸣皋，张建立．淄博煤矿矿坑排水对地表水体的污染及对地下水水质影响的研究［J］．地学前缘，1999，6（z1）：238-244.

[10] 李学先．酸性矿山废水影响下喀斯特流域水文地球化学特征及演化规律研究［D］．贵阳：贵州大学，2018.

[11] Gehard A，Bisthoven L，Guhr K，et al. Phytoassessment of acid mine drainage：Lemna gibba bioassay and diatom community structure［J］. Ecotoxicology，2008，17（1）：47-58.

[12] 丛志远，赵峰华，郑晓燕．煤矿酸性矿井水研究进展［J］．煤矿环境保护，2002，16（5）：8-12.

[13] 张良，李妲．酸性矿井水的特征、危害及研究进展［J］．能源技术与管理，2008（5）：94-97.

[14] Sun W，Xiao E，Krumins V，et al. Comparative analyses of the microbial communities inhabiting coal mining waste dump and an adjacent acid mine drainage creek［J］. Microbial Ecology，2019，78：651-664.

[15] Gauszka A，Migaszewski Z M，Pelc A，et al. Trace elements and stable sulfur isotopes in plants of acid mine drainage area：Implications for revegetation of degraded land［J］．环境科学学报（英文版），2020，94（8）：128-136.

[16] 姜磊，涂月，侯英卓，等，植被恢复的岩溶湿地沉积物细菌群落结构和多样性分析［J］．环境科学研究，2020，33（1）：200-210.

[17] 王虎，吴永贵，覃远翠，等．煤矿酸性废水对喀斯特稻田环境污染的实验研究［J］．环境污染与防治，2020，42（4）：411-416.

[18] 程吉宁，戴宏义．煤矿酸性矿井水中重金属的来源及危害与处理［J］．山西建筑，2012，38（10）：147-149.

[19] 曹星星，吴攀，周少奇，等．酸性矿山排水影响的水库沉积物微量元素地球化学特征［J］．吉林大学学报（地球科学版），2020，50（4）：1112-1126.

[20] 谢欢欢，吴攀，唐常源，等．酸性矿山排水污染的水库水体酸化特征［J］．环境科学研究，2011，24（2）：199-204.

[21] Pan Y，Ye H，Li X，et al. Spatial distribution characteristics of the microbial community and multi-phase distribution of toxic metals in the geochemical gradients caused by acid mine drainage，South China［J］. Science of the Total Environment，2021，774：145660.

[22] Chen M，Lu G，Wu J，et al. Acidity and metallic elements release from AMD-affected river sediments：Effect of AMD standstill and dilution［J］. Environ Res，2020，186：109490.

[23] Luo C，Routh J，Dario M，et al. Distribution and mobilization of heavy metals at an acid mine drainage affected region in South China，a post-remediation study［J］. Sci Total Environ，2020，724：138122.

[24] 赵峰华，孙红福，李文生．煤矿酸性矿井水中有害元素的迁移特性［J］．煤炭学报，2007，32（3）：261-266.

[25] 孙亚军，陈歌，徐智敏，等．我国煤矿区水环境现状及矿井水处理利用研究进展［J］．煤炭学报，2020，45（1）：304-316.

[26] 宋立博．阳泉矿区酸性矿水微生物群落特点及对下游水质影响分析［D］．太原：山西大学，2019.

[27] Kuang J L，Huang L N，Chen L X，et al. Contemporary environmental variation determines microbial diversity patterns in acid mine drainage［J］. The ISME journal emultidisciplinary journal of microbial ecology，2013，7（5）：1038-1050.

[28] 梁宗林，秦亚玲，王沛，等．云南省蒙自酸性矿山排水微生物群落结构和功能［J］．生物工程学报，2019，35（11）：2035-2049.

[29] 刘帆，张晓辉，唐宋，等．酸性矿山废水对沉积物真核微生物群落的影响［J］．中国环境科学，2019，39（12）：5285-5292.

[30] Sharma S, Lee M, Reinmann C S, et al. Impact of acid mine drainage chemistry and microbiology on the development of efficient Fe removal activities [J]. Chemosphere, 2020, 249: 126117.

[31] 刘闪，曹星星，吴攀，等. 酸性矿山废水影响下水库细菌群落结构特征与环境因子关系 [J]. 环境科学学报，2020，40（12）：4349-4357.

[32] 孙青，邢辉，何斌，等. 安徽铜陵狮子山硫化物矿山酸矿水中微生物功能群的研究 [J]. 岩石矿物学杂志，2009，28（6）：547-552.

[33] Wang Y, Yasuda T, Sharmin S, et al. Analysis of the microbial community in moderately acidic drainage from the Yanahara pyrite mine in Japan [J]. Bioscience, Biotechnology, and Biochemistry, 2014, 78 (7): 1274-1282.

[34] Chen D, Feng Q, Liang H. Effects of long-term discharge of acid mine drainage from abandoned coal mines on soil microorganisms: microbial community structure, interaction patterns, and metabolic functions [J]. Environmental Science and Pollution Research, 2021, 28 (38): 53936-53952.

[35] 蒋万祥，唐涛，贾兴焕，等. 硫铁矿酸性矿山废水对大型底栖动物群落结构的影响 [J]. 生态学报，2008，28（10）：4805-4814.

[36] 蒋万祥，贾兴焕，唐涛，等. 底栖动物功能摄食类群对酸性矿山废水的响应 [J]. 生态学报，2016，36（18）：5670-5681.

[37] DeNicola D M, Layton L, Czapski T R. Epilithic community metabolism as an indicator of impact and recovery in streams affected by acid mine drainage [J]. Environmental Management, 2012, 50 (6): 1035-1046.

[38] 贾兴焕，蒋万祥，李凤清，等. 酸性矿山废水对底栖藻类的影响 [J]. 2009，29（9）：4620-4629.

[39] 曾桥，吕生华，李祥，等. 不同原料茯砖茶活性成分及微生物多样性分析 [J]. 食品科学，2020，41（24）：69-77.

4 煤矿酸性废水的环境毒理研究

本章提要：

（1）了解煤矿酸性废水的毒性作用来源及作用方式。

（2）掌握煤矿酸性废水对周围环境中的动植物、微生物群落均产生影响和危害。

（3）煤矿酸性废水的毒理机制与它们在动植物体内产生自由基、破坏代谢酶、细胞器等有关。

未经处理的煤矿酸性废水排放可造成对地表水和地下水的污染，破坏生态系统，腐蚀基础设施，给人体健康带来负面影响。煤矿酸性废水中的主要污染物包括酸、重金属、氟化物和可溶性盐类，其中酸是最普遍的，其次是废水中的重金属污染，主要有汞、铬、镉、铅、锌、镍、铜、锰等，不同地区、不同种类的煤矿酸性废水中的金属种类有所不同，因而造成的危害也不同。掌握煤矿酸性废水的环境毒理机制对于认识它的危害、采取有针对性的防治措施具有重要意义。

4.1 煤矿酸性废水的毒性作用来源与影响因素

4.1.1 酸性

采矿活动使金属硫化矿大量暴露于地表，自然与生物的氧化作用导致硫化物加速溶解，并产生大量含高浓度金属离子与硫酸盐的酸性水，对周边生态环境造成影响。微量元素在酸矿水中的分布与 pH 值和氧化亚铁硫杆菌的分布密切相关，在最适宜氧化亚铁硫杆菌生长的 pH 值 3.0 左右的酸矿水中微量元素浓度降到最低，这说明氧化亚铁硫杆菌及酸度对微量元素的分布有一定的制约（图 4-1）[1]。

硫酸的形成促进了金属硫化物在质子（proton）攻击下的溶解，详见式（4-1）~式（4-3），而细菌的作用是使三价铁离子（ferric iron）和质子再生。

$$MS_x + Fe^{3+} + 2H^+ \xrightarrow{\text{化学}} M^{x+} + H_2S_x + Fe^{2+} \tag{4-1}$$

$$H_2S_x + 2Fe^{3+} \xrightarrow{\text{化学}} 0.125XS_8 + 2Fe^{2+} + 2H^+ \tag{4-2}$$

$$0.125S_8 + 1.5O_2 + H_2O \xrightarrow{\text{微生物}} SO_4^{2-} + 2H^+ \tag{4-3}$$

溶液显酸性是酸矿水最明显的特征，基于水体 pH 值，Kirby[2] 将酸矿水分为五种类型：第 1 类（Type 1）：pH <4.5，水中有铁、铝、锰等金属离子及较高的氧含量；第 2 类（Type 2）：pH >6.0，水中有较高含量的三价铁离子、锰离子和可溶性固体；第 3

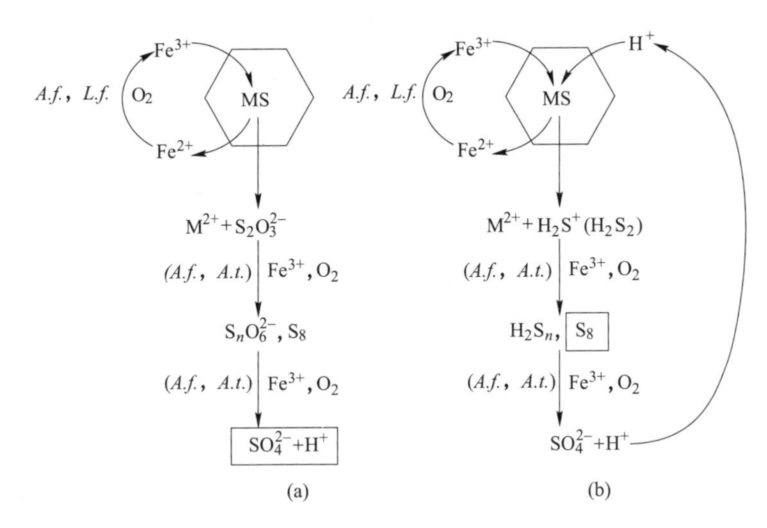

图 4-1 酸矿水酸性来源示意图

MS—硫化物矿物；*A.f.*—嗜酸氧化亚铁硫杆菌；*L.f.*—氧化亚铁钩端螺菌；*A.t.*—嗜酸氧化硫硫杆菌

类（Type 3）：碱性，水中含有低至中等水平的铁、锰离子及可溶性固体；第 4 类（Type 4）：中性，含有高浓度悬浮性颗粒；第 5 类（Type 5）：中性，含有高浓度的可溶性固体及钙离子、锰离子。第 1 类是最常见的酸矿水，较低的 pH 值导致黄铁矿氧化过程中金属离子溶出较多，从而使水体电导率（electrical conductivity，EC）升高。受酸性矿坑排水影响的河水 pH 值普遍偏低，如果以受酸性矿坑排水影响的水库水作为灌溉水源的土壤，则其表土的 pH 值较低，平均值在 5.0 左右；而未用含酸性矿坑排水灌溉的土壤表土的 pH 平均值在 6.5 左右。通过对受到酸性矿坑排水影响显著的土壤进行剖面调查发现：从地表到深度 90cm 的土壤的 pH 值均小于 4.0，可见，流域土壤酸化与酸性矿坑排水有密切关系[3]。

4.1.2 硫化物

煤矿酸性废水中硫的主要存在价态是+6 价和−2 价，以 SO_4^{2-}、HS^-、H_2S、含硫蛋白质等形式存在，其他亚稳态的硫（如 SO_3^{2-}、$S_2O_3^{2-}$、单质 S 等）在天然水体中的含量很少。沉积物中的硫以无机硫或有机硫的形式存在，其中无机硫根据不断发展的分离提取方法，又将总硫分为元素硫（ES）、酸可挥发性硫化物（AVS）、铬还原态硫化物（CRS）、可交换态硫酸盐（ExS）等，有机硫主要包括碳键硫和酯硫。

4.1.3 重金属

煤矿酸性废水是矿山开采和利用过程中产生的特殊废水，废水中的大量重金属离子会严重破坏周边生态环境。重金属对生态环境的污染具有潜在性、隐蔽性以及不可逆性。当重金属污染物进入土壤后，会不断地迁移、转化，并且与土壤有机质发生一系列吸附、螯合等化学作用，从而在土壤中积累，它们的潜在危害很难依靠自身的自净作用而消除[4]。难降解的重金属污染物会通过食物链进入生物体内，并且不断富集，对生物体的健康和安全造成严重威胁。影响重金属毒性的因素主要包括 pH 值、温度、硬度、螯合剂等，在相同的 pH 值情况下，重金属释放量次序大致为 Zn> Cd>Cu。

4.1.4 微生物群落

了解 AMD 环境中微生物的多样性有助于了解酸矿水中微生物的种群丰度、系统发育关系以及地理化学因素与微生物群落结构的内在联系。由于环境的极端严酷性，且微生物可利用的底物类型非常有限，人们一度认为 AMD 环境中的微生物是极其贫乏的。然而，随着检测技术的提高，研究者发现在 AMD 环境中同样存在大量的微生物，至少有 11 个原核生物门被检测到。微生物作为最活跃的地质营力，显著影响着煤矿矿物的溶解沉淀和元素的迁移、转化，在有微生物存在的情况下，Fe^{2+} 的氧化作用要比单纯的无机氧化速率快大约 6 个数量级。

酸性矿山排水中的微生物主要包括嗜酸性细菌、古菌和真核生物，它们的种类受到酸碱度、重金属离子浓度、营养成分等因素的限制。已报道的存在于酸矿水环境中的细菌主要包括常见的原核化能自养型细菌，除了最早发现并用于生物冶金的嗜酸性氧化亚铁硫杆菌 *Acidithiobacillus ferrooxidans*（*A. ferrooxidans*）外，还有嗜酸性氧化硫硫杆菌 *Acidithiobacillus thiooxidans*（*A. thiooxidans*）、喜温硫杆菌 *A. caldus* 和氧化亚铁钩端螺菌 *Leptospirillum ferrooxidans*（*L. ferrooxidans*）等。AMD 环境中的真核生物也有许多报道，发现有属于 *Cinetochilium* 属的纤毛虫及属于 *Vahlkampfia sp.* 的阿米巴变形虫。也有一些研究者从 AMD 排放地区分离出了古虫界透色门（Heterotobosea）的三种鞭毛虫，它们通过捕捉矿物上的氧化细菌生存，提示真核微生物在 AMD 系统中可能起着关键作用，它们通过捕食和其他作用影响着 AMD 中细菌和古菌的丰富度及群落组成。

嗜酸性的古细菌已经被发现很多年，主要包括叶硫菌 *Sulfolobales* 和热原体属 *Thermoplasmatales* 两个门，文献报道属于 *Sulfolobales* 的属包括 *Sulfolobus*、*Acidianus*、*Metallosphaera* 和 *Sulfurisphaera*，但在 AMD 中仅检测到生金球形菌属 *Metallosphaera*，其他种类大部分来自酸性的高温环境中。随着分子生物学技术的进步，在酸矿水生境中陆续检测到大量的嗜酸细菌，主要有变形菌门 *Proteobacteria*、硝化螺旋菌门 *Nitrospirae*、原壁菌门 *Firmicutes*、放线菌门 *Actinobacteria* 和硫酸菌门 *Acidobacteria* 等。目前最典型、研究也是最多的嗜酸细菌为嗜酸硫杆菌 *Acidithiobacillus* 属的微生物，该属目前已知的种有 6 个，包括 *A. ferrooxidans*、*A. ferridurans*、*A. thiooxidans*、*A. caldus*、*A. ferrivorans* 和 *A. albertensis*。其中，嗜酸性氧化亚铁硫杆菌 *A. ferrooxidans* 是这个属中最早分离出并用于生物冶金的菌种，*A. ferrooxidans* 具有很强的代谢能力，它能够依赖氧化还原性的硫化合物生存，还能够氧化分子氧、亚铁离子和其他金属离子，通过氧化硫化合物以及与氢偶联的铁离子还原，使其能够进行厌氧生长。与 *A. ferrooxidans* 一样，后来分离出的嗜温性细菌氧化硫硫杆菌 *A. thiooxidans*、钩端螺旋菌属 *Leptospirillum* 属的 *L. ferrooxidans* 以及中度喜温的嗜酸性硫杆菌 *A. caldus*，都属于 γ-*Proteobacteria* 的革兰氏阴性菌，这些细菌的生长代谢均受底物限制，特别是氧化亚铁钩端螺旋菌 *Letospirillum ferrooxidans*（*L. ferrooxidans*）和嗜铁钩端螺旋菌 *L. ferriphilum* 只能在亚铁离子存在并且有氧的条件下才能生长。*A. ferrooxidans* 与上述菌不同，它具有很强的代谢能力，能够通过氧化还原性的硫化物、Fe^{2+} 和其他金属离子生存。*A. ferrooxidans* 还能够像 *Acidianus spp.* 一样还原单质硫，从而在厌氧环境中生存。多数 AMD 环境由于仅含有低浓度的可溶解有机碳

(<20mg/L)而缺乏营养，其初级生产因为阳光缺乏而只能依赖于化能无机自养来进行，尤其是亚铁离子的氧化和硫化物的还原。

高通量测序技术和基因组学等方法常用来进行煤矿酸性废水中微生物群落分布研究。在AMD中，微生物的群落结构相对简单，主要原因在于AMD中有限的能量利用途径及物质代谢方式。它的优势菌为变形菌门、绿弯菌门、拟杆菌门、放线菌门、硝化螺旋菌门和蓝细菌门等。不同的菌种具有不同的作用，其中变形菌门为丰富菌种，表现出很强的适应能力，同时也是铁硫循环细菌中的主要菌群；绿弯菌门在沉积物和湿润土壤中丰度较高，参与沉积物碳循环，而在废水中丰度较低；拟杆菌门 *Bacteroidetes* 中的类群广泛分布于酸性厌氧环境，并具有降解一系列复杂有机高分子的能力，包括碳水化合物和蛋白质；酸杆菌门是一类化能异养嗜酸菌，在酸性生态系统中可降解植物残体多聚物、参与铁循环；蓝细菌对金属离子具有一定耐性，大多数蓝细菌可以通过产生细胞外物质（如多糖）来吸附金属离子，同时蓝细菌光合作用产生的氧气可以增强酸性废水环境中的氧化反应。

4.1.5 温度

煤矿开采活动使金属硫化矿大量暴露于地表，自然与生物的氧化作用导致硫化物加速溶解，并产生大量含高浓度金属离子与硫酸盐的酸性水，对周边生态环境造成影响。由于金属硫化物的氧化反应为高放热反应，因而这些酸性水溶液温度相对较高，因此，温度也是促进煤矿酸性废水产生的一个重要因素。相比冬春寒冷季节，夏季煤矿酸性废水更容易生成，且pH值明显更低，原因是黄铁矿在温度较高的情况下氧化速率更快[5]；在冬天寒冷季节，多数重金属较难从煤矿中浸出，使得该时节煤矿酸性废水进一步形成的可能性降低，对周边环境污染程度减小。

对嗜酸性微生物可根据其最适生长温度进行分类，主要类别分为：嗜温菌 *Mesophiles*（$T_{optimum}$=20~40℃）、中度喜温菌 *Moderate thermophiles*（$T_{optimum}$=40~60℃）和极端嗜热菌 *Extreme thermophiles*（$T_{optimum}$>60℃）。嗜温菌主要是杆状的革兰氏阴性菌，中度喜温菌由古菌和真菌组成（主要为革兰氏阳性菌），极端嗜热菌通常为古菌，详见表4-1。

表 4-1 按温度适应性对嗜酸性原核微生物进行分类

嗜酸性细菌		生长温度分类	系统发育分类
铁-氧化	*Leptosppirillum ferrooxidams*	*Mesophiles*	*Nitrospira*
	Leptosppirillum ferriphilum	*Mesophiles*	*Nitrospira*
	Leptosppirillum thermoferrooxidams	*Moderate thermophiles*	*Nitrospira*
	"*Acidithiobacillus ferrooxidans*" m^{-1}	*Mesophiles*	β-*Proteobacteria*
	Ferrimicrobium acidiphilum	*Mesophiles*	*Actinobacteria*
	Ferroplasma acidiphilum	*Mesophiles*	*Thermopplasmales*
	Ferroplasma acidarmanus	*Mesophiles*	*Thermopplasmales*

续表 4-1

嗜酸性细菌		生长温度分类	系统发育分类
硫-氧化	*Acidithiobacillus thiooxidans*	*Mesophiles*	β/γ-*Proteobacteria*
	Acidithiobacillus caldus	*Moderate thermophiles*	β/γ-*Proteobacteria*
	Thiomonas cuprina	*Mesophiles*	β-*Proteobacteria*
	Hydrogenobacter acidophilus	*Moderate thermophiles*	*Aquifacales*
	Metallosphaera spp	*Extreme thermophiles*	*Sulfolobales*
	Sulfolobus spp	*Extreme thermophiles*	*Sulfolobales*
铁/硫-氧化	*Acidithiobacillus ferrooxidans*	*Mesophiles*	β/γ-*Proteobacteria*
	Acidianus spp	*Extreme thermophiles*	*Sulfolobales*
	Sulfolobus metallicus	*Extreme thermophiles*	*Sulfolobales*
铁-还原	*Acidiphilium spp*	*Mesophiles*	α-*Proteobacteria*
铁-氧化/还原	*Acidimicrobium ferrooxidans*	*Mesophiles*	*Actinobacteria*
铁-氧化/还原与硫-氧化	*Sulfobacillus spp*	*Mesophiles and Moderate thermophiles*	*Firmicutes*
异养微生物	*Acidocella spp*	*Mesophiles*	α-*Proteobacteria*
	Acidisphaera rubrifaciens	*Mesophiles*	α-*Proteobacteria*
	Acidobacterium capsulatum	*Mesophiles*	*Actinobacteria*
	Ailcyclobacillus spp	*Mesophiles*	α-*Proteobacteria*
	Picrophilus spp	*Moderate therophiles*	*Thermopplasmales*
	Thermoplasma spp	*Moderate therophiles*	*Thermopplasmales*
厌氧微生物	*Stygiolobus azoricus*	*Extreme thermophiles*	*Sulfolobales*
	Acidilobus ceticus	*Extreme thermophiles*	*Sulfolobales*

4.2 煤矿酸性废水的环境和生态毒性效应

4.2.1 煤矿酸性废水在环境中的迁移转化过程

煤矿酸性废水产生后通过挥发、淋溶、径流及作物吸收等迁移过程，污染物质转移到其他环境中，如土壤、水体、农作物、动物和人体内。它们可在土壤中吸附、迁移和降解，其被吸附能力主要与污染物分子本身的性质有关，还和土壤性质、类型、黏土矿物和有机质含量、介质条件（如土壤溶液 pH 值）、土壤水分含量、孔隙率、吸附度、温度等相关。酸矿水中重金属在地表水-土壤-地下水中可能的环境行为如图 4-2 所示[6]。当大量 AMD 流入地面、河流、地下水中时，将引起严重的生态环境问题，不仅对水生生物有毒，而且会对陆生动植物、人体健康等造成危害[7]。

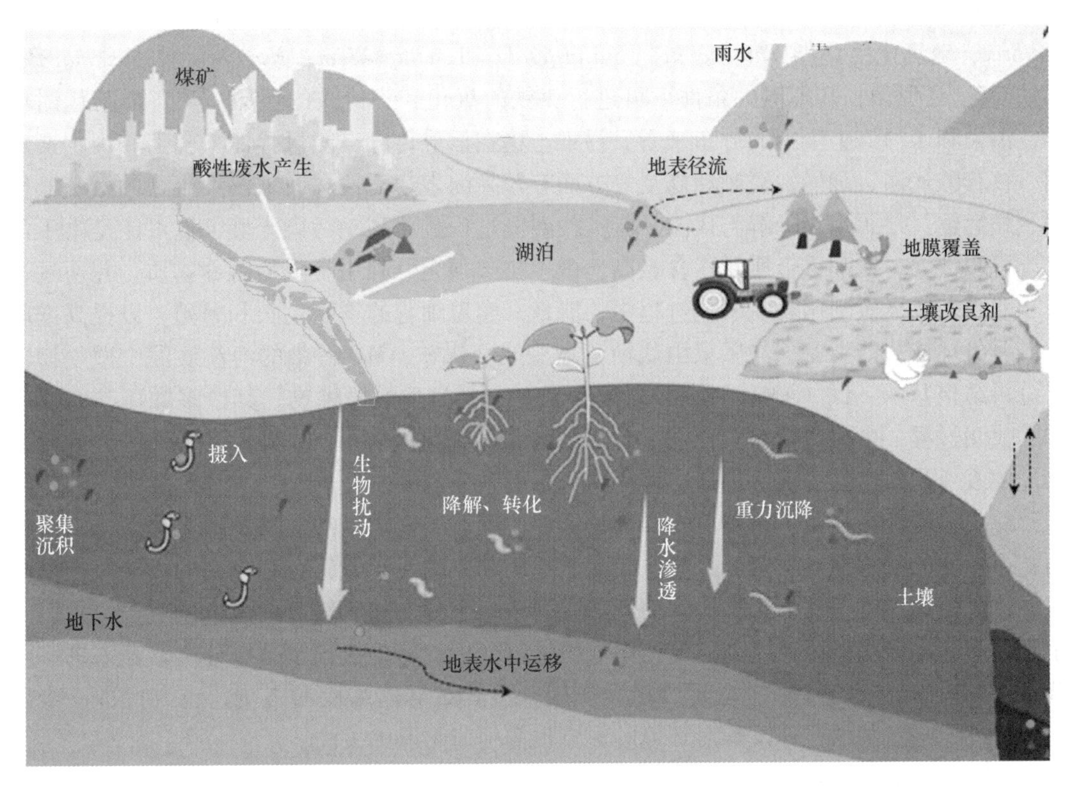

图 4-2 煤矿酸性废水中重金属在地表水-土壤-地下水中可能的环境行为示意图

4.2.2 对微生物群落结构的影响

尽管酸性矿山废水属于高酸性、高温，且含有高浓度金属离子与硫酸盐的极端环境，但是仍然有许多微生物能够生存于这一极端环境中。由于环境的极端严酷性，微生物可利用的底物类型非常有限，这些微生物在矿石的亚表层能够形成一个化能自养的生物圈，通过从金属硫化矿物中获得电子供体，从空气获得 CO_2、O_2 和 N_2 等，通过水与岩石相互作用释放的无机盐来维持生存。同时，这些微生物的活动也能够促进 AMD 的形成，并加重环境的污染。了解 AMD 环境中微生物的多样性对于分析其生态系统是必需的，有助于了解这些极端环境中微生物的种群丰度、系统发育关系以及地理化学因素与微生物群落结构的内在联系等。

煤矿酸性废水对土壤微生物群落有明显的影响，研究表明，重金属污染会导致细菌和真菌群落多样性减少，但细菌丰富度变化不如真菌明显。当煤矿酸性废水中金属离子浓度超出细菌耐受值时，会导致细菌群落结构组成发生显著变化，如在低浓度 As 胁迫下会刺激对 As 敏感的微生物生长繁殖，但高浓度 As 会对微生物有明显的抑制作用，从而导致某些微生物死亡和多样性降低[7]。

2019 年 6 月，陈迪在贵州凯里鱼洞河流域开展的现场调研及土壤采样分析发现[8]，土壤受废弃煤矿酸性排水污染后，微生物群落结构发生重大变化，受 AMD 污染土壤中的菌属主要为嗜酸性铁硫代谢菌，主要的铁氧化菌包括 *Ferrovum*、*Acidithiobacillus*、*Gallionella*、

Sideroxydans 和 *Thiobacillus*；铁还原菌包括 *Metallibacterium*、*Acidibacter*、*Geobacter* 和 *Geothrix*；硫氧化菌包括 *Thiobacillus*、*Sulfuriferula* 和 *Acidiphilium*；*Ferrithrix* 和 *Acidibacillus* 为铁氧化/还原菌，在不同的条件下可进行亚铁的氧化和三价铁的还原。从各群落代谢功能在污染和未污染土壤中的分布来看，污染土壤在信号传导、能量代谢、辅酶和维生素代谢、核苷酸代谢、翻译、复制和修复等方面有较高的表达活性，而未污染土壤的氨基酸代谢、膜运输、外源生物降解与代谢、脂类代谢等过程显著高于污染土壤，这可能是由于污染土壤酸性大、铁和重金属元素含量高，微生物必须充分利用有限的营养物质，并通过合成功能蛋白、高效利用铁硫氧化过程中的能量来实现细胞的不断生长和繁殖，以提高细胞适应恶劣环境的能力，这与阳泉山底河流域受废弃煤矿 AMD 污染的河流底泥中微生物群落分析结果基本一致（AMD 污染的河流底泥中主要为嗜酸微生物，其中多数可参与铁硫相关代谢过程，主要包括铁氧化菌、铁还原菌和硫氧化菌等），说明酸性污染区群落代谢功能的改变是微生物为更好地适应环境所作出的改变。

总之，酸矿水中微生物群落多样性较低，但具有丰富的嗜酸性铁、硫氧化菌，以及代谢能力多样的嗜酸性异养菌，是铁、硫元素代谢和生物浸矿等研究和应用的极端菌种资源库。在严苛的环境条件下，酸矿水中还蕴含着较多未分类和未培养的微生物类群，它们的生理代谢和环境功能可通过高通量测序数据进行分析，但仍依赖于菌株分离培养来进一步验证；环境中复杂的微生物之间的相互作用，及其对群落结构的影响，也有待进一步研究。另外，嗜酸菌的迁移及其对环境的影响也需引起足够的关注。

4.2.3 煤矿酸性废水中重金属对植物的影响

煤矿酸性废水流经的区域对植被、土壤、生态系统均产生影响。流经土壤时，水中重金属会在土壤中累积，从而对土中生长的植物造成影响，随着胁迫时间的延长和重金属浓度的升高，植物受到的胁迫和损害会逐渐增加。植物在重金属作用下遭受氧化应激，引起细胞损伤和胞内钙稳态失衡等，导致植物生理和形态改变。植物受重金属的伤害程度、伤害症状与重金属的种类关系密切，损伤效应详见表 4-2。

表 4-2 重金属对植物的主要影响作用[9]

重金属类别	对植物的影响效应
镉（Cadmium）	降低种子萌发率、脂含量，抑制植物生长，诱导植物络合素产生
铅（Lead）	抑制叶绿素产生和植物生长，使超氧化物歧化酶（SOD）活动增强
镍（Nickel）	抑制种子萌发、干物质积累、蛋白质产生、叶绿素和酶活性；游离氨基酸增加
汞（Mercury）	抑制光合作用和抗氧化酶活性、阻碍水分吸收，导致苯酚和脯氨酸累积
锌（Zinc）	减少 Ni 毒性、抑制种子萌发；促进植物生长，增加 ATP 和叶绿素比率
铬（Chromium）	抑制酶活性和植物生长，造成膜损伤、褪绿、根受损
铜（Copper）	抑制光合作用，影响植物生长、繁殖过程；减少类囊体表面面积

4.2.3.1 汞

水中汞对植物的危害主要是 Hg^{2+} 可与植物体内含巯基化合物结合，使膜通透性改变，引起细胞损伤。不同形态的汞化合物被植物吸收的顺序是：氯化甲基汞>氯化乙基汞>二氯化汞>氧化汞>硫化汞。蔬菜吸收积累汞能力的大小顺序为：叶菜类>根菜类>果菜类。汞进入植物体后并不是均匀分布于各个部位，而是集中于根部，根部可集中植物全汞量的95%左右。汞在粮食作物各部位的分布顺序为：根>茎>叶>穗部。汞对植物的危害因作物种类不同而异，土壤中的汞使小麦减产的浓度为5mg/kg，高于10mg/kg时可使幼苗死亡，或使小麦生长不正常。随着土壤含汞量增加，小麦光合作用强度降低，呼吸强度减弱，叶片总氮量和蛋白质氮减少。对于水稻，酸性土壤汞的最高允许浓度为0.5mg/kg，石灰性土壤为1.5mg/kg。用2.5mg/L的含汞污水灌溉农田，可使水稻、油菜的生长受抑制，表现为株型矮、叶黄、籽粒少，并使水稻减产约77%。不同质量浓度的汞处理能使水稻的株高、根长、分蘖、穗长、千粒重、产量都受到影响。用0.7mg/L以下质量浓度含汞废水处理的水稻植株没有明显的受害症状；用高质量浓度（7.4mg/L以上）含汞废水灌溉植株，可使绿叶变为枯黄，根系逐渐变小，呈现短而粗、扭曲状，根毛变少；用22.5mg/L质量浓度含汞废水处理的水稻严重受害；36.5mg/L为水稻的致死质量浓度。

4.2.3.2　铬

低浓度的铬能提高植物体内一些酶的活性，并增加叶绿素、有机酸、葡萄糖和果糖的含量，超过一定浓度时，会影响植物的生长。高浓度铬可阻碍水分和营养物质从根部向地上部分输送，阻碍植物对钙、镁、磷、铁等元素的吸收，抑制光合作用。从对植物的毒性来看，六价铬要比三价铬的毒性强。试验表明，土培水稻时，用含Cr(Ⅵ)50mg/L的水灌溉会引起减产，而对Cr(Ⅲ)则在100mg/L左右才致减产；小麦的受害质量浓度：Cr(Ⅵ)为30mg/L、Cr(Ⅲ)为60mg/L。铬作为植物的一种非必需元素，其高毒性会影响植物种子发芽、根系和地上部生长发育等（表4-3）。

表4-3　铬对植物生长发育影响情况[10]

物种	Cr处理浓度	影响
小麦	50mg/L，100mg/L	抑制种子萌发
甜瓜	2.5mg/L，5mg/L，10mg/L，25mg/L，50mg/L，75mg/L，100mg/L，200mg/L，300mg/L	低浓度促进种子萌发，高浓度抑制
黄麻	50mg/L，100mg/L，300mg/L，500mg/L	抑制种子萌发
青菜	1mg/L，2mg/L，3mg/L，4mg/L，5mg/L，6mg/L，8mg/L，10mg/L，12mg/L，14mg/L，16mg/L，18mg/L，20mg/L，25mg/L，30mg/L，35mg/L，40mg/L，50mg/L，60mg/L，70mg/L，80mg/L	低浓度促进种子萌发，高浓度抑制
水稻	0mg/L，0.05mg/L，0.5mg/L，1.0mg/L，10mg/L，25mg/L	低浓度促进种子萌发，高浓度抑制
紫花苜蓿	0mg/kg，100mg/kg，200mg/kg，300mg/kg，400mg/kg	根系生长受抑
扁豆	100mg/L，200mg/L，300mg/L	
芝麻	100mg/L，200mg/L，300mg/L	
拟南芥	0mg/L，50mg/L，100mg/L，200mg/L	
野生型烟草	50mg/kg	

续表 4-3

物种	Cr 处理浓度	影响
萝卜	2mg/L，5mg/L，10mg/L	株高降低，根长减少
高羊茅	0mg/kg，100mg/kg，200mg/kg，300mg/kg，400mg/kg	株高、根长、干重减少
白三叶	0mg/kg，100mg/kg，200mg/kg，300mg/kg，400mg/kg	株高、根长、干重减少
大豆	0mg/L，0.05mg/L，0.1mg/L，0.5mg/L，1mg/L，5mg/L	地上部干物质量减少
小槐叶萍	2mg/L，5mg/L，10mg/L	地上部干物质量减少

植物吸收的铬 95%左右滞留在根中。通常认为，重金属铬对种子萌发表现为抑制作用，如在小麦中 100mg/L 的铬处理后其发芽率降低近 10%，同样的抑制作用在甜瓜 *Cucumis melo*、黄麻 *Corchorus spp.* 和木槿 *Hibiscus spp.* 中也有发现。铬胁迫还导致了紫花苜蓿 *Medicago sativa L.*、高羊茅（*Festuca arundinacea*）、白三叶 *Trifolium repens* 侧根数减少，且根尖发黄坏死，出现断根等现象。对于同一处理浓度不同价态的铬其毒性也不同，六价铬对洋葱 *Allium cepa* 根长的抑制效果明显高于三价铬，并且不同植物在同一处理浓度受抑制程度也不同，例如 100mg/L 的铬处理 7d 后扁豆 *Lablab purpureus* 根系长度仅减少 31%，而芝麻 *Sesamum indicum* 根系长度减少了 86%以上。Wakeel 等[11]发现六价铬对拟南芥 *Arabidopsis thaliana* 初生根生长的抑制作用是通过促进 AUXIN-RESISTANT1（AUX1）基因表达来增加生长素在根尖的积累以及影响它的极性运输导致的。潘法康等[12]通过不同铬浓度和胁迫时间对薄荷生长的影响研究发现：薄荷成株的根长与株高随 Cr(Ⅵ) 胁迫浓度的升高总体上呈现出上升趋势，浓度为 10mg/L、30mg/L 时，促进作用最为显著，相对于空白对照组分别增加了 32.6 %、34.8%。薄荷叶绿素含量、超氧化物歧化酶（SOD）活性、过氧化氢酶（CAT）活性随 Cr(Ⅵ) 胁迫浓度的升高均呈现先下降后上升再降低的趋势，而过氧化物酶（POD）活性则是呈现出先升高后逐渐降低的趋势。薄荷在 30mg/L Cr(Ⅵ) 浓度胁迫下仍能较好地生长，说明薄荷对重金属铬具有一定的耐受性，可以作为植物修复重金属 Cr(Ⅵ) 污染的备选物种。

4.2.3.3 镉

镉是植物的非必需元素，进入植物并积累到一定程度就会表现出毒害症状，通常会出现生长迟缓、植株矮小、褪绿和产量下降等症状。镉能引起植物细胞分裂障碍或不正常分裂，表现为分裂周期延长，产生染色体断裂、畸变、粘连和液化等，此外，镉能与带负电的核酸结合，破坏核仁结构，抑制 DNA 酶和 RNA 酶活性，并使植物体 DNA 合成受阻。镉可以与叶绿素合成过程中的多种酶的巯基（—SH）基团发生反应，阻碍叶绿素的生成，使叶片中叶绿素含量降低，叶片泛黄；镉也可使叶绿素结构遭到破坏，使植物叶片中叶绿素 a/b 值明显下降，从而抑制植物的光合作用。此外，镉进入植物体后，对某些酶的活性中心基（—SH）有特别强的亲和力，从而抑制或破坏酶活性，影响植物的正常生长。硝酸还原酶也是对镉较敏感的酶类，受镉影响其活性明显下降。镉在低浓度时，苹果酸脱氢醇活性升高，呼吸作用增强，超过一定浓度后，酶活性下降，呼吸强度也下降。

镉污染可引起植物超氧化物歧化酶、过氧化氢酶和多酚氧化酶活性明显改变。在镉胁迫条件下，小麦叶片细胞内的超氧化物歧化酶（SOD）活性降低，过氧化物酶（POD）活性升高，而过氧化氢酶（CAT）活性无显著变化，从而破坏了自由基清除系统的协调性，使细胞内自由基积累，对膜系统造成伤害。研究发现，在水培条件下，镉可使小麦中脂质过氧化产物丙二醛的含量显著增加。

当煤矿酸性废水中有过多的镉存在且用于农田灌溉时，不仅直接影响作物生长，还会污染农产品[13]。不同作物对镉污染的耐受力不同，菠菜、土豆、辣椒、茄子和莴笋对镉非常敏感，当土壤含镉量为 4～13mg/kg 时，就能导致减产 25%；番茄、南瓜、黄瓜等敏感性较低，在土壤含镉量高达 160～250mg/kg 时，产量才降低 25%。芥菜型油菜 *Brassica juncea*（*L.*）*Czern* 是第一个发现的 Cd 超积累植物，水葱 *Scirpus tabernaemontani C. Gmel* 是目前唯一的一种 Cd 超积累水生植物，青刺参 *Thlaspi caerulescens J. Pres* 是目前已知的具有最高的 Cd 积累浓度（2130mg/kg）的超积累植物。有翅星蕨则是一种双栖植物，作为一种潜在的重金属镉超富集植物，具有一定的生物监测能力，是一种非常有潜力的新型植物修复材料。

4.2.3.4 铅

低浓度铅对植物生长有促进作用，但超过一定水平则会抑制植物的生长发育。当土壤中 Pb 含量分别为 0.3mg/kg、1.0mg/kg 和 10mg/kg 时，可促进灯心草地上部干重增加，表现出增产趋势，增产幅度为 11%～54%；但在 Pb 含量为 20mg/kg 时，灯心草地上部干重比对照减少了约 27%。通过水培圆叶无心菜实验发现，铅浓度为 10mg/L 时，圆叶无心菜株高、根长以及生物量均比对照显著增加。当铅浓度大于 100mg/L 时，植株株高、根长和生物量的生长受到明显抑制。进入根细胞内的铅，一部分滞留在根中，还有一部分则可随蒸腾作用向地上部移动，并积累在植物茎叶中，导致植物整体生长受到抑制，生物量下降，因此，植物地上部受到铅毒害的时间要滞后于根系，主要表现为植株发育变缓、叶功能受损、茎伸展受抑制等。铅对植物根系生长发育影响极大，可使根冠细胞有丝分裂减少、根量减少。铅进入叶肉组织后可导致叶片失绿，严重时叶片枯黄死亡。植物早期中毒症状表现为根冠膨大变黑，严重时根系腐烂。铅对植物的危害常常表现为植物叶绿素含量下降，暗呼吸上升，正常呼吸和 CO_2 同化作用受阻。铅可抑制菠菜叶绿素中光合成的电子传递，抑制光合作用中对 CO_2 的固定，铅处理可使叶绿体结构发生明显变化，破坏叶绿体的膜系统。此外，铅还能影响植物呼吸作用有关酶的活性，当溶液中的 Pb^{2+} 含量为 50mg/kg时，可抑制水稻种子发芽；含量为 100mg/kg 时，沙培水稻幼苗开始受害。土培试验中 Pb^{2+} 含量达到 2000mg/kg 时，水稻才出现中毒症状，说明土壤对铅具有较大的缓冲力。谷类作物吸铅量较大，但吸收的铅多集中在根部，茎次之，籽实中甚少，不足总吸收量的 1%。因此，铅污染土壤所产生的禾谷类秸秆不宜用作饲料。研究表明[14]，紫茉莉、蜀葵、四季海棠和茶花凤仙对铅的富集能力较强，在铅处理条件为 700mg/kg 时，4 种作物茎叶铅含量都大于 100mg/kg，其中表现最好的是紫茉莉，不仅转移能力好而且耐性高。水蕹菜、凤眼莲、浮萍等对水中 Pb^{2+} 有较高的净化能力，去除率分别是：水蕹菜 64%、凤眼莲 77%、浮萍 48%。

4.2.3.5 锌

锌（Zn）是植物必要的一种微量元素，广泛参与细胞内各种酶的构成，在有机体内发挥重要作用。已有研究表明，低剂量的 Zn 可促进植物的生长发育，而高浓度的 Zn 可对植物造成伤害，导致植物的生理代谢过程混乱，阻碍植物正常的生长发育，严重的会引起植物死亡。当植物含锌量大于50mg/kg时，就会发生锌中毒，并通过食物链的生物放大作用威胁到人类健康。Zn对藻类植物细胞超微结构的损伤已有大量报道，扁藻细胞的叶绿体和细胞核对Zn^{2+}敏感，Zn^{2+}对细胞核的破坏作用相对较小，而对叶绿体的破坏作用较大；15mg/L Zn（$ZnSO_4 \cdot 7H_2O$）处理下，绿色巴夫藻细胞的叶绿体结构严重受损；Zn^{2+}中毒的三角褐指藻细胞中，囊状体的类囊体大多溶解消失，核膜破裂，核仁消失，线粒体外膜粘连或破裂，内嵴明显减少甚至呈空泡。锌污染后可引起黑藻、水车前等叶细胞细胞壁扭曲，细胞变形；叶绿体类囊体膨胀，被膜破裂；细胞核核仁解体，染色质凝集，核膜断裂；线粒体嵴数目减少，线粒体呈空泡状，且其自发荧光范围变窄，峰值变小，平均强度减小[15]。用不同浓度Zn溶液处理小麦种子，研究对其叶绿素的影响，结果表明低浓度Zn促进小麦叶绿素合成，但随着Zn浓度升高，叶绿素合成受阻。用0.2mmol/L、0.4mmol/L、0.8mmol/L和1.6mmol/L的Zn^{2+}处理水花生 *Alternanthera philoxeroides*（*Mart.*）*Griseb* 愈伤组织，随着浓度的增加，水花生愈伤组织中Zn^{2+}大量积累，钠含量增加，镁、磷、铁含量先升后降；过氧阴离子产生速率、H_2O_2和硫代巴比妥酸反应物（TBARs）含量增加；SOD等抗氧化酶活性下降；叶绿素a/b比值下降，过量Zn^{2+}胁迫通过引起水花生愈伤组织矿质元素平衡和抗氧化系统的紊乱而对水花生愈伤组织造成损伤，同时，也造成水花生愈伤组织多胺代谢过程的紊乱和脯氨酸的大量积累。到目前为止，国际上已报道和发现的重金属超积累植物有700种左右，其中Zn超积累植物就有26种，主要集中在十字花科遏蓝菜属 *Thlaspi*，其次为堇菜科、禾本科和唇形科，国内发现的部分锌超积累植物见表4-4。

表4-4 国内发现的部分锌超积累植物[16]

重金属元素	锌超积累植物种类	地上部分锌含量/mg·kg^{-1}
Zn	天蓝遏蓝菜	51600
	东南景天	19674
	木贼	>10000
	香附子	>10000
	东方香蒲	>10000
	长柔毛委陵菜	26700
	水蜈蚣	>10000
	白铜钱	30000
	巴丽芥菜	13600
	短瓣遏蓝菜	15300

4.2.3.6 镍

镍（Ni）是一种硬而有延展性并具有铁磁性的金属，是植物生长发育必不可少的营养微量元素，很容易被植物吸收，但是过量的镍会对植物造成毒害作用。在镍的单一胁迫下，由于苜蓿的根部最先接触培养液，吸收营养物质的同时也会吸收其中的Ni元素，苜蓿中的Ni含量增加，根细胞活力降低，发芽率降低，抑制根、茎、叶生长。Ni离子进入细胞后，产生过量超氧阴离子自由基（$\cdot O_2^-$）与H_2O_2，植物会启动抗氧化酶系统清除多余的活性氧（ROS），而未被清除的ROS引起大分子氧化损伤，可能导致细胞膜脂质过氧化，引起细胞膜通透性增大、细胞内容物加速流失，细胞丧失工作能力。渗透性调节物质中脯氨酸和可溶性糖调节细胞本身的渗透压，减少细胞失水，如果 Ni 离子浓度逐渐增加，对苜蓿的毒害性增大，超出细胞自身调节的能力范围时，胞内脯氨酸和可溶性糖、可溶性蛋白质含量就会降低。苜蓿受到镍毒害的最直观表现是叶子变黄萎缩，叶绿素含量下降。用过量的 Ni 离子溶液处理车前草后，车前草的株高降低，生物量减少，当浓度达到其阈值后生物量显著降低，说明此时 Ni 离子浓度已经影响到车前草的正常生长，已达到车前草吸附重金属的极限[17]。土壤中镍含量一般变化较大，正常含 Ni 量为 5~500mg/kg，大部分土壤含 Ni 量低于 50mg/kg。土壤中镍过量将会阻滞作物正常的生长发育，甚至产生毒害。植物体中 Ni 的含量一般在 0.05~5.0mg/kg 之间，但是也存在一些对镍污染耐性较强的植物，它们可以在土壤镍含量超出正常水平的基质中存活。这些超积累植物对镍的吸收符合米氏吸收动力学方程，其米氏常数 K_m 值可达 36.1μmol/L，说明镍可能主要通过低亲和力转运通道进入植物体内。一些间接证据显示，镍超积累植物遏蓝菜 *Thlaspi goesingense* 主要吸收离子态镍（Ni^{2+}）而非有机镍螯合物，同时植物根部镍的吸收受到低温、代谢抑制剂及缺氧环境的抑制，说明其吸收是一个消耗能量的过程。超积累植物香雪球 *Alyssum lesbiacum* 根部中富含组氨酸（His），His 与镍具有很强的螯合能力，能够显著抑制镍在根细胞液泡中的区室化作用，增加其横向移动性[18]。超积累植物中，Ni 积累在植物地上部分高于根系，而非超积累植物中，Ni 在根系中的含量则普遍高于地上部分。豆科植物的根瘤中 Ni 含量比茎部高 1.3~1.9 倍。营养生长期 Ni 主要分布于叶和芽中，生殖生长期绝大部分 Ni 从叶和芽转移到生殖器官。柠条各器官对 Ni 的富集系数大小顺序为根>花>叶>茎，从根系对 Ni 滞留率看，覆土 30cm 下根系 Ni 富集较多，很少向茎叶花等地上部分转移，根系滞留率达 85.24%；其次是穴换土、直接栽植、覆土 50cm，滞留率分别为 76.92%、74.96%、61.93%；而覆土 80cm 下，柠条根系对 Ni 的滞留效应较弱，滞留率仅为 47.27%，由根系向地上迁移较多[19]。

4.2.3.7 铜

铜是植物生长发育必需的微量营养元素，在光合作用、呼吸作用、抗氧化系统及激素信号转导等多种生理过程中发挥至关重要的作用，其在植物体内含量过高或不足均会影响植物的正常生理代谢。煤矿酸性废水中如果铜含量较高，处理不当会对植物的生长发育造成重大影响。植物遭受铜胁迫后，其影响主要体现在种子萌发、根系发育、光合作用、养分吸收及氧化胁迫等方面。研究发现，高浓度铜离子主要通过影响酶活性和渗透作用来抑制种子的萌发。例如，在水稻和黄瓜中均发现过量铜可抑制种子萌发，主要原因可能是种子内的淀粉酶、蛋白酶等活性受到抑制，无法满足种子生长发育所需的物质和能量。Cu 胁迫导致植物种子萌发过程中吸水能力下降，水分吸收不足可能会加快种子内部营养物质的分解，从而减少分生组织细胞的形成，而这一重要现象又与种子的淀粉酶活性密切相关。植物根细胞中 Cu 离子的积累可能通过改变根分生组织细胞增殖速度或调节生长素（IAA）、细胞分裂素（CTK）等植物激素来影响根系发育。正常情况下，大多数农作物叶片中铜的含量范围为 20~30mg/kg，生长在铜污染土壤中植株体内铜含量大大提升，对植株生长发育产生重要影响。根系表面的 Cu 离子进入根细胞后，在细胞质中与金属硫蛋白（Metallothioneins，MTs）或特定的可溶性 Cu 伴侣结合，而后被传递至不同细胞器（如液泡、叶绿体和线粒体等），细胞质中过量的 Cu 离子被清除（图 4-3）。这一过程是由参与细胞内 Cu 稳态调控的 Cu 转运蛋白家族和 Cu 伴侣家族介导的。铜胁迫条件下，

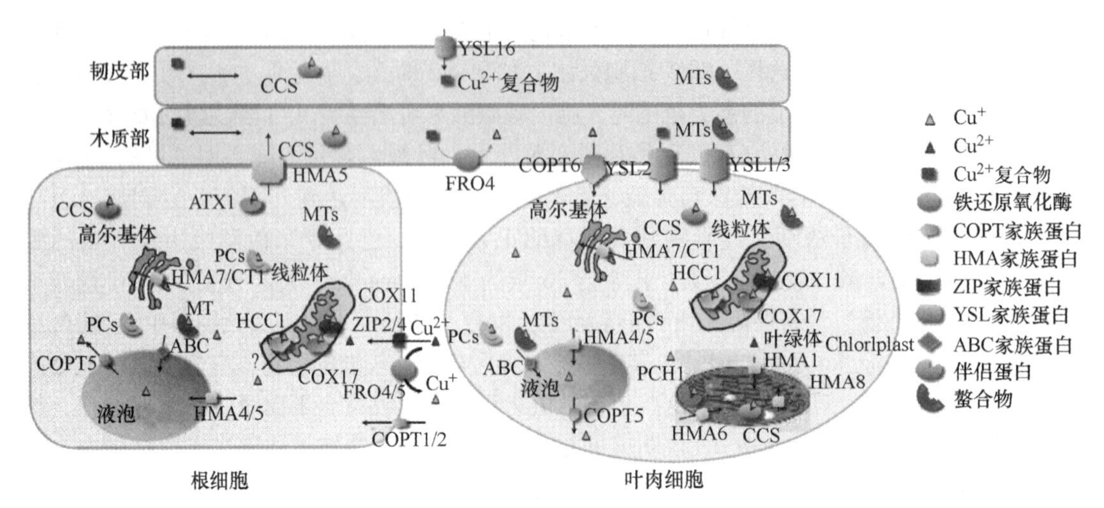

图 4-3 植物体内铜转运过程[20]

FRO—铁还原氧化酶；COPT—铜转运蛋白；ZIP—锌调节转运蛋白；HMA—重金属 ATP 酶；ABC—ATP 结合盒转运蛋白；CT—MFS 类铜转运蛋白；COX—细胞色素氧化酶；ATX—抗氧化蛋白；CCS—铜伴侣蛋白；PCH—质体伴侣蛋白；YSL—黄色条纹蛋白；PCs—植物螯合肽；MTs—金属硫蛋白

彩色原图

植物可以通过根系分泌物具有的理化性质、根系的吸收及固定过程来减少细胞对铜离子的吸收，一旦大量铜离子进入细胞内，与金属离子有高亲和性的硫醇化合物（PCs、MTs 和 GSH）便会与之结合，减弱铜离子的毒害作用，并且抗氧化系统也会被激活来清除 ROS 以维持细胞内稳态。另外，植物也可自发调节渗透作用，诱导热激蛋白及相关植物激素合成，通过细胞自噬及表观遗传机制来响应铜胁迫，维持植物正常生长过程（图 4-4）[15]。

4.2.3.8 锰

锰是植物必需的微量元素，在植物体内，锰作为一种重要的营养元素参与植物的多种生命活动过程，包括光合作用、呼吸作用、蛋白质合成和激素活化等，尤其与植物碳、氮代谢以及光合作用密切相关。然而，过量的锰会对植物造成毒害，其症状一般表现为叶片泛黄或病斑、根系发育不良、植株生物量降低等。锰过量产生的毒害会影响植物生长，植物锰中毒通常表现为叶片变黄，成熟叶片出现褐色斑点，严重时出现坏死。锰是对酸性土壤（pH 值 5.5 或更低）生长的植物毒害最大的金属之一。少数金属转运蛋白家族成员可以调节植物对锰的吸收、转运和分配，如天然抗性相关巨噬细胞蛋白（NRAMP）、黄色条纹样蛋白（yellow stripe-like protein，YSL）、锌铁转运蛋白（ZIP）、钙离子转运蛋白（CAX）、趋化因子结合蛋白（CCX）、CDF/MTP（即阳离子扩散协助蛋白 CDF，也称为金属耐受蛋白 MTP）、P 型 ATP 酶（P- type ATPases）和液泡铁离子转运蛋白（vacuolar irontransports，VIT）家族[12]。在高锰胁迫对香根草的生长发育影响的实验中发现，Mn 处理的根、叶中 K 含量呈现下降的趋势，当处理浓度不小于 30mmol/L 时，达到显著性差异；Mn 过量会产生大量的活性氧，破坏叶绿素，影响 PSⅠ与 PSⅡ的活性，降低植物的光合速率；水稻等农作物在 Mn 毒害下光合速率会显著降低，光合系统的有关基因表达会发生改变。目前，发现锰的超富集植物约有 13 种，主要分布在夹竹桃科、卫矛科、山竹子科、桃金娘科、山龙眼科、毛茛科和商陆科。蓼草、垂序商陆、莎草为土壤锰的超富集

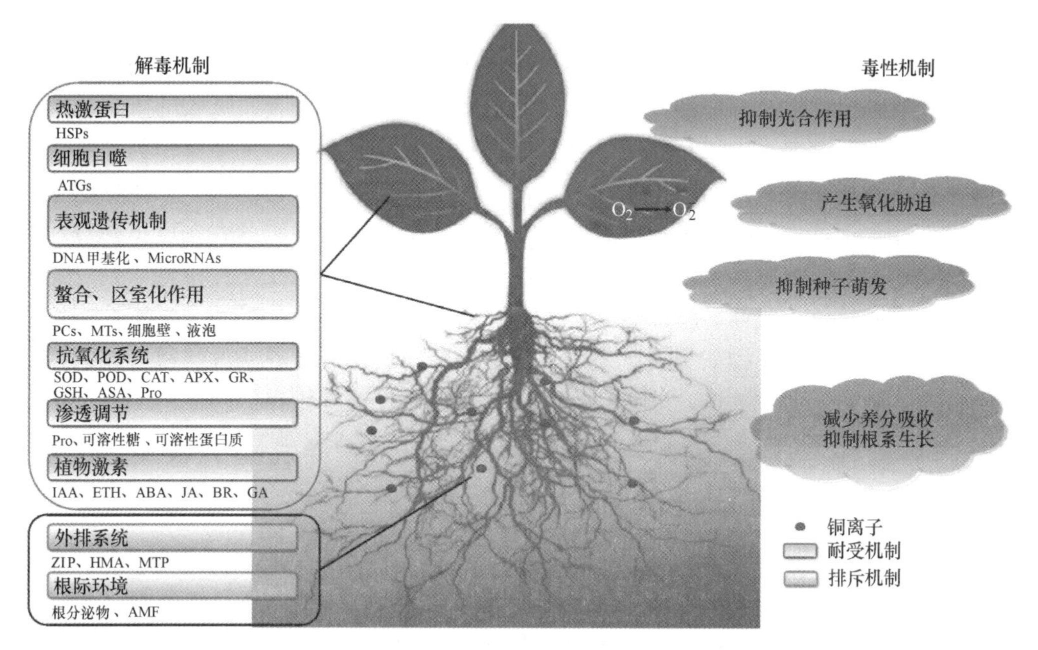

图 4-4 植物体内铜转运过程[20]

HSPs—热激蛋白；ATGs—自噬基因；PCs—植物螯合肽；MTs—金属硫蛋白；
SOD—超氧化物歧化酶；POD—过氧化物酶；CAT—过氧化氢酶；
APX—抗坏血酸过氧化物酶；GR—谷胱甘肽还原酶；GSH—谷胱甘肽；
ASA—抗坏血酸；Pro—脯氨酸；IAA—生长素；ETH—乙烯；ABA—脱落酸；
JA—茉莉酸；BR—油菜素甾醇；GA—赤霉素；ZIP—锌调节转运蛋白；
HMA—重金属 ATP 酶；MTP—金属耐受蛋白；AMF—丛枝菌根真菌

彩色原图

植物，铁扫帚地上与地下部分锰含量均大于超积累植物 10000mg/kg 的临界浓度，木荷为土壤锰的潜在超富集植物，酸模叶蓼、油茶对锰也具有很强的富集作用。

重金属对植物生长、生理及分子调控的影响见图 4-5，水中重金属被植物吸收后并不

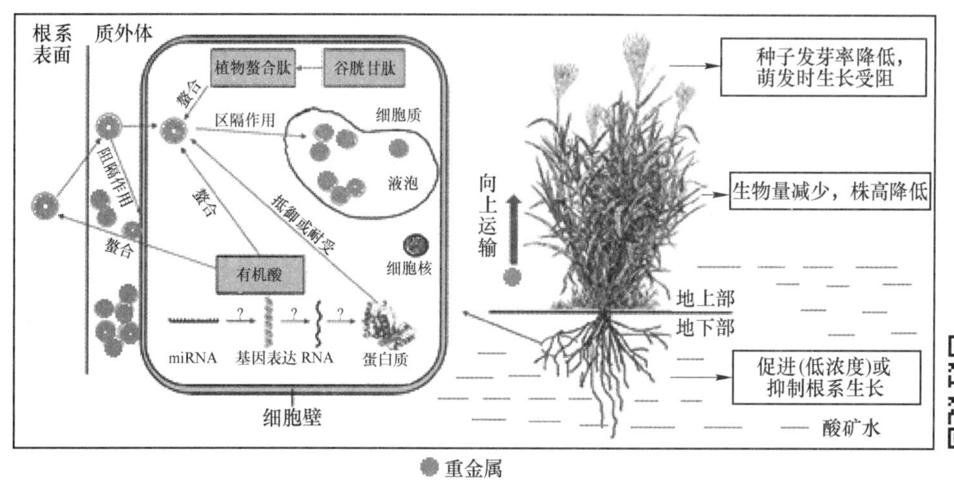

彩色原图

图 4-5 重金属对植物生长、生理及分子调控的影响示意图

是全部向上部运输，其中大部分重金属离子仍然留在根内，主要与根内的蛋白质结合，形成稳定的螯合物并滞留在根部，对其他离子吸收转运造成影响，导致植物体内的新陈代谢发生紊乱，阻碍植物生长。一部分重金属向地上部位运输，根系表面吸收的重金属离子先横穿根的中柱，到达导管中，然后通过蒸腾作用输送到地上部位。重金属作为植物生长的非必需元素，当其在植物体内积累达到一定量时，植物会出现毒害症状，如植物的根、茎生长缓慢，叶片泛黄、卷曲、出现斑点、植株变得矮小，产量和质量大幅度下降等。重金属在植物叶片中的影响主要是通过抑制植物的光合作用，当它们在叶片中积累到一定程度时会导致叶绿体及色素解体、增加化学淬灭并降低光合效率，重金属还会强烈抑制气孔开放。植物体内的一些化合物如金属硫蛋白、植物络合素、有机酸等通过与重金属的结合可形成络合物，从而降低植物体内的重金属含量，植物通过这类物质保持体内的各种离子的平衡。

4.2.4 酸性废水中重金属对动物和人体的影响

煤矿酸性废水中富含大量的重金属污染物，可对动物的机体组织、免疫系统、繁殖能力与生产性能产生负面影响。过量重金属元素的毒性主要表现为改变动物体内信号通路、诱发机体氧化应激以及对动物神经产生损伤，它们会破坏动物的 DNA，降低酶的活性，导致动物发育迟缓或停止，降低动物的存活率和捕食防御能力，使动物数量下降，影响物种丰富度和生物多样性[22]。

4.2.4.1 对水生动物的毒性效应

A 水中重金属

煤矿酸性废水，因其富含重金属，呈酸性，是对水体生态环境的一个严重威胁，会使水中鱼类、虾、两栖类、软体动物等发生一系列的生理变化，甚至死亡，对水生生物群落造成严重干扰。点斑矛丽鱼暴露于煤矿酸性废水所受到的伤害可分为三个阶段：第一阶段，鱼鳃上皮组织细胞中过度增生，过度肥大，组织充血；鱼鳃丝融合，鱼的肾小球毛细血管扩张，肾小球增大；鱼的肝脏内细胞质空泡化，出现形状不规则细胞。第二阶段，鱼鳃瓣缩小，组织解体，上皮组织内层破裂、出血；出现黑色素瘤聚集，血蓝蛋白色素积累。第三阶段，肾小管变性，血管破裂；肝脏中蛋白凝固性坏死。从对照组鱼类肾脏样本中提取的基因组 DNA 显示出非常弱的染色涂片样模式，没有任何碎片。相比之下，在 AMD 处理的鱼类群体中观察到一种特别的阶梯状混合涂片样模式，显示出 DNA 断裂。

在受酸矿水污染的水体中，重金属不仅会在水生生物（如鱼、软体动物中积累），而且会通过生物链进行传递。由于重金属无法降解，且有时痕量就会产生毒性，它们对水生生物可造成潜在的损伤，尤其镉、铜、铅、锌。这些重金属的短期急性暴露会直接造成生物机体死亡，而长期慢性暴露会造成死亡率增加或非致死性损害，如发育迟缓、个体变小、畸形、生育异常等。详见表 4-5。

重金属可以在水生生物（包括鱼类、甲壳类和软体动物）体内积累，并在食物链中放大到对人类也具有高度毒性的水平。酸矿水重金属生物积累和生物放大过程见图 4-6。

不同鱼类、虾类组织中分布的重金属含量不同。对于虾来说，鳃和头部所含的金属浓度比肌肉高。同样，在蜗牛的组织中，肠道中的金属含量也比肌肉高。在所有的肌肉样品

表 4-5 各重金属在水生生物中的允许水平[23]

重金属	允许水平
铝（Aluminium）	5（如果 pH<6.5），100（如果 pH>6.5）
砷（Arsenic）	5（FW），12.5（SW）
镉（Cadmium）	0.017（FW），0.12（SW）
铅（Lead）	1~7（取决于水的硬度）
镍（Nickel）	25~150（取决于水的硬度）
锰（Manganese）	无
汞（Mercury）	0.1
锌（Zinc）	30 FW
铬（Chromium）	Cr^{6+}：1（FW），1.5（SW）；Cr^{3+}：8.9（FW），56（SW）
铜（Copper）	2~4（取决于水的硬度）
硒（Selenium）	1

注：FW—淡水（freshwater）；SW—海水（saltwater）。

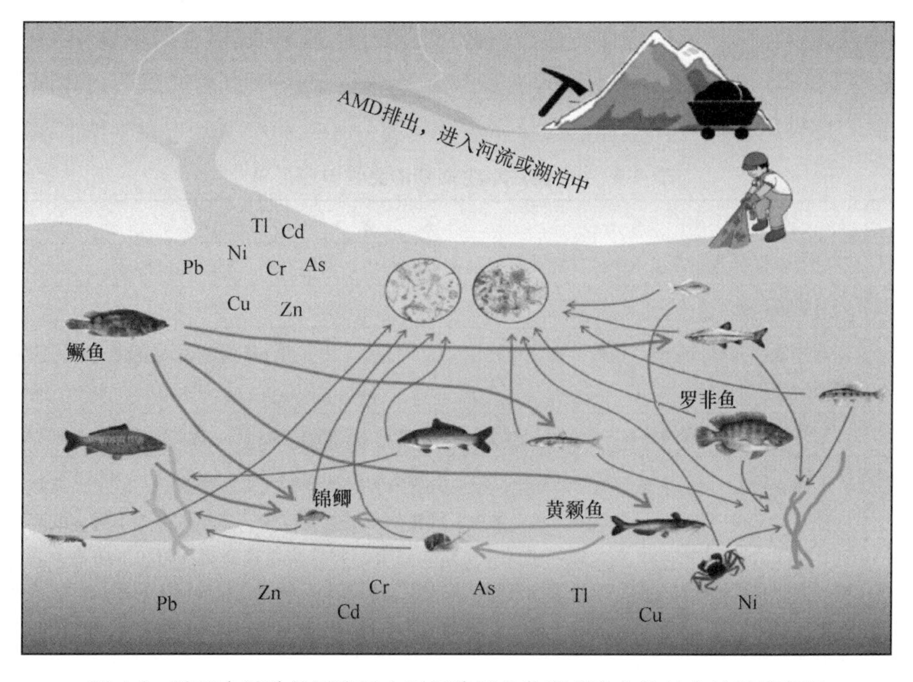

图 4-6 酸矿水导致的河流重金属污染及生物积累和生物放大过程示意图

中，螃蟹肌肉样品中的金属浓度最高，特别是对于砷、镉、铜、镍和铅这些金属。在鱼类组织中金属含量显示出如下趋势：肠>鳃>肌肉。肠道中金属的浓度非常高，可能是因为肠道中微生物在觅食或食用受污染的食物时，积累金属的潜力相对较高。鳃也含有高浓度的金属，是因为鳃对污染水体中金属的表面吸附能力很强。肌肉中积累的金属浓度很低，因为肌肉中的代谢活动比较低。因此，在大多数情况下，生物积累发生在水生生物的肠道和鳃部，只有在少数情况下发生在肌肉中。一般来说，底栖动物如蚌类、蜗牛和甲壳类的金属含量较高，其次是鲫鱼和鲶鱼等。有研究表明，由于夏季温度升高，水生生物的生理活动（如产卵和觅食）增加，导致它们的金属摄入量更高，因此，水生生物体内镉、铜、锌和镍的平均含量在冬季低于夏季。总的来说，锌在水生生物组织中的生物累积性最大，砷、铜、镉处于中等水平，铬和镍的危害最小。

B　水体 pH 值

水体 pH 值对水生动物的生长非常重要，因为它影响水中有机体的正常生理功能，如与水体的离子交换、呼吸等。如此重要的生理过程对大多数水生动物而言均有一个相对较宽的 pH 值范围（pH 值大约 6~9）。实际上，大多数淡水湖、溪流、池塘自然水体的 pH 值介于 6~8，当环境中 pH 值超过水生生物可以耐受的生理范围后，可导致大量的亚致死效应（如生长速率减缓），甚至死亡。表 4-6 中列出了 pH 值对不同水生生物的毒性效应。随着 pH 值偏离正常范围，存在一个毒性效应逐渐产生，损害缓慢发生的过程，尤其是当水生生态系统或水环境 pH 值低于 6 甚至是低于 5 的时候。当 pH 值接近 5 时，一些不可替代性的浮游生物和苔藓开始减少，鱼类种群如小嘴鲈鱼 *smallmouth bass* 开始消失；当 pH 值低于 5 时，鱼的数量减少、物种消失，河底被不能分解的物质所覆盖，苔藓沿着河岸大量生长；当 pH 值低于 4.5 时，鱼类彻底消失。然而，一些水生有机物质（如某种藻类）可以在 pH 值 2 以下的环境中生存，而另一些可以在 pH 值 10 或以上的环境中生存，但这类生物极少。总之，pH 值为 5~9 是淡水鱼和大多数水生动物的安全范围，正常情况下，水体 pH 值应该维持在 6.5~8.5。

表 4-6　pH 值对水生动物的毒性效应汇总

pH 值	效　应
3.5~3.0	对大多数鱼类有毒；一些植物和无脊椎动物可以存活，例如水蝽、划蝽和白苔
4.0~3.5	对鲑鱼致死
4.5~4.0	对鲑鱼、丁鲷、海鲷、拟鲤、金鱼和鲤鱼有害；胚胎无法在此 pH 值范围内发育成熟，所有鱼类种群消失
5.0~4.5	对鲑鱼卵、鱼苗和鲤鱼有害；此 pH 值范围内的水体称为“潮湿的沙漠”，无法维持多种水生生物生存
6.0~5.0	临界 pH 值，湖泊生态发生巨大变化；物种的数量和种类开始发生缓慢演替；鲑鱼、拟鲤和鲦鱼多样性开始下降；藻类、浮游动物、水生昆虫、昆虫幼虫的数量减少，多样性开始下降；虹鳟鱼不会出现，软体动物变得稀有；鲑鱼捕捞量大幅下降；对有机物分解很重要的真菌和细菌不耐受，活性下降，因此有机物降解变慢，有价值的营养物质被困在湖床上，而不会释放回生态系统；大多数正常存在的绿藻和硅藻（硅质浮游植物）消失。绿色植物的减少使光线可以进一步穿透，因此酸性湖看起来更透明，蜗牛消失
9.0~6.5	对大多数鱼无害
9.5~9.0	对鲑鱼有害，如果持续存在会对鲈鱼有害
10.0~9.5	对鲑鱼缓慢致死
11.0~10.5	对鲑鱼、鲤鱼、金鱼和梭鱼致死
11.5~11.0	对所有鱼类都是致死的

4.2.4.2　对陆生和哺乳动物的毒性效应

（1）过量重金属对机体组织的毒性。重金属进入机体后，与体内蛋白质、脂类等结合，在血液循环作用下，运输至全身各个器官，对机体的组织器官造成损伤，也可能在某些器官中累积，造成慢性中毒。汞中毒以精神-神经异常、齿龈肿胀、震颤为主要症状；铅中毒以神经、消化、造血系统障碍为主，以嗜睡、抽搐、头昏、顽固性便秘、食欲不振为主要症状；砷中毒以呼吸困难、指甲颜色改变、剥脱性皮炎等为主要症状。镉诱导金属硫蛋白（MT）形成，MT反作用于镉在动物机体中的消化吸收、转运、排泄和累积等过程。镉诱导的MT能够在机体内形成Cd-MT复合物，降低细胞内的Cd^{2+}浓度，但大部分的Cd-MT复合物运输至肾脏后被肾小管重吸收，在溶酶体的降解作用下，释放Cd-MT复合物中的Cd^{2+}，增加游离态的Cd^{2+}浓度，导致机体内镉蓄积，对肝脏产生毒性作用。大鼠急性腹腔注射浓度超过5mg/L的镉会引起骨密度（BMD）的变化，骨中有机物和矿物质含量的减少。镉的主要损伤机制为直接抑制骨形成，刺激骨吸收，影响成骨细胞和破骨细胞的活性，取代羟基磷灰石晶体中的钙。不同重金属对人体健康的毒性效应及允许浓度详见表4-7。

表4-7 重金属对人体健康的毒性效应及允许浓度

重金属	效 应	允许浓度/$mg \cdot L^{-1}$
砷	支气管炎，皮炎，中毒	0.02
镉	肾功能障碍，肺病，肺癌，骨缺损，血压升高，肾损伤，支气管炎，骨髓炎，胃肠道疾病	0.06
铅	儿童智力低下，发育迟缓，婴儿致命性脑病，先天性瘫痪，神经性耳聋，肝、肾、胃肠道损伤，中枢神经系统急性或慢性损伤	0.10
锰	吸入或接触导致中枢神经系统损害	0.26
汞	神经系统损害，原生质中毒，轻微生理性变化，震颤，牙龈炎，肢端痛，手脚粉红	0.01
锌	神经膜损伤	15.0
铬	损伤神经系统，易疲劳，烦燥	0.05
铜	贫血，肝肾损害，胃肠不适	0.10

（2）过量重金属元素对免疫系统的毒性。过量重金属可导致动物胸腺细胞坏死或凋亡，引发胸腺病理性萎缩，降低机体免疫力，导致严重的免疫缺陷或自身免疫疾病。小鼠摄入过量镉和铜后，胸腺细胞的增殖受到抑制，IFN-γ、IL-2和IL-4因子的分泌也受到显著抑制，机体免疫力下降。动物产前镉暴露可导致Sonic Hedgehog和Wnt/β-catenin信号通路异常，从而改变子代胸腺细胞的发育，影响子代的健康水平。哺乳动物摄入高剂量的铅，短期内即可损伤胸腺等免疫器官，而低剂量的铅长期暴露也会产生毒性，导致自身免疫疾病。如果大量砷暴露在免疫球蛋白M(IgM）反应中，则减少白细胞迁移，损害骨髓中细胞成熟，严重损伤动物的免疫功能。铅可以诱导小鼠的胸腺细胞凋亡，促进p53基因在小鼠胸腺细胞中的表达。重金属诱导胸腺细胞凋亡可能是通过Fas表达介导的。

（3）过量重金属元素对动物繁殖的毒性。过量重金属元素对动物繁殖有较强的毒性作用，能够损伤动物的生殖系统，导致生殖细胞凋亡、睾丸间质细胞形态异常，破坏血-生精小管屏障，影响动物遗传和生产等。铅可诱导卵巢颗粒细胞中促凋亡基因p53和Bax的表达，同时抑制抗凋亡基因Bcl-2的表达，导致卵巢颗粒细胞凋亡，抑制胚胎的正常发育；

铅也能干扰和阻碍精子的发育和成熟，对精子产生直接毒性。大多数两栖类都属于体外受精动物，它们的生殖细胞直接暴露于水环境中，环境中的污染物，尤其是重金属污染物，可能会直接作用于生殖细胞来影响其生殖结果。重金属可通过以下四种途径来影响体外受精动物的精子质量：1）通过精子质膜与鞭毛的蛋白和酶结合，影响精子能动性；2）通过精子质膜影响水通道蛋白，导致精子细胞内渗透压失衡，从而影响精子能动性的激活；3）通过影响精子细胞内的钙（Calcium，Ca）离子浓度来影响精子的获能；4）通过影响性激素的分泌或者生殖器官的功能来影响精子形成和发生。研究表明，一定浓度的 Pb、Hg、Cd、Ni、Mn 和 As 等暴露都会影响雄性生精细胞的正常凋亡程序，导致精子能动性下降、精子畸形率增加、精液量减少，甚至雄性不育[24]。

（4）过量重金属元素对动物神经系统的毒性作用。过量重金属元素具有神经毒性，会干扰神经细胞和组织的正常表达，或引起动物神经系统退行性病变，导致动物机体严重损伤。镉虽然能提高幼体和成体鱼类的听觉阈值，提升生长速度，但会造成社交逃避行为，损伤感觉神经。镉的半致死浓度（LC50）水平约为 27mg/kg，与乙酰胆碱酯酶抑制有关，鱼类大脑匀浆暴露于半致死浓度水平 10min 后显示 DNA 损伤。成鱼和幼鱼中高剂量或慢性镉暴露可干扰动物的自然防御系统，导致神经系统损伤，并可能导致细胞凋亡。在铅较低水平情况下，许多与神经系统发育相关的基因发生改变，鱼类发育早期 γ-氨基丁酸（GABA）基因和蛋白表达增加，而鱼类孵化后 GABA 基因和蛋白表达减少。汞影响神经元的发育，小鼠摄入高剂量的汞后，深层皮质靶细胞的聚集异常，多个区域的蛋白质被破坏，损伤区域有大量的星形胶质细胞和少角胶质细胞，表明汞可对神经元的迁移造成影响[25]。

4.3 煤矿酸性废水的环境和生态毒理机制

4.3.1 氧化亚铁硫杆菌的生物氧化模式

氧化亚铁硫杆菌是中湿、好氧、嗜酸的一种专性无机化能自养菌，其生物膜主要组成为内膜、周质区、肽聚糖和外膜（见图 4-7）。在周质区中存在铁氧化酶，外界的生物营养液经膜运送到周质区，亚铁离子会在铁氧化酶催化作用下失去 1 个电子，电子在经过铜蛋白、色素氧化酶（Cyto. al）和细胞色素 C（Cyto. c）后，最后传递给分子态的氧，过程中伴随氢离子和能量的吸收，吸收的能量使二磷酸腺苷（ADP）和无机磷结合成三磷酸腺苷（ATP），从而使细菌能快速生长繁殖[26]。氧化亚铁硫杆菌最适生长温度为 30~35℃，最适生长 pH 值为 2.5。它们属于专性自养菌，主要通过氧化亚铁被氧化为三价铁而获得能量，也可氧化硫化矿物和元素硫、硫代硫酸钠等可溶性硫化合物而生长。其通常利用氧气作为最终的电子受体，在厌氧条件下，也能将三价铁离子作为电子受体。在氧化亚铁硫杆菌等微生物对煤炭和煤矸石重金属的浸出过程中，一些阴离子及其化合物会抑制浸矿微生物的生长，菌株对 NO_3^-、Cl^-、SO_4^{2-}、PO_4^{3-} 等有着一定的耐受能力，但过高的离子浓度也会影响菌的生长，而其中氟离子对微生物生长的影响最大。

参与反应的主要微生物有氧化亚铁硫杆菌和氧化硫硫杆菌等主要的硫杆菌菌种，这些细菌通常可分泌大量的胞外聚合物，可直接吸附在固相中金属硫化物（MS）表面，通过

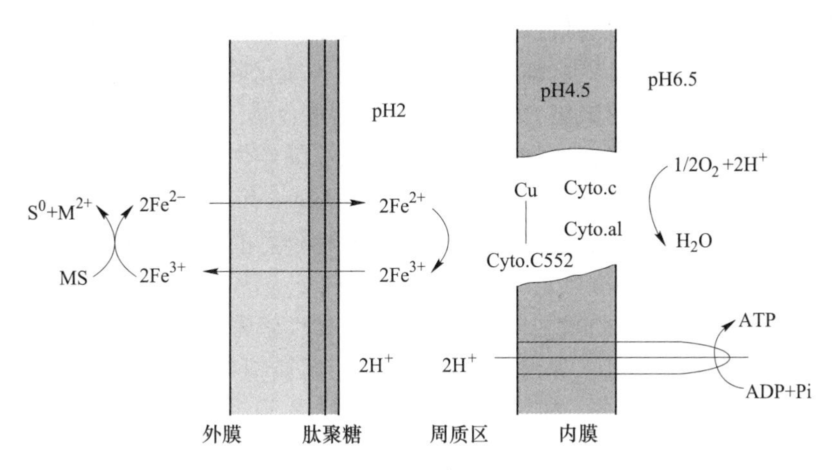

图 4-7 氧化亚铁硫杆菌对 Fe^{2+} 的生物氧化模式示意图

细胞内特有的氧化酶系统，金属硫化物被氧化，进而生成可溶性的硫酸盐，也产生了氢离子，反应式如下：$MS+2O_2 \rightarrow MSO_4$，在该条件下，可将固相中的重金属由比较稳定的形态转化为比较活泼的形态。另外，氧化亚铁硫杆菌在生长过程会产生代谢产物硫酸铁，菌株利用其代谢产物与金属硫化物之间发生氧化还原反应，在浸出过程中，硫酸铁被还原为硫酸亚铁并生成元素硫，金属以硫酸盐形式溶解出来，而亚铁又被细菌氧化为铁。元素硫在细菌作用下被氧化成硫酸，然后硫酸使金属硫化物溶解，构成了一个氧化与还原的循环系统。通过生物淋滤后，系统的 pH 值下降，也会促进固相中重金属的溶解。主要反应式如下：

$$4Fe^{2+} + O_2 + 4H^+ \xrightarrow{\text{氧化亚铁硫杆菌}} 4Fe^{3+} + 2H_2O \tag{4-4}$$

$$MS + 2Fe^{3+} \xrightarrow{\text{化学氧化}} M^{2+} + 2Fe^{3+} + S \tag{4-5}$$

$$2S + 3O_2 + 2H_2O \xrightarrow{\text{A. f 和 A. t 等硫氧化菌}} 2H_2SO_4 \tag{4-6}$$

微生物在矿物颗粒表面的吸附是微生物直接氧化作用的前提。在吸附过程中，微生物与矿物作为两大研究对象，其自身的性质对吸附过程的影响比外界环境重要得多，微生物吸附到矿物的作用方式，其中涉及胞外聚合物（微生物表面分泌的黏液层）、结合蛋白受体、多糖-蛋白质复合物和菌毛等。胞外聚合物中三价铁的浓度大大高于其在溶液中的浓度，对煤中硫化物的分解有重要的作用，研究细菌的胞外多聚层、细菌与煤炭的吸附及多聚物成分在过程中所起的作用对重金属析出机理的揭示非常重要。在细菌与矿物吸附过程中，对微生物的初始吸附有重要影响的是微生物细胞的表面电性和疏水性，而基于系统的特异性和非特异性相互作用是真正的吸附机理。除了宏观非特异性作用（疏水性、表面自由能和静电相互作用等）外，离子键和化学键结合蛋白的微观机制也参与了吸附过程。

4.3.2 硫的迁移和转化

煤炭中的含硫矿物，通过氧化还原反应在价态和形态上发生变化，使其在水、沉积物、植物等之间进行迁移及转化，同时水中的微生物为硫的循环提供主要的驱动力，在硫的生物地球化学过程中扮演着重要角色。重金属与还原条件下的硫形成难溶性的硫化物，从而大大减轻了重金属的生物有效性。在有氧条件下，矿物或土壤中的硫通过硫氧化菌对硫元素的氧化而释放出来，降低水体和土壤的 pH 值，活化其中的重金属；硫氧化菌也可以通过分泌胞外物与重金属形成络合物，或直接吸附重金属，使重金属富集在细胞表面或内部，引起重金属形态的改变。水体中的 SO_4^{2-} 通过沉降作用进入到沉积物当中，当溶解氧或其他电子受体浓度较低时，硫酸盐还原菌（sulphate-reducing bacterium，SRB）以 SO_4^{2-} 为电子受体，消耗有机酸，生成反应性高的 S^{2-}，这种价态的硫能与沉积物中的活性铁氧化物反应生成 FeS，FeS 进一步与元素硫、H_2S 或多硫反应形成稳定的 FeS_2 固定于沉积物当中；一部分溶解性 H_2S 进入间隙水或上覆水被再次氧化为硫的不完全氧化产物（元素硫、硫代硫酸盐等）和硫酸盐。另外一部分 H_2S 与有机质结合形成有机硫。有机硫主要包括碳键硫（carbon sulfur，C-S）、酯键硫（ester sulfur，E-S）和未知态有机硫。

4.3.3 重金属的迁移和转化

受采矿活动的影响，矿区周围水体造成了一定程度的重金属污染。在水环境中，重金属主要存在于水、悬浮物和底泥中。水体中的溶解态重金属对人类和水生态环境有着直接影响，是判断水体重金属污染程度的依据之一。水中的重金属离子在一定条件下进行离子交换、共沉淀、吸附、水解、络合以及絮凝等理化作用，最终绝大部分进入沉积物，而在条件变化时，又有一部分重金属由于扩散、解吸、溶解、氧化还原和络合作用以及生物及物理影响等因素作用，又从沉积物重返水相。前一过程的结果使得水质得到一定程度净化，后一过程则使水体中的重金属浓度增高，出现二次污染。

大量研究表明，进入水体的重金属污染物绝大部分易于由水相转入固相，随着悬浮物的沉降进入沉积物。从沉积物中重金属的含量水平可以反映研究区受污染的程度并追踪其污染源。在水生态系统中，底泥沉积物是其重要的组成部分，在水环境中具有特殊的意义。事实上，沉积物是水环境中持久性的和有毒的化学污染物的主要贮存地，被称为污染物的“终极沉降地”或宿体。在水体沉积物中的重金属，在一定环境条件下，能被重新释放到表层沉积物间隙水中，并通过生物或物理化学过程回到上覆水中，造成重金属在上覆水、间隙水和沉积物系统中不间断的迁移交换，一旦重金属处于沉积物-水两相之间或水体中，将很可能迁移转化进入食物链，最终导致生态风险。重金属进入生物体后，会对不同生物体的繁殖、生长和生存产生一定程度的负面影响。在砷污染土壤中，蚯蚓的肠道和身体组织可以积累砷，从而导致砷对肠道细菌群落产生不利影响；但当蚯蚓暴露在砷污染的酸矿水环境时，体内的总砷浓度反而明显降低[27]。

酸矿水形成后，土壤表层的酸矿水可以通过土壤中的无脊椎动物以及各种微生物的活动渗入土壤底层[28]。颗粒大小、土壤的理化性质、含水层孔隙以及颗粒本身的形状、表面性质等都会直接影响酸矿水重金属在土壤中的迁移。土壤中的植物生长需要营养物质平衡，土壤 pH 值对营养物的可用性及植物生长有重要影响。当土壤中 pH 值因酸矿水而变小时，氮、磷、钾容易被束缚在土壤中，不能为植物所用；钙和镁等对植物重要的营养物质也易呈现不足或缺乏的状况；而有毒元素如铝、锰等则易从土壤中溶出，导致毒性增加。而且，如果土壤中 pH 值变小，土壤中有机物分解成可供植物利用的有机物质的活性就会降低，会造成植物营养不足。

重金属被动物吸收后，在动物体内的迁移过程包括吸收、分布、排泄和生物转化。吸收主要通过有机体消化道；排泄器官有肝胆、肾、肠、外分泌腺等，以肝胆为主，不能被排泄或转化的物质将在生物体内蓄积。重金属对动物和人体的毒理作用及机制详见下节。

4.3.4 不同重金属对动物和人体健康的毒性作用

4.3.4.1 汞

汞的毒作用的分子基础主要是汞离子（Hg^{2+}）极易与蛋白质上的巯基（—SH）或二巯基（—S—S—）结合，改变蛋白质的结构与活性。另外，汞还可与生物大分子的氨基、羧基、羰基、咪唑基、异吡唑基、嘌呤基、嘧啶基和磷酸基等重要基团结合，改变细胞的结构与功能，造成细胞的损伤而影响整个机体。

体内含巯基最多的物质是蛋白质。一些参与体内物质代谢的重要酶类的活性中心是巯基，如细胞色素氧化酶、琥珀酸脱氢酶和乳酸脱氢酶等。例如，甲基汞经吸收进入血液后，可被红细胞膜上的脂类吸收，进一步侵入红细胞内，与血红蛋白的巯基实现较为稳定的结合，并随血流通过血脑屏障，侵入脑组织。甲基汞在脑中与δ-氨基-γ-酮戊酸脱水酶的巯基结合，影响乙酰胆碱的合成；与硫辛酸、泛酰硫氢乙胺和辅酶A的巯基结合，干扰大脑丙酮酸的代谢；与磷酸甘油变位酶、烯醇化酶、丙酮酸激酶和丙酮酸脱氢酶的巯基结合，抑制脑中的ATP合成。另外，汞离子在细胞线粒体内与谷胱甘肽的巯基结合，形成牢固的硫醇盐，导致其氧化还原功能丧失。体内还有许多巯基是构成一些白蛋白和球蛋白的疏水部分，一旦与汞离子结合后，整个蛋白质的分子结构便会显著扭曲变形。细胞膜上的巯基与汞结合，可引起细胞膜的结构与功能改变，并导致整个细胞的损伤。甲基汞作用于线粒体内膜，并使其氧化磷酸化解偶联，造成ATP含量减少，这可能是抑制细胞蛋白质合成的重要原因[28]。当汞与蛋白质作用的时候，首先是汞与蛋白质中半胱氨酸残基的巯基结合。经电位滴定法确定L-半胱氨酸与Hg^{2+}形成的是1∶1络合物，氨基酸是三配位的。用^{1}H NMR研究$HgCl_2$/L-半胱氨酸络合物，发现半胱氨酸络合后CH_2的质子数明显下移，表明键合发生在巯基位置，且Hg^{2+}与配体摩尔比是1∶1和2∶1。^{13}C的NMR研究则提出摩尔比可能从0增至1.2，因为有一个Hg…O—C作用。还有人提出这一络合物有低聚结构，相当于$RSHgO_2CM$（R代表甲基、丙基、丁基等）。当汞离子对蛋白质的数量超过有效的巯基，或蛋白质没有巯基与其结合时，汞离子可与蛋氨酸的N和O发生键合，与组氨酸的咪唑基中的N和甘氨酸中的氨基产生配位作用。甲基汞与蛋氨酸的络合作用受pH值的影响，当$pH<2$时，其硫醚被键合，而羧基和氨基被质子化；当pH值升高时，CH_3Hg^+则向羧基和氨基方向移动；$pH>8$时，则更易与氨基配位。

甲基汞不但与含巯基的蛋白质结合，而且也能与生物大分子中的碳原子形成牢固的C—Hg共价键，以其分子整体发挥毒作用。实验研究还证明，甲基汞能够与脑中的缩醛磷脂相结合，并对缩醛磷脂的加水分解起触媒作用，生成的溶血磷脂可对细胞膜起溶解作用。由于脑中的缩醛磷脂含量非常高，这也可能是甲基汞对机体的损害以中枢神经系统最为严重的原因之一。通过对汞与嘌呤、嘧啶碱类、核苷、核苷酸和核酸的络合作用的研究发现：Hg^{2+}和CH_3Hg^+与多核苷酸中的碱基和磷酸可发生键合，使多核苷酸的特性黏度、溶解曲线、光谱等发生改变，表明这种键合改变了核酸的构象。

4.3.4.2 镉

镉中毒引起尿蛋白的排出量增加，主要是各种低分子量（20000~30000）蛋白，如β-

微球蛋白、γ-球蛋白、网连蛋白、维生素A结合蛋白、溶菌酶和核糖核酸酶等，导致免疫功能降低。与此同时，镉还可以干扰白蛋白及其他蛋白的合成。镉对免疫功能有抑制作用，可以降低机体的自身稳定功能，并最终导致肿瘤的发生。镉与巯基蛋白的结合，不仅是许多酶活性抑制或灭活的机理，也是镉在生物体内长期蓄积的主要原因。绝大部分镉在人体内均以镉硫蛋白Cd-MT的形式存在。Cd-MT结合得很牢固，是目前已知的唯一含镉的蛋白质。Cd-MT的形成一方面造成镉在肾脏中的MT长期贮存，另一方面也起到对抗镉离子急性毒性的作用。镉可诱导肝脏中MT的合成，并同时置换MT中的Zn。长期接触低剂量镉时，肝中大部分镉与MT结合。

镉在红细胞中与血红蛋白或MT结合后，不易再通过红细胞膜，导致红细胞的含镉量增高。血浆中的镉在血清蛋白、低分子络合物和水合Cd^{2+}之间存在不稳定的平衡；尽管低分子组分的镉浓度很低，但在高分子蛋白的金属交换作用和金属出入细胞的迁移转运作用中，都是重要组分。Cd-MT在肾小球过滤后，被肾小管吸收，也可在肾小管细胞内被异化，重新合成Cd-MT。镉集中在肾近曲小管细胞内，使其MT耗竭，并作用于线粒体，使其发生膨胀和变性等变化。镉抑制赖氨酸氧化酶活性，干扰骨胶原代谢，妨碍羟脯氨酸氧化，因而尿中脯氨酸铅和羟脯氨酸排泄量增加。

在细胞中的镉（Cd^{2+}）有一部分直接进入细胞核内，而且很快即可达到最大浓度。核内的镉离子可以引起DNA的结构和功能发生改变。研究发现，在细胞质中出现镉硫蛋白时，距离镉接触的时间大约在3~10h之内，此时细胞质中与非特异性蛋白质结合的镉，以及细胞核中的镉均同时减少，说明在此之前，已形成镉硫蛋白与信使核糖核酸（mRNA）的结合物，可直接干扰与核结合的RNA-多聚酶的活性，而且危害会逐步加深。

4.3.4.3 铅

铅在体内主要以二价铅离子（Pb^{2+}）形式存在，随血液流动分布到全身多个器官，对中枢和外周神经、血液、内分泌、心血管、免疫和生殖等系统等均有一定的毒性作用。动物实验结果表明，铅有明确的致癌性。铅能引起鼠的肾脏肿瘤，常见的是肾皮质小管上皮癌。此外，铅和脑部肿瘤也存在密切关系。人群流行病调查发现环境铅暴露与人类肺癌和胃癌的发生密切相关，使心血管疾病和癌症病死率增加，铅及其化合物被世卫组织国际癌症研究中心（IARC）列为2B类致癌物。铅污染会增加患肺癌、食道癌、喉癌和脑癌等风险[29]。

随着生物技术的发展，越来越多研究显示铅具有遗传损伤效应。体内实验研究表明，铅及其无机化合物对细胞具有遗传毒性效应。醋酸铅染毒结果发现小鼠染色体畸变细胞数和染色体畸变条数随剂量增大而增大，表明醋酸铅对小鼠的骨髓细胞具有很强的遗传毒性。鲤鱼的彗星试验结果表明铅在短时间内能刺激DNA修复能力，但随着染毒时间延长，DNA修复能力下降或失衡，DNA损伤随之加重，表明铅具有遗传毒性蓄积作用。铅及其无机化合物遗传毒性的体外试验研究表明，职业性铅暴露人群外周血淋巴细胞微核率、染色体畸变率、彗星细胞率明显增加，即高浓度铅暴露可引起DNA损伤、DNA链断裂和染色体畸变。

大多数研究认为铅通过间接作用导致遗传毒性，即铅可能不直接作用于DNA，而是作用于DNA聚合酶和RNA合成，从而导致DNA修复功能抑制或增加易错修复的发生，但也有研究认为，铅可以通过直接作用于遗传物质产生遗传毒性作用。彗星试验表明，铅虽然不能直接引起DNA链的断裂，但能使暴露于其他基因毒性物质的细胞更易发生突变。铅中毒后可通过诱导活性氧自由基产生并导致脂质过氧化作用增强，从而造成细胞损伤；铅在自然界还可取代作为转录调节因子的DNA修复蛋白锌指结构中的锌，减少这些蛋白与基因组DNA中识别元件的结合；此外，铅可以使红细胞中的氨基乙酰丙酸脱水酶减少，而尿液中5-氨基酮戊酸增多，从而使氧化产生的自由基增多，引起DNA损伤。氯化铅和醋酸铅具有一定的致非整倍体毒性，低浓度即可通过抑制微管蛋白合成干扰细胞微管功能，被认为可能是诱发微核的机制之一；还有学者研究发现，铅和其他DNA损伤因素结合，如吸烟或紫外线，其联合遗传毒性明显增强。醋酸铅可使体外培养的新生小鼠小脑颗粒细胞出现细胞收缩、核染色质密度增高、DNA碎片形成和核仁裂解等，醋酸铅还能使大鼠大脑皮层、海马和小脑细胞凋亡率升高，并呈明显剂量-反应关系。

4.3.4.4 铬

肝脏和肾脏是铬分布和排泄的重要组织器官，同时也是铬毒性作用的主要靶器官。多种形式摄入 Cr^{6+} 均会导致肝脏和肾脏出现病理损伤，且随染毒时间延长，肾小管损害加重，同时尿液中各种酶及蛋白含量很高；肝细胞也出现不同程度的损害，血清中某些酶类水平发生改变。Wistar大鼠和小鼠腹腔注射重铬酸钾溶液后，引起鼠肝脏中央静脉区的肝细胞出现空泡、浊肿、点片状坏死、破裂，部分肝窦消失、肝实质坏死及肝索缺失，肝脏有时还可出现淤血及少量渗出性出血，并偶见坏死。同时可引起肾脏的脂质过氧化水平升高、抗氧化酶活性改变及肾功能障碍。流行病学调查发现，长时间接触铬的职业人群中血液谷丙转氨酶（ALT）、乳酸脱氢酶活性显著升高，肝脏组织活检显示部分肝细胞呈气球样变，细胞结构明显破坏、线粒体仅残留轮廓、细胞外膜消失。

铬对动物具有胚胎发育毒性和致畸性。Cr^{3+} 不能透过胎盘，但可蓄积于脂盘，而 Cr^{6+} 的致畸性与染毒剂量成正比。研究发现，Cr^{6+} 可穿过细胞膜作用于鼠卵黄囊上皮、间质和间皮层，从而导致其卵黄囊功能紊乱、胚胎营养不良和畸形产生；Cr^{6+} 也可引起大鼠精子的运动性、形态学、顶体精子等一系列生理学参数发生变化，但在精子的一个生活周期内不会破坏精子细胞的DNA；另外，还可造成睾丸曲细精管不同程度变性，管内生精细胞数目减少。

铬能引起机体的淋巴细胞数量减少，甚至凋亡。大鼠 Cr^{6+} 染毒可引起血液中淋巴细胞数量显著降低，对水生动物的研究发现，Cr^{6+} 染毒后可使黄鳝淋巴组织松散、排列稀疏混乱，淋巴细胞界限呈退化趋势，数量减少，红细胞大量破坏，血窦扩张，表明铬对小鼠细胞和体液免疫功能均有不同程度的损害。在细胞内，Cr^{6+} 还原的中间产物可导致DNA加合物形成、DNA双链断裂、DNA与蛋白质的交联、DNA双链间的交联。Cr^{6+} 导致的DNA损伤表现为扰乱DNA复制及转录、引起碱基替换和缺失、降低基因组的稳定性。另外铬被细胞摄入后具有致突变作用，Cr^{6+} 可转运入细胞，对沙门氏菌具有致突变，而 Cr^{3+} 不易被细胞摄入，无诱变性。体内外实验研究表明，碱基替换在 Cr^{6+} 致突变作用中起着重要的作用，主要是引起G-C替换，但 Cr^{6+} 并不引起特异性碱基缺失。小鼠 Cr^{6+} 染毒后，精子畸形率和骨髓嗜多染红细胞微核率均明显增高；Cr^{3+} 则引起小鼠卵母细胞凋亡数量增加，卵母细胞DNA损伤率增高，彗星尾长增大，可导致DNA断裂。评价铬的遗传毒性多采用Ames试验、姐妹染色体单体交换试验、骨髓细胞染色体畸变及细胞转化试验、骨髓微核试验等。

Cr^{6+}可通过嗅觉通路沉积于小鼠脑部，引起海马部位神经元肿胀明显，空泡变性，可见胶质水肿，部分细胞坏死，并呈筛状的坏死灶。此外，Cr^{6+}也可造成大鼠听力功能损伤，表现为脑干诱发电位Ⅰ、Ⅱ波潜伏期明显延长，波峰幅度明显降低。1990年国际癌症研究机构就已将Cr^{6+}化合物定为人类确定致癌物，小鼠连续2年口服染毒Cr^{6+}可导致口腔鳞状上皮细胞和肠道上皮细胞出现肿瘤；染毒时间缩短为90d时，也可引发小鼠肠道氧化应激反应、绒毛细胞毒性等，从而可能诱发肠道肿瘤。流行病调查已确认职业接触Cr^{6+}与呼吸道癌症有关。

除肝损伤和致癌外，Cr^{6+}还可以引起多种病症。铬可导致正常人皮肤纤维原细胞形态学改变、氧化损伤并伴随线粒体膜结构变化及细胞色素C释放，同时也可引起铬性皮炎或湿疹类皮肤病，皮肤患处瘙痒并形成丘疹或水泡，皮肤过敏者接触铬污染物数天后即可发生皮炎，铬过敏期长达3~6个月，湿疹常发生于手及前臂等暴露部分，偶尔也发生在足及踝部，甚至脸部、背部等。接触铬盐常见的呼吸道职业病是铬性鼻炎，该病早期症状为鼻黏膜充血、肿胀，鼻部干燥、瘙痒、出血，嗅觉减退，黏液分泌增多，常打喷嚏等，继而发生鼻中隔溃疡。

Cr^{6+}作为铬的主要毒性形式，经呼吸道、消化道或皮肤进入机体后，对人类具有明显的基因毒性。Cr^{6+}的基因毒性来源于其在细胞内的代谢产物。Cr^{6+}经非特异性的磷酸或硫酸离子通道通过细胞膜进入细胞内，随后被细胞内的还原物质（如抗坏血酸、细胞色素C、谷胱甘肽、半胱氨酸等）还原为Cr^{5+}、Cr^{4+}和Cr^{3+}（最终形式），从而导致一系列连锁反应如引起线粒体损伤、细胞DNA损伤、干扰DNA损伤的修复等。Cr^{6+}的还原产物具有广泛的DNA损伤作用，可抑制DNA的复制。此外Cr^{6+}在还原过程中产生的中间价态和多种不稳定的自由基如硫醇基、氢氧根自由基、过氧化氢、超氧阴离子等，可造成DNA、RNA、蛋白质及脂质氧化损伤。

Cr^{6+}被列入确认人类致癌物，目前致癌机制可能有以下方式：

（1）影响基因组的表观遗传修饰。表观遗传修饰是指在基因组不发生改变的情况下，细胞功能改变而导致肿瘤的发生，能引起肿瘤发生的表观遗传修饰有DNA甲基化或乙酰化、组蛋白修饰、组蛋白生物素化等。另外，铬能通过诱导肺癌细胞组蛋白H^3亮氨酸甲基化来影响组蛋白修饰，铬暴露还可在转录水平降低维持组蛋白生物素化稳态的重要成分——生物素化物酶的活性。

（2）影响关键基因的表达量，可能导致癌信号通路的持续激活。给予低剂量、长期Cr^{6+}暴露后的肺癌上皮细胞发生恶性转化，用铬转化细胞模型进行基因芯片分析，发现涉及细胞间通信功能的基因表达明显升高。另外，对铬暴露和非铬暴露两种肺癌的组织分析发现，69%的铬暴露肺癌细胞周期蛋白cyclinD1表达异常，而非铬暴露肺癌出现同样情况的比例仅为12%。

（3）诱导活性氧过量产生。正常生理情况下细胞内的活性氧可作为第二信使介导细胞信号通路，但活性氧过量升高，不仅会导致基因组DNA损伤，还可通过激活特定转录因子如NF-KB（nuclear factor-kappa B）、激活蛋白-1（activator protein，AP-1）而启动细胞凋亡。如果细胞长期处于铬慢性暴露的情况下，则可能产生对氧化应激的耐受性，脱离由细胞毒性导致的凋亡过程，最终转化为癌细胞。

4.3.4.5 锰

锰是地球上第十二丰富的元素。作为过渡金属，其在环境中主要以化学氧化物的形式存在，如 MnO_2 或 Mn_3O_4。锰对人体健康至关重要，作为各种酶活性中心的辅助因子，它是正常发育、维持神经和免疫细胞功能、调节血糖和维生素等必需的元素。然而，过度暴露于这种金属下也会对许多器官及神经系统产生毒性，尤其是引起大脑功能退化紊乱而引发的神经系统疾病。长期饮用锰含量较高的水，可引起食欲不振、呕吐、腹泻、胃肠道紊乱以及神经系统损伤等疾病。

大脑是锰毒性的靶器官。过量锰会对中枢神经系统产生不可逆转的损害，从而导致大脑神经紊乱。锰致神经毒性的机制有以下几方面：

（1）锰致线粒体损伤。锰引起的线粒体不平衡融合可导致线粒体分裂的增强。线粒体是细胞内合成三磷酸腺苷和氧化磷酸化的主要场所，是细胞供能的重要站点，包括参与代谢、生成活性氧（ROS）、应激反应和细胞凋亡。

（2）锰致氧化应激效应。急性 Mn^{2+} 的毒性结果类似帕金森病患者的症状，Mn^{2+} 通过氧化应激的途径而对敏感的大脑区域产生损伤。Mn^{2+} 毒性可以赋予纹状体损伤，减少多巴胺（DA）前体酪氨酸羟化酶的产生和 DA 退化。

（3）锰致神经递质紊乱。流行病学研究发现大量的锰暴露和帕金森病（PD）之间有相关的倾向，短暂接触锰可增加活性氧及谷胱甘肽产生，降低耗氧量和头部线粒体膜电位并导致 DA 神经元死亡。毒理学研究表明，体外染锰可引起大鼠原代基底核神经元氨基酸类神经递质水平改变异常。

（4）锰致钙稳态失调。锰能够减少星形胶质细胞上谷氨酸转运体的表达，并且其很容易通过 Ca^{2+} 单向传递体的机会隐藏在线粒体中，其结果是 ATP 水平下降、氧化代谢受抑制，从而造成线粒体毒性作用。

（5）锰致内质网应激介导细胞凋亡。内质网（ER）是一个负责蛋白质折叠和钙存储的主要场所，ER 应激（ER stress）启动的凋亡是一种新的凋亡途径，它通过激活未折叠蛋白反应（unfolded protein response，UPR）以保护由 ER stress 所引起的细胞损伤，恢复细胞功能，但是如果损伤太过严重，内环境稳定不能及时恢复，ER stress 则引起细胞凋亡。内质网应激的发生在锰致神经细胞损伤过程中起到了非常重要的作用[29]。

4.3.5 毒理机制

酸矿水含有大量硫酸盐、重金属和 H^+，它对动植物、人体健康的毒理机制主要有自由基损伤学说、受体学说、钙稳态失衡学说、铁死亡学说等。

4.3.5.1 自由基损伤学说

自由基（free radicals）是指化合物的分子在光热等外界条件下，共价键发生均裂而形成的具有不成对电子的原子或基团。共价键不均匀裂解时，两原子间的共用电子对完全转移到其中的一个原子上，其结果是形成了带正电和带负电的离子，在书写时，一般在原子符号或者原子团符号旁边加上一个“·”表示没有成对的电子。无论是动物还是植物，机体在利用氧元素进行氧化反应的同时，氧元素自身也发生了还原反应，生成活性氧代谢产物，即具有未配对电子的分子、离子或基团，主要包括超氧阴离子自由基（O_2^-·）、过氧化氢（H_2O_2）、羟自由基（·OH）等，被统称为氧自由基（OFR）或活性氧簇（reactive oxygen species，ROS）。活性氮自由基如一氧化氮自由基（NO·）以及脂质自由基（L·）等多种自由基也参与调节体内细胞增殖、胶原蛋白及凝血酶原的合成等多种生命活动。自由基学说（free radical theory）认为，体内自由基化学性质活泼，可破坏机体正常的氧化/还原的动态平衡，造成生物大分子（核酸、蛋白质和脂质）的氧化损伤，干扰正常的生命活动，形成严重的氧化应激状态，机体氧化损伤的后果之一就是诱导细胞凋亡或坏死（图4-8）。

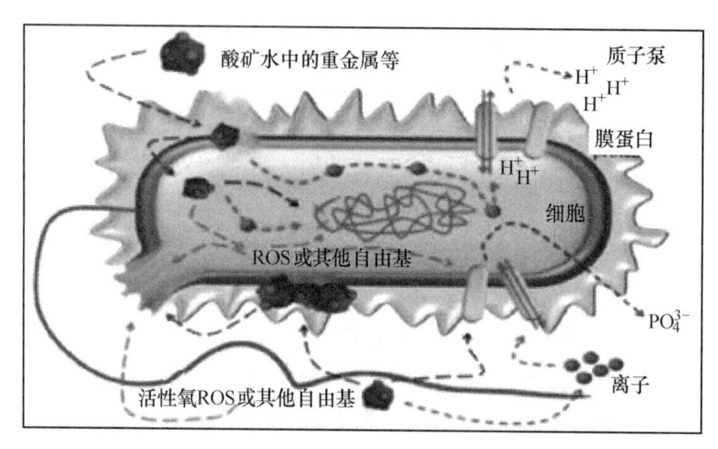

图 4-8 酸矿水诱发细胞产生活性氧示意图

正常情况下，细胞中自由基（含活性氧、活性氮等）水平是稳定的，它们的产生与去除是一种动态平衡，生物体不会受到氧化损伤。当体内摄入较多重金属元素时，在重金属胁迫下，一方面通过过氧化反应产生较多的自由基，另一方面，体内抗氧化系统遭到损伤，导致防御系统酶活性降低，二者共同作用会导致体内自由基或活性氧物质的过度积累和机体的氧化应激，引起一系列生理和生化代谢异常，阻碍动植物的正常生长和发育。过量金属元素会引起动物肝脏、肾脏、心脏、睾丸等发生氧化应激，从而导致机体氧化损伤，影响动物健康。镉通过消耗抗氧化剂酶和硫醇化合物，如谷胱甘肽（GSH）、维生素C和维生素E，并结合巯基产生超氧化物阴离子、过氧化氢和氢氧自由基，降低抗氧化酶的活性和机体清除自由基的能力，从而诱导动物脾脏和胸腺中活性氧自由基（ROS）水平升高、GSH水平下降，进而导致氧化损伤。镍可导致大鼠胸腺萎缩和胸腺淋巴细胞损伤，加重脂质过氧化。重金属对植物的毒害主要来自三个方面：（1）与蛋白质中的硫醇、组氨酸和羧基有直接亲和关系，导致蛋白质结构受损和细胞代谢不平衡；（2）可与保护性酶和抗氧化剂进行结合，损害植物自身的防御功能，导致氧化还原反应和氧化应激失衡；（3）在蛋白质等生物大分子的特定结合部位替代阳离子，导致蛋白质的氧化修饰进而对功能生物大分子进行损害，例如 Cd^{2+} 可以替代光合系统Ⅱ（PSⅡ）反应中心的 Ca^{2+} 从而抑制PSⅡ 的光化学活性。

自由基对机体的损伤作用包括以下几方面[30]：

（1）脂质过氧化对生物膜的损伤。因生物膜具有脂质双分子层结构，自由基很容易攻击生物膜上的不饱和脂肪酸而发生脂质过氧化，其后果是使生物膜的流动性降低、脆性增强及膜上的受体或酶类功能异常，进而膜的结构被破坏，细胞内物质外漏，造成细胞死亡。

（2）对蛋白质的氧化损伤。蛋白质是自由基损伤的靶分子，尤其是蛋白质中的氨基酸对自由基损伤特别敏感，主要引起氨基酸的羰基改变，也可造成至关重要的巯基丢失，以芳香氨基酸和含硫氨基酸最为常见。自由基攻击氨基酸后，可使氨基酸残基氧化并形成许多中间产物，如色氨酸氧化产物为5-羟色氨酸，半胱氨酸氧化产物为磺基丙氨酸。它们可使蛋白质的结构和功能发生改变，甚至造成蛋白质降解。若蛋白质是酶蛋白，可导致酶活性受抑制或诱导；若蛋白质是膜蛋白，则破坏了细胞膜通透性和完整性。

（3）对DNA和RNA的氧化损伤。由于自由基的氧化损伤，可导致核酸（DNA和RNA）分子的碱基修饰和链断裂等多种后果，与多种疾病的发生密切相关。自由基攻击靶点为腺嘌呤与鸟嘌呤的C8、嘧啶的C5与C6双键。碱基受到自由基打击后可出现基因突变，最终表现为DNA或RNA链断裂等。链断裂可引起碱基缺失、癌基因活化（如ras癌基因GC与TA的易位）和抑癌基因灭活（如抑癌基因p53的GC与TA的易位等），最终可导致肿瘤的发生。

（4）对自由基防卫系统的损害。正常状态下机体可产生少量活性氧（ROS）或活性氮（RNS）参与正常代谢，同时体内存在清除自由基、抑制自由基反应的体系，主要包括超氧化物歧化酶（SOD）、过氧化氢酶（CAT）、谷胱甘肽过氧化物酶（GSH-Px）、还原型谷胱甘肽（GSH）等，使得过多的自由基被清除或使自由基减少。如果这一机制遭到破坏，过多的自由基可直接作用于机体，致机体损伤。生物体内氧化应激的产生就是由于自由基产生增多和（或）抗氧化防御功能损害共同作用的结果。例如Pb^{2+}对红细胞中的CuZn-SOD活性有明显的抑制作用。Cd^{2+}可致心肌细胞CuZn-SOD、GSH-Px活性抑制，并且这种抑制与心肌细胞脂质过氧化的发生有密切关系。Ni^{2+}可引起多种细胞的脂质过氧化，其机理也与其对机体中自由基清除系统（如SOD、CAT、GSH-Px等）的抑制作用有关。重金属可与GSH形成稳定的复合体，例如Pb^{2+}、Cd^{2+}、Hg^{2+}、Ni^{2+}、Ag^{+}、Cu^{2+}、Co^{2+}等金属离子与GSH相互作用后，在GSH的巯基、氨基酸残基、羟基、γ-谷氨酸中心或甘氨酸羟基等处形成金属-谷胱甘肽复合物，从而干扰GSH和GSSG之间的正常转化，以致影响细胞维持较高水平的GSH。

4.3.5.2 共价结合学说

共价结合学说认为，重金属对细胞的损害作用与其亲电代谢物不可逆地结合于细胞大分子的亲核部位（如蛋白质的巯基）有密切关系。如果活性代谢物与细胞生存相关的重要蛋白质分子发生共价结合，使其发生烷基化或芳基化过程，就会导致这些蛋白质失去正常的功能，进而引起细胞的损伤和死亡。共价结合学说解释了化学结构不同的某些化学物为什么能产生类似的特异器官损害，而同一化学物有时因作用条件不同却可产生不同的靶器官损害。

化学物与生物大分子共价结合的最重要特征是，这类化学物必须有足够的形成共价键的反应活性或能通过细胞代谢活化过程而转变为能介导共价结合的产物。重金属与生物大分子相互作用的方式多种多样，总体上可归结为可逆的与不可逆的两种方式。重金属与受体的作用、底物与酶的作用都属于可逆性的结合，而共价结合形成的加合物（adduct）则是一个不可逆过程。加合物的形成，使代谢物嵌入到生物大分子中而成为其中的一个组成部分，不易被一般的甚至稍强烈的生物化学或化学处理的方法所解离。

绝大多数毒性物质均需经混合功能氧化酶体系转化为亲电子的活性代谢物，然后与细胞内的生物大分子结合，从而产生细胞毒性或遗传效应。可进行共价结合的亲核部位或基团在生物大分子中广泛存在，如蛋白质分子中的氨基、羟基、巯基等亲核基团，DNA、RNA 中的碱基、核糖或脱氧核糖以及磷酸酯等亚单元，脂质中的磷脂酰丝氨酸、胆碱和乙醇胺等部位。重金属或其活性代谢产物与核酸、蛋白质及脂质等不同生物大分子共价结合，其生物学后果是不同的。

（1）与核酸结合。一种是直接与核酸进行共价结合，但这类反应比较少见。另一种是活性代谢产物与核酸碱基进行共价结合。在核酸分子中，碱基、戊糖及磷酸等任何一个亚单元均可受到攻击，造成化学性损伤。碱基是最常见的也是最重要的靶。亲电试剂主要攻击点是鸟嘌呤的 N7 和 C8，胞嘧啶的 N3，腺嘌呤和鸟嘌呤及胞嘧啶的氨基；亲核试剂主要攻击胞嘧啶、尿嘧啶和胸腺嘧啶的 C6 位；自由基主要攻击腺嘌呤和鸟嘌呤的 C8 位，以及嘧啶碱基的 5，6 位双键。鸟嘌呤、尿嘧啶和胸腺嘧啶的—CONH—基团，在中性或酸性条件下对亲电子试剂的攻击是不活泼的，当 pH 值大于 9 时，质子解离，—CONH—基团转化为较活泼的—N—C—O—形式，氮和氧原子对亲电试剂的反应性增强。又如，胞嘧啶衍生物在酸性条件下发生质子化，降低了 C6 的电子密度，使其对亲核试剂的反应性提高。

重金属与核酸分子共价结合引起化学损伤的结果包括碱基置换、碱基丢失、链断裂、核酸交联等。DNA 发生损伤是严重的，如果损伤的 DNA 不能被修复，将导致细胞死亡或细胞突变。生殖细胞的突变会造成不孕、畸形或其他遗传性疾病，体细胞突变将导致组织癌变。RNA 化学损伤将导致细胞蛋白质合成障碍，进而影响许多生化和生理学过程。

（2）与蛋白质结合。蛋白质分子中有许多功能基团可与重金属或其活性代谢物共价结合，除了各种氨基酸分子中共同存在的氨基和羟基外，蛋白质易受攻击的部位主要有：半胱氨酸的巯基、组氨酸的咪唑基、色氨酸的吲哚基、酪氨酸的酚基、赖氨酸的 ε-氨基、精氨酸的胍基以及苏氨酸和丝氨酸的羟基等。这些氨基酸活性基团在维持蛋白质的构型和酶的催化活性中起重要作用。当蛋白质受化学损伤后，将导致一系列的生物学后果：1）细胞膜结构及通透性改变；2）引起各亚细胞结构和功能损伤；3）影响酶的催化功能，进而引起代谢异常及能量供应障碍；4）导致遗传毒性；5）引起机体特殊的免疫反应，可能导致细胞死亡和组织坏死。

（3）与脂质结合。重金属或其活性代谢产物与脂质发生共价结合的部位主要有丝氨酸、胆碱及乙醇胺等，脂质的化学损伤使膜结构和功能改变。

（4）致死性掺入。这是一种重金属或其活性代谢产物与生物大分子共价结合的特殊方式。所谓致死性掺入，是指重金属或其代谢活性产物作为生物合成的“原料”掺入生物大分子，从而导致生物大分子组成及功能的异常。

4.3.5.3 钙稳态失调学说

很多情况下，细胞死亡与细胞内钙稳态的紊乱有关。正常状态下，体内胞外液 Ca^{2+} 浓度约为 10^{-3}mol/L，而细胞内 Ca^{2+} 的浓度仅为 $10^{-8} \sim 10^{-7}$mol/L，内外浓度相差 $10^3 \sim 10^4$ 倍。细胞内钙稳态由跨膜 Ca^{2+}-ATP 转位酶和细胞内钙隔室系统共同操纵控制。细胞受到损害时，这一操纵过程紊乱，可导致 Ca^{2+} 内流增加，Ca^{2+} 从细胞内贮存部位释放或通过质膜流出，从而导致胞质内 Ca^{2+} 浓度不可控制地持续增加，而这种持续增加大大超出正常生命活动所必需的，短暂的 Ca^{2+} 浓度增高可危及线粒体功能和细胞骨架结构，最终激活不可逆的细胞内成分的分解代谢过程。

重金属离子如 Cd^{2+}、Pb^{2+}、Hg^{2+} 等均能干扰细胞内钙稳态，引起一系列的严重后果。例如：(1) 可在不同水平上干扰细胞信号的传递，导致细胞内 Ca^{2+} 对激素及生长因子的正常反应消失，钙信号系统的异常活化是引起细胞凋亡或死亡的一个重要机制；(2) Ca^{2+} 是多种参与蛋白质、磷脂和核酸分解的酶的激活因子，如果细胞内 Ca^{2+} 浓度持续维持在高于生理水平以上时，可激活相应的蛋白酶、磷脂酶和核酸内切酶，从而不可避免地导致维持细胞结构和功能的重要生物大分子的破坏；(3) 细胞内 Ca^{2+} 浓度的持续偏高，可激活非溶酶体蛋白酶并作用于细胞骨架蛋白，进而引起细胞损伤；(4) 线粒体损害可能是细胞损害过程中的一个重要靶点，先是表现为线粒体膜电位的下降，后出现 ATP 的耗竭，由于控制钙稳态的各种 Ca^{2+} 转运系统都需要能量，因此线粒体功能障碍以及 ATP 的耗竭不可避免地要导致细胞内钙稳态的紊乱，当细胞内 Ca^{2+} 浓度增加到中毒水平，就会有效地触发一系列 Ca^{2+} 依赖的反应过程。

4.3.5.4 受体学说

受体是一种能够识别和选择性结合某种物质（配体）的生物大分子，它与配体的结合将启动一系列的生物化学过程，最终表现为生物学效应。配体是对受体具有选择性结合能力的生物活性物质。

受体按其分布位置可区分为膜受体和细胞质受体，前者分布于细胞膜上，后者存在于细胞质中。一般认为是糖蛋白或脂蛋白或其他特殊蛋白质。机体内源性配体是神经递质、激素或自体活性物质，能对受体起激动作用，并引起特定的生理效应——兴奋或抑制。受体能准确识别配体及类似物，有高度的立体特异性。受体分子与配体和其类似物结合迅速且可逆，结合量与效应大小成正比。受体分子与配体或类似物结合的活性基团叫受点。受体与配体的关系和酶与底物关系相似，但配体不被受体破坏。

受体分子只占细胞极小部分，由于与配体的高度亲和力，某些重金属离子在 10^{-12} ~ 10^{-9} mol/L 就能引起可观察到的生理或毒理效应。这种高度的生理活性是由微量的配体-受体复合物激发，通过一系列生化反应完成的，称为生物放大系统。

许多重金属化学物，尤其是某些神经毒物的毒性作用，与其干扰正常受体-配体相互作用的能力有关。例如，甲基汞通过抑制大脑、小脑的胆碱能受体而损害中枢神经系统；农药杀虫脒和双甲脒通过抑制前脑细胞 α_2-肾上腺素受体而产生毒性作用。

4.3.5.5 铁死亡学说

铁死亡（ferroptosis）于 2012 年由 Scott J Dixon 等[31]发现，是一种依赖于铁和活性氧，并以脂质氧化为特征的、不同于细胞凋亡的新类型的细胞死亡方式，它在形态、生物化学、遗传学水平上，与凋亡、坏死、自噬等明显不同。线粒体的变化是铁死亡的主要形态学特点，包括线粒体体积变小、膜密度增加以及线粒体减少或消失。在生化特征上，铁死亡表现为谷胱甘肽（GSH）耗竭、谷胱甘肽过氧化物酶 4（GXP4）失活、脂质过氧化物集聚等。当铁代谢紊乱引起细胞内游离铁增多时，铁通过芬顿反应催化产生 ROS，ROS 进一步促进脂质过氧化，引起脂质过氧化物集聚，诱发铁死亡。位于细胞膜的胱氨酸/谷氨酸逆转运体（system XC-）参与 GSH 的合成，GPX4 利用 GSH 为底物，将脂质过氧化物还原为正常的脂质，防止脂质过氧化物集聚，抑制铁死亡发生。因此，铁死亡是由 GPX4 清除过氧化物能力不足和（或）脂质过氧化反应过强造成脂质过氧化物集聚造成的。例如，铅暴露可致小鼠皮质中 GPX4 和 SLC7A11 蛋白表达显著降低（$P<0.05$），加剧肥胖小鼠皮质铁死亡；Cr(Ⅵ）在细胞内的氧化还原作用也是通过 Fenton 反应产生 ROS 所导致的，铁还能催化脂质过氧化的进展，导致过氧自由基的形成，脂质过氧化物进一步反应会生成能诱发癌症的丙二醛（Malondialdehyde，MDA）和 4-羟基壬烯醛（4-Hydroxynonenal，4-HNE)；骨髓间充质干细胞可以通过调节自噬和铁死亡的发生来修复六价铬致大鼠睾丸损伤；As 染毒后的小鼠肺泡结构受损，炎症细胞浸润，肺功能下降。在 As 暴露的肺和肺上皮细胞（MLE-12）中，铁过载标志物 ferritin 升高，脂质过氧化指数 GPX4 降低，线粒体应激标志物 CLPP 和 mt HSP70 上调，线粒体 ROS（mt ROS）升高，线粒体膜电位（MMP）和 ATP 降低，提示 As 诱发了肺上皮细胞 MLE-12 的铁死亡[32]。

4.3.5.6 致癌学说

化学致癌的机制到目前为止尚未完全阐明，从不同的研究角度形成了多种化学致癌的学说。大的方面可分为遗传机制学说和非遗传机制学说。

A 化学致癌的遗传机制学说

该学说认为，致癌物进入细胞后作用于遗传物质（主要是 DNA)，通过引起细胞基因的改变而发挥致癌作用。

化学致癌是一个多阶段的过程，至少包括引发、促长和进展三个阶段：

（1）引发阶段：引发阶段是化学致癌过程的第一阶段，是化学致癌物本身或其活性代谢物作用于 DNA，诱发体细胞突变的过程，可能涉及原癌基因的活化及抑制基因的失活。具有引发作用的化学物称为引发剂（initiator)，引发剂大多数是致突变物，没有可检测的阈剂量。引发细胞（initiated cell）在引发剂的作用下发生了不可逆的遗传性改变，但其表型可能正常，不具有自主生长性，因此不是肿瘤细胞。

（2）促长阶段：促长阶段指引发细胞增殖成为癌前病变或良性肿瘤的过程。具有促长作用的化学物称为促长剂（promoter)。在促长阶段，引发细胞在促长剂的作用下，进行克隆扩增，形成良性肿瘤。促长阶段历时较长，早期有可逆性，晚期为不可逆的。促长剂本身不能诱发肿瘤，只有作用于引发细胞才表现其致癌活性；通常是非致突变物，不与 DNA 发生反应；促长剂通常具有阈剂量。促长作用的机制比较复杂，可能的机制有干扰细胞信号转导途径、改变细胞周期控制、促进引发细胞增殖或抑制细胞凋亡、抑制细胞间通信及免疫抑制等。

（3）进展阶段：进展阶段指从癌前病变或良性肿瘤转变成恶性肿瘤的过程。在进展阶段肿瘤获得恶性化的特征，如生长加快、侵袭、转移、抗药性等。在恶性化的转变中可发生一系列的遗传改变，最主要的是核型不稳定性、染色体发生断裂及非整倍体等。进展过程比引发和促长过程要复杂得多，对其机制还了解得很少。使细胞由促长阶段进入进展阶段的化学物称为进展剂（progressor)。进展剂可能具有引起染色体畸变的特性但不一定具有引发作用。

B 化学致癌的非遗传机制学说

根据有些化学致癌物能够引起细胞癌变，但并不能引起基因突变或 DNA 改变的事实，提出化学致癌的非遗传机制学说。非遗传性致癌物可促进细胞分裂增殖，且其机制多种多样。例如，有的重金属可通过在引起细胞变性坏死的过程中使细胞释放出某些物质而刺激周围细胞分裂增殖；有些可通过引起激素的失调，使细胞的相应受体发生变化而刺激细胞分裂增殖。近年来发现，在肿瘤的发生、发展过程中，存在 DNA 序列以外的调控机制的异常，这种调控机制被称为表观遗传学机制。表观遗传学（epigenetics）主要研究在基因的核苷酸序列不发生改变的情况下，DNA、蛋白质修饰对基因功能影响和调节的生命现象。常见的 DNA 修饰如甲基化、去甲基化等；常见的组蛋白的修饰包括乙酰化、甲基化、磷酸化、泛素化等。在动物肿瘤和人体肿瘤细胞中都发现了一些共同特征，包括整个基因组的低甲基化、某些抑癌基因和 DNA 修复基因的高甲基化等。

总之，重金属污染是全球公认的对生物影响最大的重要污染物之一，生物如何应对重金属污染是环境毒理学和生态毒理学领域持续关注的关键科学问题。对酸矿水及其他污染物多年的持续研究初步揭示了生物应对重金属污染的遗传机制，其主要体现在两方面：(1) 在短期内，主要通过非遗传物质的改变来实现，即由本身的基因在转录表达上的强化或差异性表现实现对重金属损害的防控或规避，削减重金属污染给生物带来的胁迫压力；(2) 在长期持续的重金属污染条件下，生物将通过遗传物质的内在变异（即通过基因突变或遗传重组）来实现其对重金属耐性水平的提高，以稳定地应对重金属污染带来的伤害。生物对煤矿酸性废水胁迫的响应不仅与物种有关，还涉及重金属污染的种类、胁迫时间的长短、污染剂量的大小等因素。短期应对和长期应对的方式由于调动机体内的遗传代谢方式而有所不同，如何适时启动不同的遗传机制，使这种应对机制和适应方式付出最低的代价，都需要未来持续深入的研究。

本 章 小 结

煤矿酸性废水对生态环境产生较大影响，给酸性废水流经地区土壤和水中动植物生长发育带来危害，毒性作用主要源于其低 pH 值和水中高浓度硫化物（硫酸盐）、重金属等，温度和微生物群落分布是影响其毒性作用的两个重要因素，在此极端环境中生长的微生物逐渐适应了这一水质特点，水中存在嗜酸性细菌、古菌和真核生物，如嗜酸性氧化硫硫杆菌、氧化亚铁硫杆菌、氧化亚铁钩端螺菌、纤毛虫、阿米巴变形虫等。水边生长的植物（如芦苇等）也适应了酸性和重金属含量高的环境，产生了耐酸机制和积累重金属的能力。酸性废水中存在的汞、铬、镉、铅、锌、镍、铜、锰等重金属超过一定阈值会对陆生生物和水生生物带来危害，动植物受重金属的伤害程度、伤害症状与重金属的种类、接触部位、接触时间、接触量等关系密切，它们的环境和生态毒理机制涉及氧化亚铁硫杆菌的生物氧化、硫酸盐和重金属的迁移和转化等，主要的毒理机制有自由基损伤学说、受体学说、钙稳态失衡学说、铁死亡等。自由基学说认为，重金属诱发动植物体内产生过量 ROS 或 RNS，损害抗氧化防御体系统，破坏机体正常的氧化/还原动态平衡，造成生物大分子（核酸、蛋白质和脂质）的氧化损伤，形成严重的氧化应激状态，诱导细胞凋亡或坏死，干扰正常的生命活动。受体学说认为，重金属与受体的作用、底物与酶的作用有些是属于可逆性的结合，这种损伤易于修复，如果重金属与其亲电代谢物不可逆地结合于细胞大分子的亲核部位（如蛋白质的巯基、核酸中的碱基、脂质中的磷脂酰丝氨酸、胆碱和乙醇胺等），形成共价结合的加合物，就会导致这些生物大分子失去正常的功能，进而引起细胞的损伤和死亡。共价结合学说解释了某些化学结构不同的化学物为什么能产生类似的特异器官损害，而同一化学物有时因作用条件不同却可产生不同的靶器官损害。细胞钙稳态失调学说认为，许多重金属离子（如 Cd^{2+}、Pb^{2+}、Hg^{2+}等）均能干扰细胞内钙稳态，导致 Ca^{2+}内流增加，Ca^{2+}从细胞内贮存部位释放或通过质膜流出，从而导致胞质内 Ca^{2+}浓度不可控制地持续增加，而这种持续增加大大超出正常生命活动所必需的，短暂的 Ca^{2+}浓度增高可危及线粒体功能和细胞骨架结构，最终激活不可逆的细胞内成分的分解代谢过程，引起一系列的严重后果。铁死亡是一种依赖于铁和活性氧，并以脂质氧化为特征的、不同于细胞凋亡的新类型的细胞死亡方式，表现为谷胱甘肽（GSH）耗竭、谷胱甘肽过氧化物酶 4（GXP4）失活脂质过氧化物集聚等，铅、砷等重金属暴露均可引起细胞铁死亡。

思 考 题

4-1 煤矿酸性废水的毒性作用类型有哪些？

4-2 如何评定煤矿酸性废水的联合毒性作用？

4-3 简述煤矿酸性废水对动植物细胞毒性作用的机理。

4-4 简述煤矿酸性废水的毒理机制学说。

参 考 文 献

[1] Geoffrey S Simate, Sehliselo Ndlovu. Acid mine drainage: Challenges and opportunities [J]. Journal of Environmental Chemical Engineering, 2014, 2: 1785-1803.

[2] Kirby D. Effective treatment options for acid mine drainage in the coal region of West Virginia [D]. Theses, Dissertations and Capstones Paper, 2014: 857.

[3] Bharat Sharma Acharya, Gehendra Kharel. Acid mine drainage from coal mining in the United States-An overview [J]. Journal of Hydrology, 2020, 588: 125061.

[4] Chen L. Distribution and mobilization of heavy metals at an acid mine drainage affected region in South China, a post-remediation study [J]. Science of the Total Environment, 2020 (724): 138122.

[5] 金韬，孟庆俊，凤阳，等. Fe^{3+}作用下煤矸石中黄铁矿的氧化速率和化学计量学特征 [J]. 金属矿山，2021 (11): 121-128.

[6] Ruihua L, Lin Z, Tao T, et al. Phosphorus removal performance of acid mine drainage from wastewater [J]. Hazard. Mater., 2011, 190: 669-676.

[7] Singh G. Mine water quality deterioration due to acid mine drainage [J]. Mine Water, 1987, 6 (1): 49-61.

[8] 陈迪. 高硫煤废弃矿井微生物群落演替规律及铁硫代谢基因的功能预测 [D]. 徐州：中国矿业大学，2020.

[9] Yadav S K. Heavy metals toxicity in plants: an overview on the role of glutathione and phytochelatins in heavy metal stress tolerance of plants [J]. South Afr. J. Bot., 2010, 76: 167-179.

[10] 钟旻依，张新全，杨昕颖，等. 植物对重金属铬胁迫响应机制的研究进展 [J]. 草业科学，2019, 36 (8): 1962-1975.

[11] Wakeel A, Ali I, Upreti S, et al. Ethylene mediates dichromate induced inhibition of primary root growth by altering AUX1 expression and auxin accumulation in Arabidopsis thaliana [J]. Plant, Cell &

Environment，2018，41（6）：1453-1467.

[12] 潘法康，张瑾，王楚石，等．重金属铬胁迫对薄荷生长及生理特性的影响［J］．安徽建筑大学学报，2020，28（3）：38-41.

[13] 齐菲，付同刚，高会，等．污水灌溉农田土壤镉污染研究进展［J］．生态与农村环境学报，2022，38（1）：10-20.

[14] 周振民．污水灌溉土壤重金属污染机理与修复技术［M］．北京：中国水利水电出版社，2011.

[15] 龚红梅，李卫国．锌对植物的毒害及机理研究进展［J］．安徽农业科学，2009，37（29）：14009-14015.

[16] 张玲．锌污染土壤的超积累植物研究［D］．西安：陕西师范大学，2011.

[17] 刘丽杰，刘凯，孙玉婷，等．车前草对重金属铜和镍的积累及生理响应［J］．甘肃农业大学学报，2020，55（5）：171-179.

[18] 耿珂睿，孙升升，黄哲，等．镍污染土壤植物采矿技术关键过程及其研究进展［J］．生物工程学报，2020，36（3）：436-449.

[19] 冯宜明．重金属胁迫下柠条根系的生长及镍富集特征研究［D］．兰州：甘肃农业大学，2011.

[20] 王子诚，陈梦霞，杨毓贤，等．铜胁迫对植物生长发育影响与植物耐铜机制的研究进展［J］．植物营养与肥料学报，2021，27（10）：1849-1863.

[21] 赵秋芳，马海洋，贾利强，等．植物锰转运蛋白研究进展［J］．热带作物学报，2019，40（6）：1245-1252.

[22] 李梓萌，李肖乾，张文慧，等．重金属复合污染对生物影响的研究进展［J］．环境化学，2021，40（11）：3331-3343.

[23] 卢静昭．土壤-植被痕量元素迁移转化机制及水土环境效应分析［D］．北京：华北电力大学，2021.

[24] 黄涛，刘菊梅，彭琴，等．重金属复合污染场地对花背蟾蜍雄性性腺的毒性作用［J］．环境工程，2020，38（6）：35-74.

[25] 熊欣欣，田杰，束会娟．重金属中毒影响脑内神经发生的研究进展［J］．华中科技大学学报（医学版），2020，49（1）：102-105.

[26] Zhan Y，Yang M，Zhang S，et al. Iron and sulfur oxidation pathways of acidithiobacillus ferrooxidans［J］. World Journal of Microbiology and Biotechnology，2019，35（4）：60（pages 1-12）.

[27] 郝卫东．毒理学教程［M］．北京：北京大学医学出版社有限公司，2020.

[28] 黄珊珊，马丽媛，王红梅，等．极端酸性矿山环境微生物基于 CRISPR 系统的适应性免疫机制［J］．微生物学报，2020，60（9）：1985-1998.

[29] Qin S，Wang R，Tang D，et al. Manganese mitigates heat stress-induced apoptosis by alleviating endoplasmic reticulum stress and activating the NRF2/SOD2 pathway in primary chick embryonic myocardial cells［J］. Biological Trace Element Research，2022，200：2312-2320.

[30] 孟紫强．环境毒理学［M］．3 版．北京：高等教育出版社，2018.

[31] Dixon S J，Lemberg K M，Lamprecht M R，et al. Ferroptosis：An iron-dependent form of nonapoptotic cell death［J］. Cell，2012，149（5）：1060-1072.

[32] 李梦蝶．砷通过 mt ROS 介导的线粒体相关内质网膜功能障碍诱导铁死亡和急性肺损伤［D］．合肥：安徽医科大学硕士论文，2022.

5 煤矿酸性废水的源头和迁移治理技术

本章提要：

（1）了解煤矿酸性废水源头治理和迁移治理技术的特点。

（2）掌握煤矿酸性废水源头治理的类型、优缺点和适用范围。

（3）掌握煤矿酸性废水迁移治理的类型、优缺点和适用范围。

目前，针对酸性废水污染现状，已经开发出了诸如酸碱中和法、混凝沉降法、化学氧化法、人工湿地法等末端处理技术，但这些末端处理方法多数都存在着运行处理费用高昂、产生二次污染等问题。例如通过添加碱性物质，包括石灰（CaO 或 $Ca(OH)_2$）、石灰石（$CaCO_3$）、脉石矿物和工业废物等，进行酸中和以及金属/准金属和硫酸盐去除。过程中需要连续输入材料，并可能导致产生大量需要进一步处理和处置的二次污泥。除非硫酸盐的浓度非常高，否则在金属/准金属的去除中，化学品的添加危害通常比硫酸盐的更大，去除更复杂。另外，煤矿酸性废水的产生是一个持续不间断的过程，时间跨度长，地点分散，影响范围需要不断地收集、治理，如此循环往复。仅凭借末端治理根本无法有效地解决酸性废水污染问题。因此，必须转变思维方式和治理模式，重视源头预防和过程治理，发展源头控制和迁移治理技术，达到抑制甚至预防煤矿酸性废水形成的目的。

5.1 源头治理

酸性水无论处理还是不处理最终都要排入地表水体，尤其是在处理过程中产生的沉泥（常用的方法是源源不断地向酸性水中投加碱性物质）其危害更大。有资料表明，沉泥的处置费用通常是酸性水处理费用的 3 倍以上。国外通常是将沉泥置于露天矿的废弃矿井里，并加以掩埋。国内则常对沉泥不加任何处理或处置，用泵将沉泥打到附近的矿石山上，污泥中的物质在雨季又流到附近的水体中，其污染负荷并未减少，只是污染物的形态发生了变化。因此，从源头上预防 AMD 的形成现在被认为是长期缓解酸性废水污染的更好选择。通过去除黄铁矿矿物，或将硫化物矿物与氧和水分离来控制源头产生，用不渗透的表层包覆来封装潜在的风险矿物，可能是最具成本效益的方法。基于煤矿酸性废水的成因，可知空气、水、微生物的相互作用是其形成的先决条件和必备因素，因此，从源头进行治理，必须要设法阻止金属硫化物与空气的直接接触，抑制微生物的活性，降低铁的活度，这样才能尽量减少酸性废水的形成。依据这 3 个基本原理，可以采用覆盖隔氧、添加碱性物质和细菌活性抑制等方法从源头上减少酸性废水的产生。

5.1.1 覆盖隔氧

覆盖隔氧技术主要是使用无硫浆液对煤矿采空区进行密封，或者使用覆盖物对煤矸石进行密封覆盖，阻止氧气、水分与煤矸石中硫化物的接触，降低其氧化速率进而抑制或减少酸性废水的产生[1]，如图 5-1 所示。覆盖隔氧根据其使用的覆盖物的不同可以分为湿式覆盖和干式覆盖。

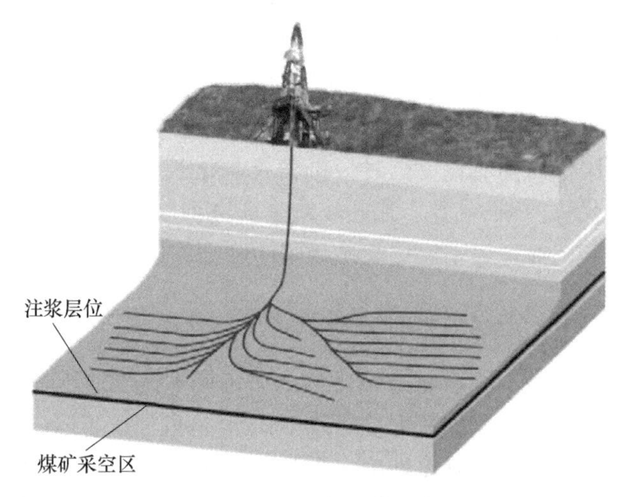

图 5-1 覆盖隔氧注浆示意图

5.1.1.1 湿式覆盖

湿式覆盖技术又称水罩法[2]，依据的原理是氧气在水中的扩散系数极低，因此，可以利用水体充当隔绝物来隔绝氧气与硫化矿物的接触，以达到抑制硫化物氧化的目的。在具体的工程实践中，有两种施工方式：一是利用现有的废弃矿坑，用混凝土建成一种土坝围筑的永久性水库；二是若矿山周围存在天然的湖泊等水体，直接将金属矿化物投入到水体中去（考虑到生态保护的需要，该法不宜使用）。自 20 世纪 90 年代初开始，加拿大对湿式覆盖进行了系统的研究，并在多座尾矿库中进行了成功应用。随后，瑞典、美国等国家也对湿式覆盖技术进行了大量研究。

Johnson 等[3]通过注水对废弃矿山的废弃物进行密封，存在于水中的溶解氧（约 8~9mg/L）将被存在的矿物质氧化并消耗其中的微生物，随后，氧在溶液中的溶解受到传质和扩散的控制，而这种控制是通过封闭矿井来实现的。Li 等[4]发现如果将一些具有产酸潜力的尾矿放置到周围的浅水中，则酸的产生量大幅下降，因为水减少了矿物质与氧气之间的接触。虽然这种水罩法是花费最少、最为简便的控制技术，但注水密封的处理效果较差，尤其是对酸性矿物较多的矿。工程运行管理中发现，湿式覆盖受水量、水位变化影响较大，地理条件限制明显。若发生极端自然变化，如地震、山洪等，将破坏坝体结构，废水涌出造成的损害不可估量，因而近几年很少有学者对此进行研究。

注水密封可以通过用一层有机材料或沉积物覆盖尾矿来改进，这两者都可以限制氧气的进入。然而，这些方法仅在有充足水分的情况下才有效，而在严重干旱时效果会降低，尤其是当覆盖物发生干燥和开裂时。

5.1.1.2 干式覆盖

采用干燥的物质对废弃矿山进行覆盖的方式称为干式覆盖。干式覆盖也依据覆盖物的不同类型分为无机矿物覆盖技术和有机材料覆盖技术。

A 无机矿物覆盖技术

利用粉煤灰、压实黏土、土工合成黏土垫层（GCL）等矿化物制成低渗透性防渗层，铺设在废弃矿山表层，阻挡空气和水的侵入，降低金属硫化物的氧化侵蚀速率，以此来减少 AMD 的产生，这是无机矿物覆盖层的基本原理。

粉煤灰在我国是一种产生量极大的无机矿物，赵玲等[5]研究认为粉煤灰中的 CaO 等碱性物质能够消耗废水中的 SO_4^{2-} 并生成石膏类沉淀，这些沉淀类物质还能填补粉煤灰之间的缝隙，极大地延缓矿石的氧化，同时，粉煤灰本身也具有吸附、截留作用，具有作为无机覆盖材料的极大优势。Sahoo 等[6]用粉煤灰来研究抑制 AMD 产生的试验，发现反应生成的碳酸钙、石膏等新沉淀增强了它们与矿物间的胶结作用，进一步限制了氧气的渗透对黄铁矿的氧化。

对于压实黏土，早在 20 世纪 70 年代，就被应用在矿山尾坝作为覆盖层，并取得很好的效果。在加拿大 Heath Stee 和 Newcastle 地区的矿山尾坝铺设的压实黏土，表现出优秀的隔氧、拦水性能，根据长期的监测数据显示，AMD 产生量相较于以往减少了 50%左右。

GCL 是介于压实黏土和土工膜之间的一种高效防渗垫层，主要应用在环境工程和地下基础设施建设等领域，又被称为膨润土防水毯，作为一种新型土工材料，近几年开始被广泛应用于建设尾矿库的覆盖层。Adu-Wusu 等[7]采用粗砂（92%）和膨润土（8%）、0.60m 沙质粉土（含约 5%的黏土）、GCL 3 种材料分别对加拿大 Whistlemine 矿进行覆盖，3 年的监测结果表明，以净渗流为基础，GCL、砂-膨润土屏障、沙质粉土屏障和对照组（无覆盖层）的渗滤率分别为 7%、20%、59.6%和 56.4%，表明 CGL 作为尾矿表面覆盖层效果较好；Rowe 和 Hosney[8]对加拿大 Nova Scotia 地区一座尾矿库顶部的 GCL 进行了为期 2 年的现场监测，监测结果证实，GCL 具有良好的隔水性能，且这种性能在天然条件下能够长时间保持稳定。Renken 等人对加拿大 Stewart 地区一座尾矿的研究结果显示，GCL 对氧气同样具有良好的隔绝作用。这座尾矿库的顶部在铺设了 GCL 后，其氧气通量为 $0.187kg/(m^2 \cdot a)$，而在这之前其表面氧气通量高达 $26.3kg/(m^2 \cdot a)$。

另外，粉煤灰还可以与膨润土、水泥及污泥等材料相混合，直接制作出满足防渗要求的干式覆盖层。除了以上三种常用的防渗材料以外，尾矿库周围的天然土料、含硫量较低的尾矿砂等也可以用来制作尾矿库的覆盖层。近年来，随着循环经济的提出，大量工业废料也被应用于废石或尾矿表面覆盖系统中。如 Jia 等[9]研究了粉煤灰、绿液渣和石灰泥 3 种碱性工业废物作为覆盖材料对尾矿氧化的抑制效果，结果表明，采用碱性工业废物作为覆盖材料不但可以提高尾矿渗滤液的 pH 值，而且还能固定其中的绝大多数重金属；对比 3 种碱性工业废物，绿液渣和石灰泥抑制尾矿氧化的效果要优于粉煤灰。

利用水泥窑粉尘、炉渣等工业废弃物作为覆盖层可用来控制煤矸石酸性废水的产生，研究发现该覆盖层可以有效减少 O_2 向煤矸石的传输速率和传输量，从而降低煤矸石中硫化物的氧化速率，与对照试验相比，产生的废水 pH 值明显升高接近中性。污泥和粉煤灰覆盖煤矸石也可产生降低酸性废水污染的效果，覆盖层可有效控制氧气进入煤矸石内部并使其淋滤液的酸碱度呈中性或微碱性，可控制煤矸石酸性废水的产生，其中 SO_4^{2-} 的浓度、电导率（E_C）和氧化还原电位（E_h）值也显著降低，有效控制了重金属的迁移污染。有人提出了在黄土覆盖以前利用黏土和粉煤灰为原料构建煤矸石山隔离层的方法，并动态测量隔离层渗透率，研究表明该隔离层可有效阻隔空气，降低煤矸石中硫化物的氧化速率。还有人使用粉煤灰和马粪堆肥作为煤矸石的覆盖材料并通过室内柱状淋溶试验模拟了煤矸石的淋溶过程，研究发现堆肥在煤矸石酸性废水污染控制方面具有较大的应用潜力。

无机材料覆盖技术具有材料种类多、来源广、施工简单、防水隔氧性能优良等优点。但是其缺点也非常明显，如覆盖层受雨水冲刷和冰雪天气的影响大，植物根系生长对覆盖层有破坏作用等；此外，对于已有尾矿库或废石场，虽然施工过程比中和法简单可行，但对于抑制底部尾矿或废石的产酸过程的效果较差。

B 有机材料覆盖技术

有机材料覆盖技术的机理与无机材料覆盖技术相似，目前常用的有机覆盖材料主要有污水处理厂剩余污泥、城市生活垃圾堆肥产品、锯末等。有机覆盖层之所以可以阻隔氧气，是因为：

（1）大多数有机废物具有较强的持水能力，当其含水率达到一定数值后，氧气很难通过它进行对流和扩散传输。

（2）有机覆盖层中微生物代谢有机物的生化反应可以消耗进入到覆盖层中的氧气，从而阻隔其进入尾矿库。如 Lu 等[10]研究了污泥和污泥-粉煤灰作为覆盖层对尾矿氧化的抑制效果，结果表明单独使用污泥作为覆盖层虽然对尾矿氧化具有一定的抑制效果，但尾矿中的 Cu、K、Mg、Pb 和 S 仍有部分溶出，而合适比例的污泥-粉煤灰混用作为覆盖层则能够很好地抑制尾矿氧化；Mbonimpa 等[11]使用 AMD 末端治理产生的中和污泥与粉土混合制作覆盖层用于抑制 AMD 的产生，取得了较好的效果；Demers 等[12]开展了实验室（500d 以上）和野外（4a）试验，证实了土壤-污泥混合物作为覆盖层是一种长期而有效的隔氧屏障。有机覆盖层不仅能够阻止氧气进入尾矿库，同时还能改善尾矿库顶部植被的立地条件，为尾矿库生态系统的重建创造有利条件，但其缺点是除了易受天气影响之外，还容易出现材料干化，使得其对尾矿氧化的抑制效果变差。

5.1.2 碱性物质中和

AMD 源头控制的中和法与末端处理的中和法略有不同，主要是将碱性物质或者是具有产碱潜能的材料、工业废弃物等与含硫化矿的废石、尾矿进行混合，以提高系统的酸缓冲容量和 pH 值，这是因为碱性环境能够有效抑制微生物的活性，降低硫化矿物的氧化速率。

迄今为止，大多数已发表的研究表明，在接近中性的酸碱度下可以减少黄铁矿氧化。如果有足够的碱度，黄铁矿表面就会形成一层羟基氧化铁。该层会逐渐增厚变密，进一步阻止氧化剂转移到黄铁矿下层，使其保持未氧化的状态。Huminicki 和 Rimstidt[13]发现羟基氧化铁涂层在接近中性的酸碱度下分两个阶段演变。最初，氢氧化铁胶体在溶液中形成，然后附着在黄铁矿表面，形成高度多孔和可渗透的层。该层导致黄铁矿氧化略微减少，随后，羟基氧化铁在该层的孔隙中发生间隙沉淀，使屏障致密，从而将黄铁矿氧化抑制了五个数量级。Kargbo[14]研究了含二乙炔的磷脂在硅酸盐存在下 pH 值为 2 和 6 下抑制黄铁矿氧化的效果。在 pH=6 时，硅酸盐和脂质都提供了有效的屏障，防止黄铁矿氧化并减少氧化产物的释放，后者优于前者。然而，在另一项研究中，仅发现脂质在 pH=2 下可有效防止黄铁矿氧化，其效率随时间下降。此外，Kargbo 和 Chatterjee[15] 发现黄铁矿表面上的 Fe^{3+}/SiO_2 和 Fe^{3+}-羟基-二氧化硅复合物的硅酸盐涂层在 pH=4 时会抑制黄铁矿氧化，但在 pH=2 时，没有观察到二氧化硅涂层，也没有发现黄铁矿氧化钝化。

常用的碱性材料主要有石灰石、生石灰、白云石、NaOH、Na_2CO_3、$NaHCO_3$、粉煤灰以及碱性污泥等，其中石灰石的使用最为广泛。石灰石可以抑制煤矸石中硫化矿物的氧化速率，在一定程度上减少酸性废水的产生，同时矸石中重金属的浸出也得到了抑制。以石灰石、白云石等碱性材料作为污染控制替代材料均能有效控制煤矸石酸性废水的产生。造纸厂污泥作为覆盖层也可以抑制煤矸石中硫化物的氧化，这些碱性污泥可以与重金属形成氢氧化物沉淀，并使 pH 值显著提高，从而抑制煤矸石中酸性废水的产生。

Zeng 等[16] 观察到了类似的现象，他们将溶解的硅酸盐添加到含有黄铁矿的水溶液中，在 pH<5.5 时没有观察到黄铁矿氧化减少。然而，当 pH>5.5 时，会形成无定形羟基氧化铁层，这些羟基氧化铁会在硅酸盐的存在下越来越稳定，形成 Si—O—Fe 键并将黄铁矿氧化减少多达 60%。相反，在没有硅酸盐的情况下，则形成了结晶针铁矿，显示黄铁矿氧化没有受到抑制，说明水铁矿向针铁矿和/或赤铁矿的转变很可能受到硅酸盐物种的阻碍，Fan 等[17] 最近发表的工作进一步证实了这一点。

随着研究的不断深入，越来越多类型的碱性废料用于抑制 AMD 的产生。如 Wajima 等[18] 利用纸浆造纸业产生的碱性工业废渣（造纸污泥灰）与矿渣以质量比 10∶4 混合后，用于 AMD 的洗脱实验，其洗脱液呈中性，且溶液中大部分金属离子浓度都很低，表明采用造纸污泥灰可以降低 AMD 的酸度和重金属浓度；Kastyuchik 等[19] 研究了鸡蛋壳渣中和尾矿中金属硫化矿物产酸的能力，发现鸡蛋壳渣与富含氧化物、氢氧化物和碳酸盐的物质混合使用，可使含硫尾矿得到长期保护。

中和法具有工艺简单、无需管理以及中和剂来源广泛等优点，但对于已使用的尾矿库或废石场，将碱性物料与硫化尾矿掺混是十分困难的；即便是用于新的堆场，碱性物料的用量控制也较为严格，其用量较少则不足以中和尾矿渗滤液的酸度，用量过多则会产生大量的反应污泥，易造成二次污染等环境问题。

5.1.3 细菌活性抑制

在 AMD 的形成过程中，微生物的氧化作用占据主导地位，特别是 *A.f* 菌，不仅能直接侵蚀硫化矿物，更能加速 Fe^{2+} 到 Fe^{3+} 的转化，而由 Fe^{3+} 引起黄铁矿氧化的速率是 O_2 的 10^6 倍。因此，采用杀菌法通过抑制或者杀死微生物，特别是氧化亚铁硫杆菌，就能够较好地抑制 AMD 的产生。

抑制嗜酸性氧化亚铁硫杆菌（*A.f*）菌、氧化硫硫杆菌、氧化亚铁硫杆菌等细菌的活性对于控制煤矸石山酸性废水的产生是非常关键的。常用的杀菌剂包括 SDS（十二烷基硫酸钠）、SBZ（苯甲酸钠）、有机酸和 CTAB（十六烷基三甲基溴化铵）等，对于杀菌剂的研究，国内学者已取得了相当多的成果（表 5-1）。

表 5-1 国内学者主要研究的几种杀菌剂及其效果

研究者	杀菌剂	实验条件	有效用量/mg·L^{-1}	对 Fe^{2+} 的抑制/%	参考文献
任晚侠等	甲酸	T=30℃、pH=2.0	0.254	100	[20]
李洋等	乙酸	T=30℃、pH=2.0	5	100	[21]
	丙酸	T=30℃、pH=2.0	5	100	
	SDS	pH=2.5、E_h=500mV	30	82.23	[22]
张哲等	CTAB	pH=2.5、E_h=500mV	5	80.84	[22]
吴东升等	SDS	T=25℃、pH=3.0	7.5	100	[23]
徐晶晶等	玉洁纯/SDS	T=30℃、pH=1.93、E_h=325mV	16~10	100	[24]
	卡松/SDS	T=30℃、pH=1.93、E_h=325mV	30~10	100	
	SDS	T=30℃、pH=1.93、E_h=325mV	10	100	
	玉洁纯	T=30℃、pH=1.93、E_h=325mV	16	100	
	卡松	T=30℃、pH=1.93、E_h=325mV	30	100	

SDS（十二烷基硫酸钠）是最常用的杀菌剂，其在杀菌效果和经济成本上都有一定的优势。Kleinmann 和 Schippers 等分别对山梨酸、苯甲酸、烷基苯磺酸钠及 SDS 的抑菌（*A.f* 菌）和杀菌效果进行了研究[25]，结果显示十二烷基硫酸钠的效果是最好的，且其本身易被分解，对环境危害小。批式培养试验证实十二烷基硫酸钠可以使氧化亚铁硫杆菌的催化效率降低 70%以上。此外，有机酸类如甲酸、丙酸、山梨酸、草酸、苹果酸和柠檬酸等也可以用来作为抑菌剂。针对抑菌剂存在失效快、持续效果不理想和环境二次污染的问题，国内外学者也在不断研发新的抑菌剂，如十六烷基三甲基溴化铵和橄榄油渣等。胡振琪课题组也研发了具有长效作用的缓释杀菌剂，其对氧化亚铁硫杆菌的抑制作用更加持久。

Gurdeep 等研究发现使用 SBZ（苯甲酸钠）处理 *A.f* 菌，可促进溶液中的 H^+ 进入细胞内，破坏细胞内部的酸碱平衡，从而抑制或杀灭 *A.f* 菌。不同杀菌剂对 *A.f* 菌的抑制效果实验表明：当 SDS 浓度达到 10mg/L 时，对 Fe^{2+} 的氧化抑制率达到 75.69%；当 SBZ 浓度达到 30mg/L 时，对 Fe^{2+} 的氧化抑制率达到 75.89%。付天岭等[26]设置了 SDS、SBZ 和空白对照组，在这 3 种条件下对含硫煤矸石进行 42d 的淋溶实验，发现对照组的淋溶液 pH 值低，SO_4^{2-} 浓度高，并富含 Mn、Fe、Cu、Zn 等重金属离子，呈现典型的 AMD 特征；分别用 SDS、SBZ 杀菌剂处理后的淋溶液，其 pH 值、氧化还原电位、电导率等指标与对照组呈现显著差异，并发现两种杀菌剂能有效抑制煤矸石的氧化产酸和重金属离子的浸出，且 SBZ 抑制的效果优于 SDS。对于这两种杀菌剂的作用机理，主要认为，SBZ 杀菌剂利用其有效成分苯甲酸及未解离的分子，透过细胞膜进入微生物体内，阻碍其对氨基酸的吸收利用，并且进入生物体内的甲酸能抑制呼吸酶的活性，阻止乙酰辅酶 A 的缩合反应，达到杀菌作用。SDS 杀菌剂则通过增加生物细胞膜的通透性使生物体内容物流出，从而达到抑制或杀菌的效果。这些杀菌剂虽然在实验室里有很好的效果，但在投入实际工程应用时，则会出现诸多问题。例如，受环境条件限制比较大；在雨雪等恶劣天气条件下，喷洒的杀菌剂会流失，有效利用率低。当然，杀菌剂本身具有一定的毒性，大量使用肯定会对自然生态产生影响。当 SDS 含量超过 50mg/L 时，不仅抑制浮萍的发育，而且对蓝细菌产生毒性，对卤虫产生低毒性，对蒙古裸腹蚤的实验室毒性属于中毒性。

目前，对于抑制微生物活性的方法有了新的研究思路，即针对微生物接触作用的特点，通过抑制细菌生物膜活性从而抑制胞外聚合物（extracellular polymeric substance，EPS）的合成，进而抑制 AMD 的产生。如 Zhao 等[27]发现 Furanone C-30（呋喃酮 C-30）对氧化亚铁硫杆菌的生物膜活性有很好的抑制效果，但对该细菌的生长不产生影响，因此不会产生抗药性，并且在投加 Furanone C-30 后，尾矿渗滤液的 pH 值由 2 上升到了 6，其中的重金属 Ni 和 Cu 浓度分别下降了 60.7%和 82.3%。

使用杀菌剂能够迅速杀死氧化亚铁硫杆菌等，减缓 AMD 的产生。但是在实际工程应用中，受环境气候条件因素的限制较大，杀菌剂容易在雨水冲刷下流失，并且需要多次施加才能保持长期效果，且存在会杀死有益菌群、导致抗药性细菌出现的风险。因此，研发对环境低毒甚至无毒的杀菌剂是当前主要的研究方向。近年来，人们发现植物多酚具有抗氧化、抑菌等多种功效，以富含植物多酚与生物碱的龙眼壳作为实验材料，利用石油醚改性处理后，能有效抑制重金属的浸出和 *A.f* 菌的产酸作用，给预防 AMD 产生提供了一种以废治废绿色治理的新思路。当前，虽然杀菌法还有诸多问题等待解决，但不可否认，因其廉价、高效的特点，杀菌剂法仍是目前最有发展前景的 AMD 源头控制技术之一。

除了抑制药剂的种类推陈出新以外，药剂的投加方法也有了新的发展。传统的水力喷洒投药方式容易造成药剂流失和光照失效，导致抑制效果下降。将抑制剂的投放从传统的水力喷洒型发展成滴丸缓释型是解决这一问题的最新尝试。滴丸缓释型技术是将细菌抑制剂加载到固体骨架材料中，制成球形固体颗粒，这种滴丸可以持续缓慢释放细菌抑制剂进入外部环境，较好地解决了抑制剂流失和时效性短的问题。加载有烷基苯磺酸钠的缓释滴丸，其现场的抑制期限可以高达 2~7 年。

5.1.4　表面钝化处理

钝化，源自金属防腐技术，是将易氧化金属表面经处理后生成一种致密的、覆盖性好的膜，降低金属的氧化速率。表面钝化法与金属防腐机理中的钝化原理相似，即通过投加钝化剂，在金属硫化矿物表面发生一系列化学反应，致使其表面形成一层致密的惰性保护膜，从而达到减少或阻止氧气、水、微生物与金属硫化矿物接触的目的，减少 AMD 的形成。目前国内外研究的表面钝化法主要分为无机材料钝化技术、有机材料钝化技术、硅烷材料钝化技术和载体-微胶囊化技术。

5.1.4.1　*无机材料钝化技术*

常用的无机钝化剂为磷酸盐、硅酸盐等无机药剂，其主要机理是通过化学反应在金属硫化矿物表面形成难溶的磷酸铁、硅酸铁沉淀物将矿物包裹起来，进而阻止金属硫化矿物的氧化。

Zhou 等[28]研究了铝盐作为钝化剂的效果，结果表明在 pH 值为 2、4 的条件下，在黄铁矿表面并没有监测到 Al，但是在中性环境下，20mg/L 的 Al^{3+} 就能使黄铁矿的溶解速率下降 98%（282d 试验），透射电镜和 X 射线衍射仪的测试结果进一步表明黄铁矿表面形成了更加均匀、光滑的涂层，且表面涂层由两层组成，厚度小于 50nm 富铝层和相对致密的晶型针铁矿层（厚度为 200nm）；Kang 等[29]对 CH_3COONa、H_2O_2 和 KH_2PO_4/Na_2SiO_3 组成的混合溶液形成的钝化层进行了长效性考察，在 449d 的野外试验中，施加 2 次

0.05mol/L KH_2PO_4 的试验区 pH 值由初始的 5.74 降至 2.92~3.97，这表明 KH_2PO_4 钝化剂在实际应用中存在一定的局限性，而施加 2 次 Na_2SiO_3 钝化剂的试验区 pH 值由初始的 6.57 降至 5.20~6.20，且 Fe^{2+} 减少了 99.93%、SO_4^{2-} 减少了 98%，说明相比于 KH_2PO_4，Na_2SiO_3 钝化剂更具备长期抑制 AMD 产生的能力；Kang 等证实了在低温酸性条件下 Na_2SiO_3、$CaSiO_3$、KH_2PO_4 钝化剂对金属硫化矿物的氧化仍能保持良好的抑制效果，同时还发现 H_2O_2 只有与钝化剂混合使用，才能够有效钝化样品，而使用 H_2O_2 对样品进行预处理反而会加快其氧化。

无机钝化剂应用于 AMD 源头控制中也存在一些实际问题，如磷酸盐的过量使用可能会导致周围水体富营养化；Al、Fe 等形成的氢氧化物涂层在酸性条件下无法存在，需要在中性环境才能发挥效果；而硅涂层的形成大多需要添加过氧化氢才能使得黄铁矿表面产生大量的羟基，进而形成 Fe-O-Si 的网状结构，最终起到有效钝化硫化矿物的目的。

5.1.4.2 有机材料钝化技术

除了无机钝化剂之外，有机钝化剂的研究较多，如二乙烯三胺（diethylenet riamine，DETA）、三乙烯四胺（TETA）、三乙烯四胺基双二硫代甲酸钠（DTC-TETA）、腐殖酸等。TETA 对黄铁矿尾矿具有一定的钝化效果，但随着时间的延长，钝化效果逐渐减弱。浸矿 60d 后，除了铁离子溶出的抑制率高达 73%~79%外，浸矿体系中的 Cu^{2+}、Zn^{2+}、Cd^{2+}、Mn^{2+}溶出的抑制效果均较差，这可能因为 TETA 形成的钝化膜并不稳定，经过长期的侵蚀作用而逐渐脱落。Reyes-Bozo 等[30]通过薄膜浮选实验研究了生物固体（主要是腐殖质）对黄铁矿表面改性的能力，Zeta 电位测量结果表明生物固体吸附在硫化矿物表面能够显著提高其疏水性，这对于硫化矿通过减少与水接触进而减少 AMD 产生是有一定帮助的。随着研究的不断深入，农业废弃物也逐渐进入有机钝化剂研究的范围。舒小华等[31]发现添加适量的芦苇秸秆粉末能够提高 DTC-TETA 对黄铁矿氧化的抑制效率；石太宏等[32]以壳聚糖为主要成分、环氧氯丙烷为交联剂制备的钝化剂，可使黄铁矿表面疏水性增强，且对 H_2O_2 的抗氧化率达到 50%~70%。

5.1.4.3 硅烷材料钝化技术

硅烷钝化材料由无机硅原子和官能团（如甲氧基和乙氧基）组成，这种材料具有以下特点：无机部分具有耐用性和与目标表面良好的黏着性；有机部分有助于增强聚合物涂层的柔韧性、抗裂性和相容性。硅烷钝化材料最先在钢铁防腐上广泛应用，随着研究的深入逐渐被用于 AMD 的源头控制。有研究者使用溶胶-凝胶法在毒砂（又称为砷黄铁矿，化学式为 FeAsS）上成功制备了具有抑制黄铁矿氧化能力的甲基三甲氧基硅烷（MTMOS）涂层，其生物氧化抑制率达到 87.37%，化学氧化抑制率达到 94.75%，接触角由 55°提升到了 100°；有研究发现 Fe—O—Si 和 Si—O—Si 键所形成的网状结构是抑制黄铁矿氧化的关键因素，此外还证实了在 n-丙基三甲氧基硅烷（NPS）中引入不可水解的丙基能够显著提高网状结构的疏水性，提高其抑制黄铁矿氧化的效果。近年来国内学者优选巯基丙基三甲氧基硅烷（Prop S-SH）作为钝化剂，除做了常规的化学浸出试验外，还使用柱试验模拟了自然环境下黄铁矿的氧化过程，结果显示钝化矿样在柱试验浸出中总铁离子减少了 62.9%，SO_4^{2-} 离子减少了 70.1%，pH 值为 4.53（对照组 pH 值为 2.13）；利用电化学方法检测硫丙基三甲氧基硅烷（Prop S-SH）对黄铁矿生物氧化的抑制能力，经 5%(V/V) Prop S-SH 处理的矿样在有菌环境下的腐蚀电流为 2.871μA/cm^2（黄铁矿的腐蚀电流为 36.61μA/cm^2），说明硅烷涂层具有优异的钝化效果。由于具有合适尺寸的纳米粒子可以补充硅烷涂层表面的裂缝并且还具有良好的疏水性，因此，通过添加 2wt% 纳米 SiO_2 可以实现在低浓度［3%(V/V)］Prop S-SH 处理下也能得到具有良好钝化效果的涂层，且其在化学浸出中总铁离子和 SO_4^{2-} 离子分别减少了 81.1%和 80.4%，在生物浸出中总铁离子和 SO_4^{2-} 离子分别减少了 79.6%和 79.8%。

与其他类型的钝化剂相比，硅烷钝化材料对酸性环境和温度具有很好的适应性，目前其应用缺陷在于其钝化覆膜的方法多为溶胶-凝胶法，需要在高温条件（50℃以上）下固化才能得到致密的涂层；除此之外，绝大多数研究均使用乙醇作为钝化剂的溶剂，导致成本较高，且存在安全隐患。

5.1.4.4 载体-微胶囊化技术

有些尾矿或废石中黄铁矿含量不超过 10%，使用以上传统方法会浪费大量的试剂，因此，有人提出使用载体-微胶囊化技术用于 AMD 阻控。载体-微胶囊化技术可以特异性识别尾矿或废石中的金属硫化矿物，不仅能在金属硫化矿物表面形成保护膜，抑制 AMD 的产生，而且还可以减少试剂的用量。其主要原理是：氧化还原敏感性强的有机化合物（如邻苯二酚，1,2-二羟基苯等）用来将相对不可溶性离子转化为可溶性离子-有机配合物，这种配合物在溶液中稳定并选择性地分散在硫化矿物的表面，然后发生电化学溶解，不可溶性离子又会被释放并迅速沉淀，在金属硫化矿物表面形成一层致密的保护膜。

Ti-邻苯二酚（cat）、Al-cat、Fe-cat 作为钝化剂时，金属离子均可释放出来形成氢氧化物涂层；此外，还有学者以低质煤为原料，生产出水热处理液（HTL）代替邻苯二酚与 Si 配位作为钝化剂处理黄铁矿，Si-HTL 涂层具有更好的钝化性能。

由于载体-微胶囊化技术可以特异性识别尾矿或废石中的金属硫化矿物，因此其具有很好的应用前景，但其缺点与无机材料钝化技术是一样的，其形成的金属钝化层结构在酸性条件下会被 H^+破坏。因此在使用该技术过程中需要进行长期的监测，避免由于酸化导致涂层失效。

5.1.5 生物矿化法

生物矿化是指通过生物代谢作用影响金属及类金属物质的存在形式，进而改变金属及类金属物质的生物有效性及毒性的方法。煤矿酸性废水的生物矿化控制技术是通过嗜酸性氧化亚铁硫杆菌（*A.f.* 菌）的作用，将酸性废水中的溶解性铁和硫酸根离子转变为施氏矿物［$Fe_8O_8(OH)_6SO_4$］、黄铁矾［$(K^+、Na^+、NH_4^+、H_3O^+)Fe_3(SO_4)_2(OH)_6$］等次生高铁化合物（即铁矾），从而将废水中的铁和硫酸根沉淀去除。铁矾是一种结晶度较差、形貌特殊的亚稳态次生羟基硫酸铁矿物，普遍存在于硫酸根含量丰富的酸性环境，如酸性矿山废水、酸性硫酸盐土壤中，主要包括施氏矿物、黄铁矾、针铁矿（α-FeOOH）、水铁矿［$5Fe_2O_3·9H_2O$、$Fe_{4\sim5}(O, OH, H_2O)_{12}$］等，以黄铁矾类矿物最普遍，也最为稳定，环境介质中存在氯离子时，适当条件下也能形成四方纤铁矿。这些次生铁矿物在不同条件下会发生物相转变，影响物相转化的因素有 pH 值、温度、共存阴阳离子、铁离子种类等。铁离子的初始反应浓度对生成的沉淀的颗粒大小和形貌有影响，浓度越高，产生的颗粒越大。当 $pH<3$ 时，施氏矿物会转变为结晶度较高的黄钾铁矾，而随 pH 值升高，还会转变

为针铁矿；当 pH>6 时，环境中才有水铁矿存在。并且，不同矿山的酸性废水或同一矿山的不同类型的酸性废水形成的次生铁矿物类型也可能不同，有的仅以施氏矿物存在，有的同时存在施氏矿物和针铁矿，有些仅存在黄铁矾和针铁矿等。酸性环境下的 *A.f.* 菌及其形成的次生铁矿物对有毒金属具有钝化或吸附作用，在环境因素影响下，可构成“微生物—矿物—环境”交互作用系统，而黄铁矾、施氏矿物等次生铁矿物可作为三者交互作用的重要媒介，将矿山污泥、酸性废水、生物浸出系统中的重金属元素通过钝化或吸附作用而有效去除。

黄钾铁矾本身具有较大的比表面积和较强的金属配合活性，因而具有较强的重金属吸附能力。该类矿物的沉淀过程可使含 Cr(Ⅵ) 废水得到较好的治理，Cr(Ⅵ) 去除率在70%以上，最高可达 85%。自然环境中，Fe 和 As 的循环与施氏矿物、黄钾铁矾、针铁矿等次生铁矿物关系密切，后者可加速自然环境中这些物质的衰竭，而人工合成的次生铁矿物对 As(Ⅲ) 有很强的吸附作用，可作为酸性环境中有毒重金属的优良吸附材料。

总之，覆盖法、中和法、表面钝化处理法、杀菌剂法、生物矿化法等都可作为酸性废水源头控制技术，都能在不同程度上抑制酸铁积累及酸性废水形成，它们的原理、优缺点总结见表 5-2[33]。

表 5-2 常用矿山酸性废水源头控制技术的原理与优缺点[33]

源头控制技术		原理	优点	缺点
覆盖法	干式覆盖	利用无机、有机覆盖材料制成低渗透性防漏层，铺设在废弃矿山表面，阻挡空气和水侵入，抑制金属硫化物氧化	覆盖材料种类多，来源广，易获取，施工简单，防水隔氧性能优良	覆盖层易受冰雪及水冲刷，植物根系生长会对覆盖层有破坏作用等
	湿式覆盖	将含硫尾矿沉入水底，阻止硫化矿物与氧气接触，抑制硫化物氧化	利用现有废弃矿坑或周围存在的湖泊等水体	若发生极端自然变化（如地震、山洪等）易使废水泄漏
中和法		矿石中加入碱性中和剂，提高体系 pH 值，降低 Fe^{3+} 活度，抑制微生物活性，生成的 $Fe(OH)_3$ 等难溶性物质包覆在硫化物表面，延缓硫化物氧化	药剂来源广泛，成本低，操作容易，工艺简单，易管理	药剂量大，产生大量反应渣，脱水困难，易造成二次污染，易掺和不均匀，导致处理效果差等
表面钝化法		利用钝化剂的化学作用在硫化物粒子表面形成一层致密的惰性保护膜，阻止或降低氧气与硫化物表面接触，抑制硫化物氧化	钝化剂性质稳定，无毒无害，绿色环保等	成本较高，钝化剂需过量，不能实现长久保护作用
杀菌剂法		喷洒或添加杀菌剂抑制或消灭嗜酸性氧化亚铁硫杆菌（*A.f* 菌），抑制硫化矿物氧化	廉价，高效	易受自然环境条件限制，利用率较低，杀菌剂一般具有毒性，对生态环境有不利影响

续表 5-2

源头控制技术	原理	优点	缺点
生物矿化法	在 *A.f* 菌作用下，使 AMD 中溶解性铁和硫酸根在酸性条件下就地原位自然形成施氏矿物、黄铁矾等次生高铁矿物，并利用共沉淀和吸附作用同步去除部分重金属	高效，可大幅度减少后续中和处理产生的渣	条件限制多，成矿量较低，实施条件限制较多

相比于酸性矿山废水的末端处理，源头控制方法无论在技术上还是在经济上都具有显著的优势。每一种源头控制方法都有其适用的范围和条件，在进行选择时，需要综合考虑尾矿库的运行阶段、场地地形及所在地区的气候条件等多种因素。干式覆盖法适用于已经闭库的尾矿库，因为它能够为矿山生态恢复创造条件，所以成为很多矿山企业进行酸性矿山废水源头控制的第一选择。湿式覆盖法只能用于靠近天然水体的尾矿库，但其可以节约覆盖层的建设成本，在经济上具有一定优势。在矿区周围能够提供大量廉价碱性材料的情况下，掺碱混合填埋是一种较好的选择。细菌活性抑制法的优点是可以快速抑制酸性矿山废水的产生，适用于那些需要在短时间内控制酸性矿山废水产生的尾矿库。

各类源头控制方法在应用过程中还存在着一系列的问题，为了更加有效地控制酸性矿山废水的产生，未来的源头控制方法应该重点开展以下研究：

（1）无机矿物覆盖层的性能劣化问题。现有的无机矿物覆盖层大多是由黏土矿物材料制成的低渗透性防渗层，在长期服役过程中，其阻隔性能容易受到冻融和干湿循环、植被根系、微生物活动等自然因素的破坏，对这些破坏过程的机理进行研究并提出相应的解决方法是无机矿物覆盖层利用过程中必须解决的问题。

（2）有机覆盖层使用过程中可能存在的负面效应问题。有机覆盖层中的有机物在降水的带动下可以进入到尾矿库内部，它们能够与重金属离子形成络合物，而金属络合物在自然环境中的迁移速度要显著大于重金属离子，从而加速了重金属污染物的迁移。另外，有机物进入尾矿库后将提高各类细菌的活性，导致硫化矿物的氧化速率升高。所以，对于有机覆盖层可能产生的负面效应问题必须进行详细研究。

（3）外部环境条件对湿式覆盖效果的影响问题。湿式覆盖的效果取决于尾矿上覆水体的稳定性，然而季节变化、光照、风力、水生植被生长等自然因素会造成上覆水体水位下降、含氧量升高，最终影响湿式覆盖效果。研究各种环境因素对湿式覆盖效果的影响，并提出相应的对策是该方向需要重点解决的问题。

（4）碱性材料外部的包裹效应问题。碱性材料掺加到尾矿库后，其外部会被不断生成的酸碱中和产物所包裹，这种包裹阻碍了碱性材料内部与酸性矿山废水接触，降低了中和效果。如何克服酸碱中和产物的包裹，增加碱性材料与酸性矿山废水的接触，从而减少碱性物质的投加量是掺碱源头控制技术必须解决的问题。

（5）新型抑菌剂的研制及投放方式开发问题。研制经济、长效、环境友好的抑制剂仍然是细菌活性抑制方法将来一段时间内研究的重点。与此同时，开发新的抑制剂投放方式，延长它们在自然环境中的有效性，从而降低投药量和投药频率，是该方向另一个亟须解决的问题。

5.2 迁移治理

如果 AMD 的源头控制有困难，而这种污染的水又无处可排，唯一的选择就是通过转移控制和治理的途径减少其环境影响。迁移控制（migration control）是 AMD 处理最常见的短期方法，主要是指酸性废水在迁移或转移过程中进行治理。

迁移控制也分为主动迁移控制（active migration control）和被动迁移控制（passive migration control）两大类。主动迁移控制指的是连续使用碱性物质去中和 AMD 并沉淀其中的金属。碱性物质包括石灰（CaO 或 $Ca(OH)_2$）、石灰石（$CaCO_3$）、脉石矿物和工业废物等。被动迁移控制指的是使用天然或人工构建的湿地生态系统来处理 AMD。利用湿地基质、植物及微生物构成的复合系统通过过滤、吸附、共沉淀、离子交换、植物吸收和微生物作用等过程来实现对 AMD 中有害元素的汇集和沉淀。

5.2.1 迁移控制技术

主动迁移控制技术基于是否有生物反应可以分为主动生物控制技术和主动非生物控制技术。其中主动非生物控制技术是使用最多的技术。

最常见的 AMD 主动迁移控制技术是通过添加碱性材料（包括石灰或石灰石、矿渣、铝土矿残渣或飞灰）将酸性废水中的重金属转化为沉淀，尽管这种途径需要材料的连续添加，并且会导致大量二次污泥的产生，但仍是目前最常采用的技术。

重金属/准金属不易降解，在人体内积累会导致严重的健康问题，虽然硫酸盐对人体的危害较小，在浓度不是非常高的时候是无毒的。重金属/准金属不易降解，在人体内积累会导致严重的健康问题，虽然硫酸盐对人体的危害较小，在浓度不是非常高的时候是无毒的，但是，环境水体中的硫酸盐会扩散到水体的底部沉积层，沉积层的厌氧环境条件决定了硫酸盐还原菌在此空间内会形成一定的优势，且伴随着硫酸盐还原菌的代谢活动，SO_4^{2-}会被转化为 S_2^-，这些 S_2^-一部分会和沉积层中存在的大多数金属离子一起形成难溶于水的金属硫化物沉淀，并沉积于水体底部的沉积层中，另一部分则会与水中的有机物形成含硫有机物，如硫酸等。在水体底部沉积层硫酸盐还原过程活跃的情况下，硫酸盐还原产物和金属离子结合生成的金属硫化物沉淀会导致水生植物所必需的微量金属元素缺失，水体的生态平衡将被破坏，在水体接纳过量硫酸盐的情况下，水体下层空间所生成的产物硫化氢具有很强的毒性，可导致鱼虾等水生动物死亡，甚至灭绝，使水体丧失原有的生态功能。

大多数重金属/准金属可以通过使用碱性材料提高 AMD 溶液的 pH 值来去除，因为金属/准金属的溶解度通常在较高的 pH 值下会降低。然而，通过添加石灰或石灰石不容易去除锰，因为有效去除氢氧化物锰需要 $pH=11$。除锌也可能存在问题，需要 $pH>8$。最近，观察到氢氧化锰和氢氧化锌沉淀都发生在低于预期的溶液 pH 值，分别约为 6~10 和 6~7.5，这可能是由于不均匀的沉淀。然而，要么必须保持这些 pH 值条件以阻止沉淀相的再溶解，要么必须将这些相与出水分离，或者必须通过随后与不溶相的化学反应来稳定它们。有人发现石灰石和碳酸钠的组合有利于从 AMD 中去除锰；其他技术如膜和离子交换也被推荐用于去除溶解的金属/准金属和硫酸盐。然而，这些并没有得到很好的利用，主要是因为与使用石灰、石灰石或其他廉价矿物甚至脉石相比，运营成本高。

5.2.1.1 使用石灰和石灰石修复 AMD

尽管需要添加大量被视为“资源”而非“残留物”的石灰和石灰石，但添加石灰和石灰石仍是中和矿区酸性废水、沉淀重金属和硫酸盐的最常用做法。然而，无论从财务上还是从资源可用性的角度来看，这种方法从长远来看都是不可持续的。

由于石灰在许多国家的可用性和低成本，大多数重金属可以通过添加石灰或石灰石去除，硫酸盐可以作为石膏沉淀。也有添加 Ba^{2+} 以产生硫酸钡沉淀或添加 Al^{3+} 以沉淀钙矾石（$Ca_6Al_2(SO_4)_3(OH)_{12} \cdot 26H_2O$）以去除硫酸盐，通过加入石灰和石灰石去除硫酸盐的反应分别为：

$$Ca(OH)_2(s) + 2H^+ + SO_4^{2-} \longrightarrow CaSO_4 \cdot 2H_2O \tag{5-1}$$

$$CaCO_3(s) + 2H^+ + SO_4^{2-} + 2H_2O \longrightarrow CaSO_4 \cdot 2H_2O + CO_2(g) \tag{5-2}$$

硫酸盐去除的程度取决于石膏的溶解度，而石膏的溶解度又取决于溶液的组成和离子强度。因此，应首先添加石灰或石灰石来处理高硫酸盐 AMD，将 AMD 的硫酸盐浓度降低到 1200mg/L 以下。

在处理铁和铝的时候，石灰石通常会被铁和铝的沉淀所覆盖，使其活性降低，甚至导致其无法作为 AMD 处理中和剂。由于石灰石溶解速度慢且可能被金属氢氧化物包覆，因此不建议将石灰石用于酸度大于 50mg/L 的碳酸钙（$CaCO_3$）或铁浓度大于 5mg/L 的废石场地。针对这个问题，除了应用脉冲流化床冲刷涂覆的石灰石表面外，可以将二氧化碳引入 AMD 以提高石灰石溶解速率，该方法已成功应用于中等酸度为 300mg/L 的场地的现场试验，以及酸度为 1000mg/L、铁浓度为 150mg/L 的 AMD 的处理。由于这种方法会添加碳酸，所以必须在后面的过程中对其进行处理。

为了改进石灰石在 AMD 迁移控制中的应用，对石灰石表面进行改性也是一项值得研究的技术。例如，Iakovleva 等[34]使用盐（NaCl）和采矿工艺水对石灰石表面进行改性以处理 AMD，发现改性石灰石能够去除 Cu^{2+}、Fe^{2+}、Zn^{2+} 和 Ni^{2+}。此外，阳离子的去除不仅是由于添加碱性物质（如石灰石）产生的沉淀，还可能归因于由于沉淀而形成的结晶性较差的物质（如氢氧化铁）的吸附。

5.2.1.2 利用工业副产品废物进行 AMD 修复

A 渣滓

炉渣是钢铁和铜等金属工业冶炼的主要副产品，由于水合无定形二氧化硅、氧化钙和氧化镁的存在，它们具有高度碱性。特别是，钢渣表面含有高浓度、易溶解的 $Ca(OH)_2$ 和 Ca-(Fe)-硅酸盐。多年来，钢渣一直作为一种有效的酸碱度调节剂被添加到酸性土壤中。向 AMD 中加入钢渣会增加溶液的 pH 值并快速去除重金属，为 AMD 的处理提供了一种替代策略。从钢渣中提取的每升约 1500mg $CaCO_3$ 在 AMD 中和中是很有前景的，但应用后期中和能力显著下降，主要是由于渣和出水管上沉淀层厚度增加，导致流速低，碱负荷低，用量减少。渣表面上可溶性钙化合物的增加也有助于降低碱度负荷。利用碱性氧气炉渣是石灰的一种有前途的替代品，因为它可以增加表面上的可溶性钙化合物。添加炉渣可以将 AMD 的 pH 值从 2.5 提高到 12.1，并在 30min 内去除 99.7%的硫酸盐（5000mg/L）和 75%的铁（1000mg/L）。

铝土矿残渣或赤泥是氧化铝精炼的副产品，主要来自拜耳工艺。由于其高碱度和细粒度，通常被认为是具有重大环境问题的固体废物。全世界至少有 2.7Gt 的铝土矿残渣被弃置在垃圾填埋场或开放区域，可以考虑进行废物改造利用、以废治废问题，已经研究了多种再利用策略，包括构造、吸附剂、土壤改良剂和金属回收等。最近，回收赤泥作为石灰中和 AMD 的有效替代品受到了广泛关注。赤泥中含有的氢氧化物、碳酸盐、铝酸盐和其他缓冲剂表明它是一种理想的酸中和材料，而赤泥中不溶性金属氧化物的大比表面积提供了极好的吸附性能。Doye 和 Duchesne[35]证明赤泥在短期内处理反应性尾矿样品具有良好的中和能力。然而，从长远来看，10%的未经处理的赤泥不足以维持中性 pH 值或将金属浓度保持在排放要求以下。为了提高处理 AMD 的赤泥的长期碱度，Paradis 等[36]通过添加盐水将易溶碱度转化为难溶碱度而制成了改良的赤泥，为进一步尾矿处理提供了类似缓冲的过程。由于可溶碱度保持充足，加入盐水不会影响赤泥的短期中和能力，“储存”的碱度在水冲洗过程中被保留下来，缓慢释放以增加中和的持续性。Hanahan 等[37]报道海水改性赤泥的酸中和能力增加了，López 等[38]证明石膏改性赤泥在溶液中作为聚集体起到稳定的作用。

B 煤灰、木灰、烧石灰

高碱性粉煤灰是一种来自燃煤电厂的丰富废料，已被认为是 AMD 处理的另一种选择。Madzivire 等[39]报道，通过添加飞灰将 pH 值提高到 11 以上，可以有效地从 AMD 溶液中去除硫酸盐。添加石膏种子用于引发石膏从饱和溶液中沉淀，然后加入无定形氢氧化铝（$Al(OH)_3$）以沉淀硫酸钙形成钙矾石，可以将硫酸盐浓度降低 5 倍以上。进一步研究表明，使用粉煤灰处理 AMD 还显示出去除放射性元素（如铀和钍）的潜力，从而使水得到充分净化以满足饮用标准。在粉煤灰抑制含丰富黄铁矿废物柱浸出过程中 AMD 生成的实验中，黄铁矿释放的铁由于较高的 pH 值而立即沉淀，水逐渐变为中性或碱性。在黄铁矿表面形成的羟基氧化铁相通过为水流和氧气提供物理屏障抑制了进一步的氧化，从而减轻了 AMD 的产生。

木灰的应用也备受关注，使用木灰处理已显示出相当的去除铁（Fe）、砷（As）、汞（Hg）、铬（Cr）、镉（Cd）、钴（Co）、铜（Cu）、镍（Ni）、铅（Pb）和铝（Al）以及比使用氢氧化钙更好的去除锰（Mn）、锌（Zn）、镁（Mg）和硫酸根离子（SO_4^{2-}）的效率。此外，当使用木灰时，产生的污泥量明显小于使用氢氧化钙时，因为木灰的碱度要高得多。

作为常用于 AMD 中和的商业生石灰或熟石灰的替代材料，炉渣和灰分副产品可用于提供碱度以中和 AMD 流出物并去除金属/准金属。Tolonen 等[40]调查了生石灰制造过程中的四种副产品——部分储存在户外的生石灰、储存在筒仓中的部分烧焦的石灰、窑灰以及储存在户外的部分烧石灰和白云石的混合物，观察到超过 99%的 Al、As、Cd、Co、Cu、Fe、Mn、Ni 和 Zn 以及大约 60% 的硫酸盐从 AMD 中作为沉淀物被去除。在四种副产品中，储存在室外的部分烧石灰和储存在筒仓中的部分烧石灰由于其高金属和硫酸盐去除能力以及产生的污泥少，显示出替代生石灰或熟石灰的潜力。

C 其他

主动治理的生物技术体系中一个流行的技术是异位产硫生物反应器（off-line

sulfidogenic bioreactor），它以完全不同的途径来处理 AMD。和被动的生物修复比较，其工程系统具有三大优势：

（1）反应可以预测也易于控制。

（2）允许 AMD 中存在类似铜和锌等重金属，进行选择性修复或再生利用。

（3）处理后的水中硫酸盐浓度非常低。

但是在另一方面，这个工程系统的建造和维持费用都比较高。生物产硫反应器使用硫化氢生物产品来产生碱，以不溶硫化物方式去除金属，有些类似于混合生物反应堆和可渗透反应墙技术（PRBs）。异位产硫生物反应器的建造和运行可以使硫化氢产物最优化。由于现在的反应器使用的（sulfate reducing bacteria，SRB）对酸度的敏感性（耐受的 pH 值范围为 5.5~9.0），这个工程系统要保护微生物不暴露在流入的 AMD 中。异位产硫生物反应器至少要两种技术：生物硫化（Biosulfide）和生物脱硫处理（常用荷兰 Paques 公司开发的 Thiopaq 工艺）。Biosulfide 系统有生物的和化学的两个独立运行部分。未处理的 AMD 进入化学循环部分，与来自生物循环部分的硫化氢产物接触。调控好 pH 值和硫化物浓度条件，特定的金属硫化物可以被选择性分离。经处理的 AMD 进入生物循环部分，给包含有 SRB 的反应器提供硫酸盐源。Thiopaq 系统使用了两个明显不同的微生物群和不同路径：一是 SRB 中硫酸盐向硫化物的转化及金属硫化物的沉淀；二是利用硫化物氧化细菌，所有过剩的硫化氢向元素硫转化。和铁氧化剂嗜酸菌不同，SRB 是异养菌，不需要有机物质作为碳源和能量。1992 年荷兰的 Budelco 炼锌厂就已经成功地应用 Thiopaq 技术处理了锌污染的地下水；还有美国犹他州的 Kennecott Bingham 峡谷，铜矿污染造成的 pH 值达到 2.6 的小溪废水的成功治理恢复也是使用 Thiopaq 技术。

5.2.2 被动迁移控制技术

被动迁移控制指的是使用天然或人工构建的湿地生态系统来处理 AMD。被动转移控制系统的初始投入费用比较高。基于是否有生物反应，被动迁移控制技术也可以分为被动生物控制技术和被动非生物控制技术。

被动非生物治理技术的经典方法是缺氧石灰石排水沟（anoxic limestone drains，ALD），它的原理是使煤矿酸性废水流入一个石灰石砾石层，水道的底部衬垫塑料，顶部覆盖黏土，不让外部空气和水进入。这个水道的直径可窄（0.6~1.0m）、可宽（10~20m），一般深 1.5m、长 30m 左右。这个技术的目标是通过向 AMD 中添加碱性物质起到防止二价铁氧化，而在石灰石中沉淀三价铁氢氧化物的作用。AMD 与碳酸盐岩非均相反应过程见图 5-2。水体的 CO_2分压增大，加速了石灰石的溶解，水中碱含量因而增大，可以达到 275mg/L，比开放体系平衡状态的 50~60mg/L 高得多。理论上，一旦建设好，ALD 只需要极少的维持费。

与建造混合湿地相比，ALD 尽管能以更少的成本和更低廉的价格得到中和 AMD 的碱，但是也并非适合处理所有的 AMD。如当 AMD 中含有较高的三价铁或铝时，ALD 的短期效果还不错，当含有 Fe^{3+}或 Al^{3+}的酸性水与石灰石接触时，这两种金属均可以发生水解和沉淀，这些水解反应的发生不需氧化作用。氢氧化铁可在石灰石表层形成硬壳（表壳），限

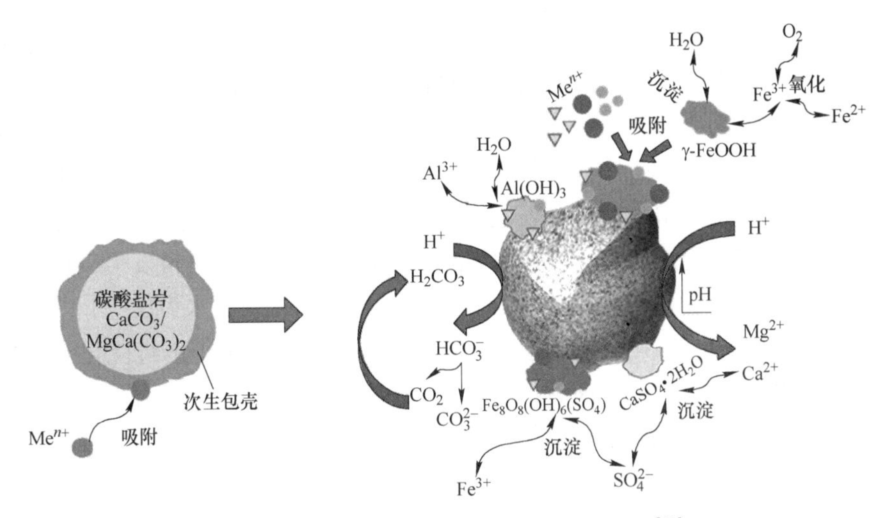

图 5-2 AMD 与碳酸盐岩非均相反应示意图[41]

制其进一步溶解和发挥效用，氢氧化物在排水沟中的沉积将逐步降低其渗透性，并最终导致堵塞，一般运行约 6 个月后就会出现故障。在 ALD 中，当矿山排水与石灰石接触时即产生碱，使用碳酸钙（$CaCO_3$）含量高的石灰石很重要，因为其化学反应性高于含镁量（$MgCO_3$或 $CaMg(CO_3)_2$）高的石灰石，且 ALD 必须密封，使大气中的氧进入量最少，而使排水沟中 CO_2的积聚量最大。研究表明，水中 Mg^{2+}和 Fe^{3+}对 $CaSO_4 \cdot 2H_2O$ 晶体生长有抑制作用，离子浓度升高导致岩石表面的硫酸钙结晶速率变慢，硫酸钙结晶速率越慢，其结晶就越大，晶体表面积也变大，因此，铁氧化物的附着能力也就越强、越紧密，直接影响 H^+到岩石表面的传质速率，从而降低 AMD 与碳酸盐岩之间相互作用的速率。ALD 还有一个潜在的缺陷，即其中的碳酸亚铁和碳酸锰凝胶体可能导致石灰石砾石的溶解不一致。ALD 可以作为被动处理系统的重要组成部分和需氧湿地或混合湿地联用。在 AMD 治理效果不佳的已建成湿地添加 ALD，可以大幅提高治理效果，改进作用明显。

有些微生物能够生产碱并固定金属，正好与 AMD 的反应方向相反，这就是被动生物修复 AMD 的基本依据。当处置 AMD 的好氧湿地建好以后，主要的大型植物香蒲（typha）和芦苇类（phragmites spp）对改善水质的直接作用受到质疑。真正起作用的可能是微生物，因为它们与废水、基质和植物之间的相互作用更多。产生净碱的微生物作用主要是还原过程，包括有反硝化作用、生成甲烷、硫酸盐还原、铁和锰的还原等。氨化作用（从含氮的有机化合物中得到氨）也是产碱过程。在 AMD 影响的环境中，由于必需的物质（如氮）相对缺乏，因而使这些作用得不到充分发挥。

大多数生物修复是被动体系，目前在大规模处理体系中得到应用的还只有人工湿地和混合生物反应器。被动生物修复体系的主要优点在于其相对低的维持费用，而且水处理的固相产物留在湿地沉积物中，便于清运。缺点是安装费用高，土地占用多，过程的可预见性差、长期稳定性不确定等。

以下分别介绍被动治理的主要生物技术：（1）好氧湿地（aerobic wetlands）；（2）厌氧湿地/混合生物反应器（anaerobic wetlands/compost bioreactors）；（3）好氧和厌氧复合

“湿地”（composite aerobic and anaerobic “wetlands”）；（4）可渗透反应墙（permeable reactive barriers，PRBS）；（5）铁氧化体生物反应器（iron-oxidising bioreactors）。

（1）好氧湿地。好氧湿地属于被动生物修复体系，主要的修复反应是亚铁的氧化和随后的三价铁水解，它们会产生净酸。如果矿山废水中没有足够的碱来阻止 pH 值的快速下降，就需要缺氧的石灰石水来补偿。石灰石将 pH 值每提升 1 个单位会使氧化反应速率降低 100 倍，而生物氧化会加快其反应速率。例如，Mn 在 pH>8.0 时可发生氧化反应，而微生物在 pH>6.0 时就能催化该反应进行。龙中等[42]构建以石灰石水为反应介质的多级复氧反应-垂直流人工湿地治理 AMD，并通过添加立体弹性填料对系统进行优化，经系统前端填充有碳酸盐岩的多级复氧池处理后，出水 pH 值从 5.6~6.6 上升至 6.8~7.5，再经人工湿地处理，出水总 Fe、Mn 浓度满足生活饮用水水源水质一级排放标准。为了维持氧化状态，好氧湿地的地表水流很浅。种植大型植物既可以美化环境，又可以防止水流形成河道，并稳定三价铁沉积物（赭石）。

据水流流动方式的不同，人工湿地可分为表面流人工湿地和潜流式人工湿地。表面流人工湿地水流深度较浅，水直接暴露在大气中，在植物的茎叶之间循环，与天然的湿地较为相似。根据植物的生长类型，可进一步划分为挺水植物型、沉水植物型、漂浮植物型和浮叶植物型人工湿地。潜流式人工湿地是人工湿地中的常用技术，由密闭的水池组成，水流主要在基质中渗流，底部呈厌氧状态，因植物根系泌氧作用，根系附近呈好氧状态。一些水生植物通过从植物末梢到根系的氧输送，可以加速亚铁的氧化速率。在亚铁的加速氧化过程中，发现有微生物的参与。研究表明，氧浓度和 pH 值是亚铁氧化速率的重要参数。当 pH<4 时，亚铁的氧化速率与 pH 值相关性非常强。由于大多数好氧湿地的 pH 值接近中性，亚铁的化学反应将加速进行。在好氧和厌氧过渡带存在嗜中性的铁氧化细菌（如铁锈色披毛菌 *Gallionella ferruginea*），其中纤毛菌属（*Leptothrix spp*）可以破坏有机络合铁。好氧湿地第二大修复作用是去除来自矿山废石矿物毒砂，即砷黄铁矿（FeAsS）溶解在 AMD 中的砷。溶解在矿山废水中的五价砷 As(Ⅴ) 呈 AsO_4^{3-} 络阴离子形式存在，可以吸附在带正电的三价铁胶体上而去除，理论上可以形成臭葱石矿物（$FeAsO_4$）。已经从矿山废水中分离出喜硫的新菌株，可以将三价砷 As(Ⅲ)，氧化为五价砷 As(Ⅴ)，也可以氧化二价铁和还原硫化合物。AMD 中 Fe 在流经湿地后，水体的流动性增强了水体的氧气，使水体溶解氧升高，而 Fe(Ⅲ) 的溶解度低，导致 Fe 氧化物或氢氧化物沉淀的产生，可以与 AMD 中重金属共沉淀和吸附，进而达到去除的作用效果。

（2）厌氧湿地/混合生物反应器。厌氧湿地主要利用大量有机质产生还原条件并依靠碳酸盐岩中和 AMD 的酸度。与好氧湿地相比，厌氧湿地环境更能促使金属络合、还原以及硫化物沉淀。通过生物过程产生的金属硫化物必须保持在缺氧环境下，否则其氧化会使金属再释放并产酸。缺氧湿地中的 Fe 主要以 Fe^{2+} 形式存在，不易生成铁氧化物沉淀。混合生物反应器修复 AMD 的关键反应是厌氧。事实上，从混合生物反应器不支持任何大型植物来看，它也不应该被称为“湿地”。混合生物反应器生态系统配置大型植物仅仅起到美观的作用，因为植物根系会导致氧进入厌氧带。混合生物反应器中的微生物催化酸性废水反应生成碱和生物硫。反应器中的有机物大量取材于当地并被证明有效的可生物降解物（如马粪和牛粪、蘑菇等）。将这些可生物降解物与锯屑、泥炭和秸秆等相混合，以构建混合生物反应器的有机基质。这些有机物的缓慢降解将为嗜铁和嗜硫细菌（iron and sulfate reducing bacteria，FRB and SRB）长期提供有益物质和铵，这就是混合生物反应器治理 AMD 的主要功能和作用。

混合生物反应器的一个重要的工程设计是还原和产碱系统（reducing and alkalinity producing system，RAPS），之前也被称为连续产碱系统（successive alkalinity producing system，SAPS）。在这种体系中，AMD 流过混合生物反应层去除溶解氧并促进铁和硫的还原，然后通过一个石灰石砾石层补充碱（类似 ALD）。通常，RAPS 流出的水进入沉淀池，或者进入好氧湿地以铁的氢氧化物沉淀下来。

（3）好氧和厌氧复合“湿地”。在实际工程应用中，单一湿地往往不能达到预期效果。多级复合人工湿地将不同类型人工湿地有机串联或并联，以达到节约用地、提高净化效果、减少能源消耗等目的。大规模处理 AMD 时可以采用好氧和厌氧复合“湿地”技术，如微生物酸还原体系（acid reduction using microbiology，ARUM），见图 5-3。ARUM 体系有两个氧化池，铁在其中被氧化而沉淀。AMD 先进入控制池，然后通过这两个 ARUM 池生成碱和硫化物。ARUM 池的有机质促进 ARUM 池中的硫酸盐还原。巴西米纳斯吉拉斯州（Minas Gerais）新利马镇（Nova Lima）金矿的 AMD 处理系统就是 ARUM 的典型示例。矿山废水先流入 A、B、C、D 四个氧化沉淀池依次氧化处理，然后再流入 E、F、G 三个微生物还原池依次还原处理。每月从 AMD 中去除 0.6～1.7kg Ni（去除率 37%～87%）、19～49kg Al（去除率 77%～98%）、1.7～0.6kg Zn（去除率 74%～82%）、71～236kg Fe（去除率 78%～95%）。龙中等[43]利用“多级复氧反应-垂直流人工湿地”系统对煤矿酸性废水进行深度处理，对 Fe、Mn 的去除率均可达到 100%，同时，对 Cu、Zn、Cd 和 Cr 等也有一定的去除效果。煤矿废水经多级复氧反应池处理后进入垂直流人工湿地，人工湿地中植物可通过吸收和吸附去除废水中的金属离子，如菖蒲对废水中 Mn 的富集能力强。湿地沉积物和植物根际土壤中 Mn 的含量明显高于多级复氧反应池沉积物样品中 Mn 含量，说明在湿地系统中更有利于锰的氧化物生成。土微菌属可通过黏附在湿地系统中植物或者池壁等的表面形成生物膜吸附铁锰氧化物；硝化螺旋菌属在湿地系统中不仅具有硝化功能，同时还能产生硫化物醌还原酶；硫化物醌还原酶能将硫化物氧化为单质硫。

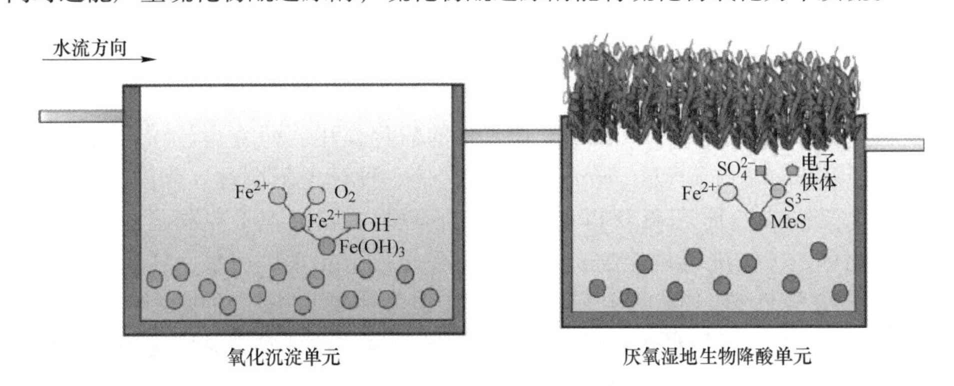

图 5-3 ARUM 系统反应过程示意图[43]

(4) 可渗透反应墙(PRBs)。PRBs 广泛应用于污染地下水的处理。在生物处理 AMD 方面，其基本原理与混合生物反应器相似。在地下水流路径上挖沟或挖坑，在沟坑中填上可渗透的反应物(有机物固体混合物，如有可能再添加一些石灰石砾石)，再做一些景观美化。就构成了 PRBs(图 5-4)。PRB 中微生物还原作用生成了碱，石灰石和其他碱性矿物溶解进一步提高地下水的碱性，以硫化物、氢氧化物和碳酸盐矿物形式去除污染金属。

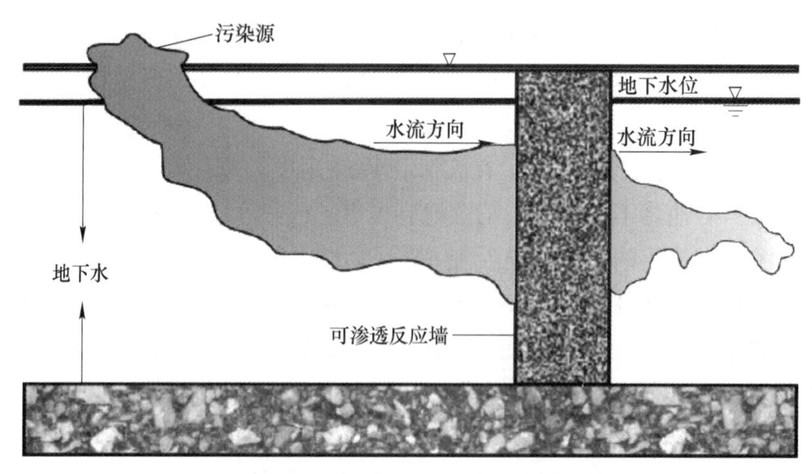

图 5-4 可渗透反应墙示意图[43]

采用可渗透反应墙固定化硫酸盐还原菌(sulfate-reducing bacteria，SRB)原位治理酸性矿井水是一种比较有效的做法。SRB 对硫酸盐的还原机理大致可分为以下 3 个阶段：1) 分解阶段。在厌氧状态下，有机物通过“基质水平磷酸化”产生 ATP 和高能电子。2) 电子转移阶段。在分解阶段产生的高能电子通过 SRB 特有的电子传递链(如黄素蛋白、细胞色素 C 等)逐级传递，同时产生大量的 ATP。3) 氧化阶段。这一阶段中电子转移给氧化态的硫元素(SO_4^{2-})，并将其还原为 S^{2-}，生成 H_2S，同时消耗 ATP。

SRB 除了以硫酸盐为电子受体进行还原反应外，还需要有机物为其提供能量，并作为生化反应的电子供体。生物硫酸盐还原是碱度逐渐增加的过程，产生的碱度可中和废水的酸性，且产生的硫化氢能与废水中的重金属离子结合形成不溶性金属硫化物沉淀，可选择性地进行有价金属的回收。所以采用硫酸盐还原菌处理 AMD 是个非常不错的选择。

(5) 铁氧化体生物反应器。铁氧化体生物反应器也是应用较多的一门技术。原核生物(细菌和原始细菌)中有许多可以自给营养(例如绿色植物用最小能量固定碳)的物种，可以加速 pH<4 的 AMD 中铁从二价到三价的氧化作用。研究得最深入的细菌是嗜酸氧化亚铁硫杆菌 *Acidith iobacillus ferrooxidans*，它是一种革兰氏阴性、化能铁/硫氧化自养菌，通过氧化亚铁或还原态硫获得电子，并合成生物能(ATP)和还原力(NADPH/NADH)，同时固定 CO_2进行自养生长。该菌广泛分布于酸性矿坑水、热泉等极端贫瘠环境，也是目前嗜酸性硫杆菌属中研究与应用最为广泛和深入的菌种。不同来源 *A. ferrooxidans* 菌株对重金属的毒性耐受不同，进而导致菌株的亚铁氧化能力不同，最终影响嗜酸微生物的重金属浸出效应。研究表明，将固定化嗜酸氧化亚铁硫杆菌 *immobilising A. f* 植入固体基质中构成一个压缩的生物反应床可以提高反应速率，实验最高可达 3.3g/(L·

h)。除了嗜酸氧化亚铁硫杆菌亚铁，还有很多能氧化亚铁的原核生物，它们为化能自养细菌，碳源为二氧化碳，其生物量较低，如嗜铁钩端螺旋菌 *L. ferriphilum* 等，在适宜的温度、pH 值条件下，均可以和亚铁发生氧化作用，但和亚铁的亲和力各有不同。

为了消除或减轻 AMD 带来的环境影响，目前的研究内容和工程技术体系已经形成了粗线条或大致轮廓。在研究思路和技术路线方面有源头控制路线和转移控制路线之分，在治理体系上有主动体系和被动体系之分，在研究内容或工程技术上有生物治理技术和非生物治理技术之分。然而，AMD 的产生背景条件随矿山地质环境条件的变化而变化。AMD 的具体的产生机理、数量以及化学性质等，与矿山的地形、气候、植被、生物、水文地质条件、矿物和岩石的性质、矿山开采方式、矿物冶炼工艺、废石和废渣堆放方式等因素有关。在设计预防和治理方案时，既要考虑矿山的这些地质环境条件，还要考虑结合当地可利用的有机和无机材料以及生态环境条件。因此，在实际工程应用中，要因地制宜地选用不同的路线、体系或技术。有时也可能是在选定主导路线和主导体系基础上，采用不同技术的联用。

尽管 AMD 生成的化学过程很简单，但最终产物是当地地质、地球化学、微生物学、水文和气候的函数。这些因素的结合导致了不同浓度和不同成分的 AMD 生成。因此，在设计和实施用于修复 AMD 的可持续且具有成本效益的技术方法时，应考虑许多因素。然而，预防和修复策略具有相同的机制：识别潜在的酸形成矿物质并降低酸形成率。使用包括石灰、石灰石、化学品、脉石矿物、工业废物和其他材料在内的碱性材料中和 AMD 是 AMD 修复的最简单的短期方法，但它需要持续投入并导致大量二次污泥产生，需要进一步处理。石灰和/或石灰石的添加，由于当地资源成本低，一些矿场优先选择，但往往只能将硫酸盐还原至大于排放标准的浓度。因此，这种做法被认为是用高浓度重金属和硫酸盐对 AMD 进行第一阶段治疗的一种选择。虽然上述描述的 AMD 迁移控制均有一定的效果，但一些技术的组合有利于高效、完全去除硫酸盐和重金属/准金属。

在“预防胜于治疗”的基础上，使用低成本脉石矿物或工业废物进行源头控制是 AMD 修复实现零废物排放的较好选择。然而，由于尚未完全了解机制和非最佳实施程序，各种从源头上防止 AMD 的尝试尚未在工业规模上成功实施。可以考虑在长期源头控制处理之前进行短期中和。后者通常包括在黄铁矿矿物表面形成不渗透层，并且需要周围中性的 pH 值。总之，目前治理煤矿酸性废水应兼顾主动治理和被动治理。“主动治理”技术处置煤矿酸性废水见效快，但需有专人管理，并持续投入化学药剂，总体上成本较高，且会产生大量二次废物。“被动治理”技术主要依靠生物（植物和微生物），通过煤矿酸性废水环境中的微生物代谢过程治理煤矿酸性废水，一般不需要供能和添加化学处理剂就可满足治理需求，虽建造成本相对较高，但具有较长的使用寿命，对于长期运行更加经济。

AMD 处理还应考虑气候条件、季节性温度、蒸发和降雨，因为黄铁矿涂层和废石堆覆盖物的长期稳定性可能会受到极端天气事件的影响。虽然这里没有讨论生物处理，但应充分考虑生活在 AMD 位点的本地微生物的影响，因为微生物的活性肯定会影响 AMD 的形成、硫化物和脉石矿物的氧化和溶解以及钝化层形成过程。

本章小结

本章主要介绍煤矿酸性废水的源头治理和迁移控制的内容。源头治理主要是基于阻止金属硫化物与空气的直接接触、抑制微生物的活性、降低铁的活度，便可减少酸性废水的形成。这3个基本原理，采用覆盖隔氧、添加碱性物质和细菌活性抑制等方法从源头上减少酸性废水的产生。迁移控制则是酸性废水在迁移转移过程中进行治理，根据采用方式的不同又分为主动迁移控制和被动迁移控制，其中，主动迁移控制技术包括添加碱性材料（如石灰或石灰石、矿渣、铝土矿残渣、粉煤灰、木灰、烧石灰等）、生物产硫反应器；被动迁移控制技术包括石灰石排水沟、好氧湿地、厌氧湿地/混合生物反应器、好氧和厌氧复合“湿地”、可渗透反应墙、铁氧化体生物反应器等。对酸性废水从源头和迁移过程中进行全面治理，将主动迁移控制和被动迁移控制技术进行有机结合，可以更有效地解决酸性废水的污染问题，减少AMD对周围环境造成的危害。

思考题

5-1 阐述为何采用源头治理和迁移治理技术来处理煤矿酸性废水？

5-2 煤矿酸性废水源头治理有几种类型？

5-3 煤矿酸性废水迁移治理有几种类型？

5-4 煤矿酸性废水源头治理和迁移治理每种治理方式各有何优缺点，有何适用范围？

参考文献

[1] 董兴玲．煤矸石山酸性废水污染及源头控制技术［J］．西部探矿工程，2020，32（12）：151-153.

[2] 阳正熙．矿区酸性废水的成因及其防治［J］．世界采矿快报，1999（10）：42-45.

[3] Johnson D B，Hallberg K B. Acid mine drainage remediation options：A review［J］. Science of the Total environment，2005，338（1-2）：3-14.

[4] Li M，Aubé B，St-Arnaud L. Considerations in the use of shallow water covers for decommissioning reactive tailings［C］. 4th ICARD，Vancouver，1997.

[5] 赵玲，王荣锌，李官，等．矿山酸性废水处理及源头控制技术展望［J］．金属矿山，2009（7）：131-135.

[6] Sahoo P，Tripathy S，Panigrahi M，et al. Inhibition of acid mine drainage from a pyrite-rich mining waste using industrial by-products：Role of neo-formed phases［J］. Water，Air，& Soil Pollution，2013，224（11）：1-11.

[7] Adu-Wusu C，Yanful E K. Performance of engineered test covers on acid-generating waste rock at Whistle mine，Ontario［J］. Canadian Geotechnical Journal，2006，43（1）：1-18.

[8] Rowe R K，Hosney M. Laboratory investigation of GCL performance for covering arsenic contaminated mine wastes［J］. Geotextiles and Geomembranes，2013，39：63-77.

[9] Jia Y，Maurice C，Öhlander B. Effect of the alkaline industrial residues fly ash，green liquor dregs，and lime mud on mine tailings oxidation when used as covering material［J］. Environmental Earth Sciences，2014，72（2）：319-334.

[10] Lu J，Alakangas L，Jia Y，et al. Evaluation of the application of dry covers over carbonate-rich sulphide

tailings [J]. Journal of Hazardous Materials, 2013, 244: 180-194.

[11] Mbonimpa M, Bouda M, Demers I, et al. Preliminary geotechnical assessment of the potential use of mixtures of soil and acid mine drainage neutralization sludge as materials for the moisture retention layer of covers with capillary barrier effects [J]. Canadian Geotechnical Journal, 2016, 53 (5): 828-838.

[12] Demers I, Mbonimpa M, Benzaazoua M, et al. Use of acid mine drainage treatment sludge by combination with a natural soil as an oxygen barrier cover for mine waste reclamation: Laboratory column tests and intermediate scale field tests [J]. Minerals Engineering, 2017, 107: 43-52.

[13] Huminicki D M, Rimstidt J D. Iron oxyhydroxide coating of pyrite for acid mine drainage control [J]. Applied Geochemistry, 2009, 24 (9): 1626-1634.

[14] Kargbo D M, Atallah G, Chatterjee S. Inhibition of pyrite oxidation by a phospholipid in the presence of silicate [J]. Environmental Science & Technology, 2004, 38 (12): 3432-3441.

[15] Kargbo D M, Chatterjee S. Stability of silicate coatings on pyrite surfaces in a low pH environment [J]. Journal of Environmental Engineering, 2005, 131 (9): 1340-1349.

[16] Zeng S, Li J, Schumann R, et al. Effect of pH and dissolved silicate on the formation of surface passivation layers for reducing pyrite oxidation [J]. Computational Water, Energy, and Environmental Engineering, 2013, 2 (2): 50.

[17] Fan R, Short M D, Zeng S J, et al. The formation of silicate-stabilized passivating layers on pyrite for reduced acid rock drainage [J]. Environmental Science & Technology, 2017, 51 (19): 11317-11325.

[18] Wajima T, Shimizu T, Ikegami Y. Stabilization of mine waste using paper sludge ash under laboratory condition [J]. Materials Transactions, 2007, 48 (12): 3070-3078.

[19] Kastyuchik A, Karam A, Aïder M. Effectiveness of alkaline amendments in acid mine drainage remediation [J]. Environmental Technology & Innovation, 2016, 6: 49-59.

[20] 任婉侠，李培军，范淑秀，等．低分子量有机酸对氧化亚铁硫杆菌影响 [J]. 环境工程学报，2008 (9): 1269-1273.

[21] 李洋．小分子有机酸对氧化亚铁硫杆菌的抑制作用及其机理的初步研究 [D]. 南京：南京农业大学，2010.

[22] 张哲，党志，舒小华．硫化物矿山尾矿生物氧化作用的抑制研究 [J]. 环境工程学报，2010，4 (5): 1191-1195.

[23] 吴东升．酸性矿井水中氧化亚铁硫杆菌的抑制研究 [J]. 煤炭工程，2008 (10): 94-96.

[24] 徐晶晶．氧化亚铁硫杆菌复合杀菌剂的作用机理及其缓释技术研究 [D]. 北京：中国矿业大学，2014.

[25] Kleinmann R L. At-source control of acid mine drainage [J]. International Journal of Mine Water, 1990, 9 (1): 85-96.

[26] 付天岭，吴永贵，罗有发，等．抗菌处理对含硫煤矸石污染物释放的原位控制作用 [J]. 环境工程学报，2014，8 (7): 2980-2986.

[27] Zhao Y, Chen P, Nan W, et al. The use of (5Z)-4-bromo-5-(bromomethylene)-2(5H)-furanone for controlling acid mine drainage through the inhibition of Acidithiobacillus ferrooxidans biofilm formation [J]. Bioresource Technology, 2015, 186: 52-57.

[28] Zhou Y, Fan R, Short M D, et al. Formation of aluminum hydroxide-doped surface passivating layers on pyrite for acid rock drainage control [J]. Environmental Science & Technology, 2018, 52 (20): 11786-11795.

[29] Kang C U, Jeon B H, Park S S, et al. Inhibition of pyrite oxidation by surface coating: A long-term field study [J]. Environmental Geochemistry and Health, 2016, 38 (5): 1137-1146.

[30] Reyes-Bozo L, Herrera-Urbina R, Escudey M, et al. Role of biosolids on hydrophobic properties of sulfide ores [J]. International Journal of Mineral Processing, 2011, 100 (3-4): 124-129.

[31] 舒小华，张倩，张学洪，等. 新型钝化剂与秸秆对黄铁矿的氧化抑制效果 [J]. 环境工程学报, 2017, 11 (2): 933-937.

[32] 石太宏，程乾坤，张红云，等. 交联壳聚糖包膜对黄铁矿化学氧化的抑制 [J]. 环境工程学报, 2016, 10 (10): 5574-5578.

[33] 钟萍丽，伍赠玲，季常青，等. 酸性矿山废水生物矿化源头控制技术研究进展 [J]. 湿法冶金, 2022, 41 (4): 289-294.

[34] Iakovleva E, Mäkilä E, Salonen J, et al. Acid mine drainage (AMD) treatment: Neutralization and toxic elements removal with unmodified and modified limestone [J]. Ecological Engineering, 2015, 81: 30-40.

[35] Doye I, Duchesne J. Neutralisation of acid mine drainage with alkaline industrial residues: Laboratory investigation using batch-leaching tests [J]. Applied Geochemistry, 2003, 18 (8): 1197-1213.

[36] Paradis M, Duchesne J, Lamontagne A, et al. Long-term neutralisation potential of red mud bauxite with brine amendment for the neutralisation of acidic mine tailings [J]. Applied Geochemistry, 2007, 22 (11): 2326-2333.

[37] Hanahan C, Mcconchie D, Pohl J, et al. Chemistry of seawater neutralization of bauxite refinery residues (red mud) [J]. Environmental Engineering Science, 2004, 21 (2): 125-138.

[38] López E, Soto B, Arias M, et al. Adsorbent properties of red mud and its use for wastewater treatment [J]. Water Research, 1998, 32 (4): 1314-1322.

[39] Madzivire G, Gitari W M, Vadapalli V K, et al. Fate of sulphate removed during the treatment of circumneutral mine water and acid mine drainage with coal fly ash: Modelling and experimental approach [J]. Minerals Engineering, 2011, 24 (13): 1467-1477.

[40] Tolonen E-T, Sarpola A, Hu T, et al. Acid mine drainage treatment using by-products from quicklime manufacturing as neutralization chemicals [J]. Chemosphere, 2014, 117: 419-424.

[41] 张世鸿，张瑞雪，吴攀，等. 酸性矿山废水与碳酸盐岩的作用过程及其被动治理技术研究进展 [J]. 环境工程, 2021, 39 (11): 52-61.

[42] 龙中，吴攀，黄家琰，等. 多级复氧反应-垂直流人工湿地深度处理煤矿酸性废水 [J]. 环境工程学报, 2019, 13 (6): 1391-1399.

[43] 姚冬菊. 废弃煤矿酸性废水 ARUM 治理系统参数优化与中试试验研究 [D]. 贵阳: 贵族民族大学, 2021.

6 煤矿酸性废水末端治理技术

本章提要：

（1）熟悉并掌握煤矿酸性废水的主要末端治理技术。

（2）掌握主动处理技术的类型及其优缺点。

（3）掌握被动处理技术的类型及其优缺点。

（4）了解其他处理技术的适用范围及其可行性。

目前国内外对矿山酸性废水处理的技术方法主要有化学处理、物理处理及生物处理等技术方法，常见的工艺主要包括中和法、微生物法及人工湿地法等。近年来，国内外专家学者加强对新技术方法的试验研究工作，酸性废水末端治理领域有了较大的发展，出现了一系列新技术、新方法和新工艺，如电化学技术、膜分离技术、反渗透技术等。

6.1 酸性废水治理技术发展趋势

随着国内外科学技术水平的快速发展和科技创新，矿山酸性废水治理技术方法手段呈现出新的发展趋势。主要表现在以下方面：

（1）由低效、高成本向高效、低成本的方向发展。传统的酸性废水处理技术存在着处理成本高、处理效率低等问题。如石灰法，存在结垢严重，易堵塞管道及沉淀污泥量大，容易造成二次污染等弊端[1]。如何减少沉淀和污泥量，节省污泥处理运输费用，降低处理成本，提高废水处理效率，科研工作者开展了大量研究和实践，如改进沉淀物形态等[2]，成为目前发展的方向。

（2）由末端治理向源头控制方向发展。废水处理过程，相比末端治理，源头控制的意义更大，且越来越受到重视，成为当今研究发展的主要方向。源头控制新技术有抑制铁氧化菌、钝化处理、工程覆盖、充填技术等[3]。如美国宾州阿多比采矿公司布兰齐顿矸石场中黄铁矿含量达14.2%，采用杀菌处理技术后含酸量下降80%，环境危害降低。钝化处理[4]是通过化学物理反应在硫化物矿物颗粒表面形成一层不溶的惰性膜。工程覆盖主要是利用覆盖物来降低废石中氧的浓度，从而减缓硫化物的氧化速度。张瑞雪、吴攀等[5]提出利用碳酸盐岩充填采空区避免酸性废水外排的技术。德兴铜矿将集成控制技术应用于矿山废水综合治理中取得了显著的环境、经济和社会效益[6]。

（3）由达标处理向资源化处理方向发展。目前，矿山常用的酸性废水处理方法几乎都是中和沉淀后达标排放，处理成本高，浪费水资源和水中的金属资源。而新的发展方向应该是在对矿井酸性废水进行无害化处理的基础上，考虑资源化处理的可行性，形成良性的循环，使单纯的治理上升到资源再利用的高度。如微生物法处理矿山酸性废水具有费用低、适用性强、可回收短缺原料单质硫等优点[7]。

尽管如此，在做不到完全消除煤矿酸性废水产生条件且无法全部资源化利用的情况下，发展末端治理仍是目前需要重点对待的一个方向。

一旦酸性矿山废水形成，就需要通过不同的非生物和生物措施来隔离、中和或移除。这些措施包括主动和被动两种方式。例如，主动的非生物系统包括曝气和添加石灰，被动的非生物系统包括缺氧的石灰石排水沟。主动生物系统包括生硫生物反应器等，而被动生物系统包括湿地、渗透反应屏障和填充床铁氧化生物反应器等。一般来说，主动系统使用人为化学品，被动系统使用天然处理介质。

6.2 主动处理技术和方法

“主动治理”技术主要有中和法、絮凝沉淀法和吸附法等。中和法是通过投加碱性化学物质如氧化钙（CaO）、氢氧化钙（$Ca(OH)_2$）和碳酸钙（$CaCO_3$）等调节煤矿酸性废水的酸碱度，促进 Fe、Mn 氧化和形成石膏（$CaSO_4 \cdot 2H_2O$）[8,9]。煤矿酸性废水进行中和之后通常会加入絮凝剂，促进金属氧化物絮凝沉淀，去除重金属和硫酸盐。中和-絮凝沉淀法处理效率高，但需源源不断地投加化学试剂，投资、运行和维护成本高昂，并且易产生大量富含 Fe、Mn 等重金属的污泥，处置难度大、成本高[10,11]，限制了其在实际处理中的推广应用。吸附法是通过吸附沉淀去除煤矿酸性废水中的重金属。近年来，利用膨润土[12]、赤泥[13]等作为吸附剂处理煤矿酸性废水的研究得到了较大进展。此外，根据煤矿酸性废水资源化用途，可进一步深度处理，如采用膜过滤、高级氧化技术等。

6.2.1 中和法

中和法是最为常用的技术，通过向煤矿酸性废水中投加药剂，提高废水 pH 值，并与废水中的金属离子发生化学反应形成沉淀。在过去的 50 年，通常使用化学试剂进行中和处理，以消除金属离子和硫酸盐等对环境的影响。常用于中和的工业化学品包括生石灰（CaO）、熟石灰（$Ca(OH)_2$）、石灰石（$CaCO_3$）、碳酸钠（$NaCO_3$）、烧碱（$NaOH$）等。这些化学试剂大多是工业生产的，成本较高，处理过程中会产生大量含水率较高的污泥，其中的金属难以回收利用，需要特殊设计的场地进行处理，以防止金属离子的重新溶出和迁移，这势必会增加处理成本。因此一些本应作为废物处理的碱性工业副产品被用于酸性矿山废水的处理实验来降低成本，以废治废。实验中常见的为水泥窑粉尘、赤泥铝土矿、粉煤灰、高炉渣等。利用生产钛白的副产物绿矾作为还原剂处理含铬废水后可以达到国家标准[14]；也有利用造纸和纸浆厂的副产品作为中和剂对煤矿酸性废水进行处理的。多项研究表明利用工业副产物处理酸矿水具有可行性，但需要通过大规模应用来评估成本及其可持续性。如图 6-1 所示，该方法是向废水中投入中和剂，使重金属离子生成氢氧化物沉淀与水分离，达到最终排放标准。使用的中和剂主要是利用产碱潜能的材料、工业废弃物等与含硫化矿的废石、尾矿进行混合，以提高系统的酸缓冲容量和 pH 值[15]。越来越多的废弃碱性材料用来抑制酸性矿水的产生，在实际操作中较为常见的是石灰石或石灰作为中和剂进行中和处理。在工程运用上，中和法已经取得了很大的改进，适用水质范围广，且处理后水质都可以达到相关排放标准。这种方法比较简单经济，缺点就是不易控制，处理后出水中可能含过多的碱度，对水环境造成不利影响；产生大量不易脱水的硫酸钙渣，这些淤泥处理不当会对附近水体造成二次污染。

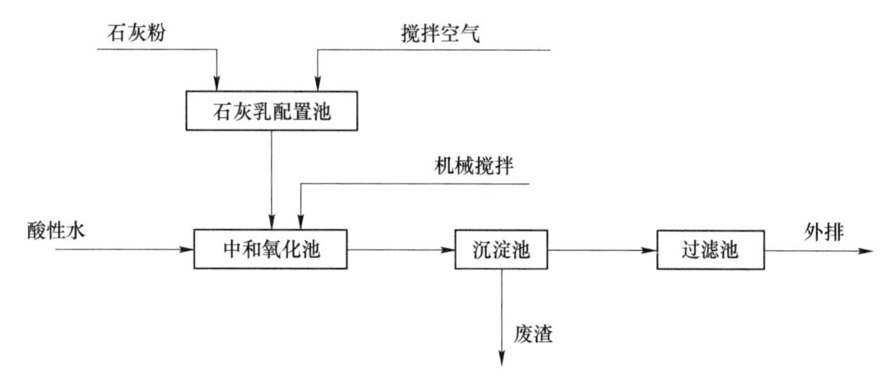

图 6-1　中和法处理煤矿酸性废水常用工艺流程

为了减轻硫化矿物的进一步氧化和酸性排水的产生，通常先用碱性改良剂进行处理，以防止将先前积累的酸度释放到水层中，从而对部分氧化的尾矿进行注水。Catalan 等[16]探究了方解石（$CaCO_3$）和生石灰（CaO）这两种常见的改良剂在长时间内建立和维持 pH 值条件及溶解金属浓度在环境可接受范围内的能力。尽管用生石灰获得了更高的初始 pH 值，但生石灰处理的尾矿的 pH 值会随着时间的推移而降低，这归因于生石灰处理的尾矿的缓冲能力低，以及水不溶性羟基硫酸铁矿物的不一致溶解消耗了氢氧根离子。相比之下，用方解石处理的尾矿的 pH 值最初增加，然后在 pH 值接近 6.7 时保持稳定。这种 pH 值行为是由于羟基硫酸铁与方解石的反应性较低，碳酸氢根离子提供的缓冲能力增加，以及方解石的不完全溶解。总体而言，在中和效果方面，发现方解石优于生石灰，并且在处理后的尾矿中保持长期的中性酸碱度条件。除锌外，方解石处理的尾矿达到了可接受的溶解金属浓度。

添加石灰石是防止含 1%～10%S 的硫化物废物产生酸的常用技术。Mylona 等[17]对少量（低于化学计量要求）碱性添加剂在抑制黄铁矿精矿产生酸方面的有效性材料进行了研究。对部分氧化的黄铁矿精矿进行了长期实验室柱测试，其中通过彻底混合添加石灰石，添加量范围为 6.4%～29%，对应于化学计量量的 5%～30%。然后，通过监测柱子的排水质量来评估黄铁矿-石灰石混合物的性能，在 270 天的监测期后对柱子固体残留物进行地球化学表征，研究了二次氧化-中和产物对材料水力传导率的影响。结果表明，在监测期间，控制柱中发生了先前形成的氧化产物的溶解，导致大量 Fe、Zn、Mn、Cd、As 和 SO_4^{2-} 以及少量 Pb 的释放。由于副产物的存在，延迟了黄铁矿颗粒的进一步氧化，实验结果减缓了黄铁矿与石灰石的均匀混合，抑制了酸性排水的产生，并显著降低了金属和硫酸盐的溶解量。在石灰石改性塔中普遍存在的碱性条件下，发生了氢氧化铁和石膏的二次沉淀。

硫化矿尾矿中黄铁矿氧化产生的酸性矿山排水是一个主要的地质环境问题。这种酸性矿山排水的特点是 $pH<3.5$ 并含高浓度的重金属元素。因此，石灰是产酸硫化物尾矿可持续稳定和中和的先决条件。使用富含碳酸钙或氧化钙和氢氧化钙的农业食品废物和工业副产品作为酸性矿山尾矿库修复中的替代石灰石变得很有吸引力。Kastyuchik[18]等研究了五

种不同类型的碱性改良剂在硫化尾矿（SMT）中的添加效果。对 SMT 进行了两个系列的实验室实验，以评估单独使用鸡蛋壳残留物（CES）或与中和剂结合使用，以中和 SMT 中的酸度并防止重金属元素迁移。结果表明，与用 CES 修正的尾矿样品相比，用水泥或氧化镁修正的尾矿样品具有更高的缓冲性和抗人为再酸化的能力。富含氧化物、氢氧化物和碳酸盐的材料与蛋壳混合可赋予 SMT 长期保护，防止酸性大气沉积或石灰 SMT 的再酸化。这些结果对尾矿管理具有实际意义，可以减少硫化物矿山排水系统中的酸生成和痕量金属迁移以及水污染风险。

选择中和剂需要考虑所用中和剂的成本、工艺，所产生的沉淀废渣清除，以及可能会造成的二次污染等。张慧兰[19]认为在实际处理煤矿酸性废水时，应采用多种方法联合应用，如先用生石灰进行中和反应调节 pH 值，再植入预先培养好的 SRB 菌群，降低 SO_4^{2-}。由于煤矿酸性废水水质随季节变化大、影响因素比较多，在实际生产过程应结合野外现场实际情况，综合考虑生石灰的粒径、组分及酸性废水水质进行处理。

连续碱度产生系统（SAPS）为煤矿酸性废水治理提供了新的思路，该系统通常由两种处理单元组合而成，包括有机质基底和石灰石或其他能够提升碱度的矿物和工业废弃物。一般情况下，进水由有机质基底进入碱性矿物基底，提升水体的碱度，去除金属离子和硫酸盐等。SAPS 主要适合溶解氧（DO）在 2～5mg/L 的高浓度、高酸度矿山废水。SAPS 处理不需要较大的场地，对地形的要求不高，对现场环境的适应性较强，但是很大程度上受到地球化学条件以及季节性降水的影响，并且所需的人工维护相对较多。2001 年 6 月，韩国江原市汉昌煤矿设立了 SAPS 处理系统，每日可处理近 $300m^3$ 的矿山废水，但在处理的第一年内，垂直流反应器中硫酸盐还原菌的作用较小，部分原因是金属离子主要以氢氧化物的形式沉淀下来，抑制了硫酸盐还原菌的活性。

6.2.2　吸附法

吸附法是指利用固体吸附剂的物理吸附和化学吸附性能去除煤矿酸性废水中多种污染物的技术。研究人员利用一些自然资源如褐煤、凹凸棒石和膨润土等进行了煤矿酸性废水处理效果的实验，发现具有良好的吸附效果，可作为高效、经济的吸附介质。但是，若吸附剂缺乏强结合能力，吸附物质容易从中析出，副作用可能比煤矿酸性废水本身更大。除了需要具备较高的金属吸附能力外，还要考虑它们在成本效益方面的适用性、吸附后通过解吸回收金属的方便性等。

许多基于植物和动物产生的废物如牛粪、纤维素废物、稻壳、废咖啡渣和生物炭等被大量用于处理煤矿酸性废水实验。例如，牛粪常被用作去除煤矿酸性废水中金属离子的高效生物吸附剂，有研究测试了对废水中镉、铜和锌三种金属的去除效果，结果表明这些金属的吸附效率与 pH 值有关，并且可再生多次而不会显著降低吸附容量。生物炭作为一种环境材料，其在煤矿酸性废水处理中的应用更具有前景。通过热分解以植物和动物为基础的生物质制备的生物炭也常被用来处理煤矿酸性废水，多种实验结果证明了动、植物废物对煤矿酸性废水处理的有效性，它们通过形成金属配合物来实现吸附，因此，生物炭上吸附的有毒金属离子和其他污染物不易浸出。而且，生物炭还可改善土壤质量，促进生物活性和土壤肥力。

膨润土被人们誉为“万能黏土矿物”，是以蒙脱石为主要成分的黏土，膨润土具有较好的离子交换能力及较高的吸附能力[20]，肖利萍等[12]针对酸性矿山废水 pH 值低、重金属含量大、处理难等问题，采用膨润土-钢渣复合颗粒吸附剂、塑料雪花片和碎石作为填料，经生活污水、鸡粪、锯末发酵液驯化的硫酸盐还原菌优势菌悬液对填料进行挂膜，研究其对 Fe^{2+}、Mn^{2+}、Cu^{2+}、Zn^{2+}、SO_4^{2-} 和 H^+ 的去除效果，并研究分层的动态柱的再生能力。结果表明，膨润土-钢渣复合颗粒与微生物填料分层填装的方式更利于处理煤矿酸性废水，该动态柱 40d 时对 Fe^{2+}、Mn^{2+}、Cu^{2+}、Zn^{2+} 的去除率可以达到 95%以上，说明膨润土复合颗粒与硫酸盐还原菌协同处理煤矿酸性废水具有创新高效性，值得推广使用。

近年来，利用赤泥作为水处理吸附剂去除重金属离子的效果非常明显[21~26]，但赤泥不利于回收利用，因此，进一步利用赤泥、粉煤灰等工业废弃物制成陶粒作为新型吸附剂用于酸性废水净化已成为研究热点。邹正禹等[27]研究了粉煤灰免烧陶粒制备及其重金属废水净化性能，结果表明，吸附平衡后，陶粒对 Cu^{2+}、Zn^{2+} 和 Pb^{2+} 的去除率均可达到 99%以上。潘嘉芬等[28]利用拜耳法赤泥质陶粒滤料处理含铜废水发现：拜耳法赤泥质陶粒滤料对废水中铜离子的吸附效果和耐久性均比砂粒和活性炭强得多，且可以再生利用。高仙[29]研究了黏土基陶粒的研制及其对重金属离子的吸附，结果表明陶粒对重金属离子具有良好的吸附性能。王芳[13]利用赤泥陶粒对模拟酸性废水中的 Cu^{2+} 进行净化处理，实验结果表明，当 pH 值为 3、温度为 30℃、Cu^{2+} 初始浓度为 150mg/L、陶粒添加量为 20g/L、吸附时间为 4h 时，Cu^{2+} 的去除率可达 95.1%。

黄土对酸性老窑水也有较好的吸附能力[30]，它可以有效吸附酸性老窑水中典型污染物如硫酸盐和 Fe、Mn 离子。随着黄土剂量和吸附时间增加，SO_4^{2-}、Fe、Mn 和 Zn 离子的去除率增加。由于存在竞争性吸附，黄土对污染物去除率不一致，利用扫描电子显微镜（SEM）和 X 射线衍射（XRD）研究分析了黄土的吸附前后特性，表明黄土对其吸附以化学吸附为主，伴随物理吸附，吸附行为符合准二级动力学模型。对吸附饱和的黄土进行碱再生后，对污染物仍有较好的处理效果。

在除重金属方面，吸附和氧化还原沉淀被认为是从水中去除 Fe、Mn 和 Zn 等的两种主要机制。这两个过程都依赖于环境酸碱度条件和竞争性溶解离子等，pH 值、E_h 和竞争离子会影响去除效率，而随后新形成的固体的还原溶解会导致重金属离子释放回水中。一些化学和生化技术已在矿山废水重金属去除过程中得到试验和应用，但都有各自的缺点。

6.2.3 膜过滤技术

膜是具有选择性分离功能的材料，可利用膜的选择分离性对废水中不同组分进行分离、纯化、浓缩。它与传统过滤的不同在于膜可以在分子范围内进行分离，膜的孔径一般为微米级[31]。膜技术的应用是减少酸性矿山废水污染的技术之一，并可以通过废水回收尽量减少需水量。由于膜的成本相对较高，并且难以应用于低 pH 值废水，导致采用膜技术处理酸性矿山废水并不常见。另外，膜处理技术除了高昂的费用外，还会产生高盐度废水，该类废水的处理费用同样较高。因此，在改进膜处理技术的同时，需要研究处理或再利用盐水的技术。

膜分离机理包括膜表面的物理截留、膜表面微孔内吸附、位阻截留和静电排斥截留等。按照膜孔径的大小以及截留机理的不同分为微滤、超滤、纳滤、电渗析、反渗透、电驱离子膜和脱气膜等，膜孔径和主要膜材质细见表6-1。

表6-1 主要膜分离技术比较

膜名称	膜孔径	主要膜材质	膜去除物	膜驱动力
超滤	10	中空纤维	提浓含大分子、交替、细菌、病毒等溶液	机械压力
微滤	100	聚丙烯	分离大胶体、大颗粒、纯化含有为例、细菌的溶液	机械压力
纳滤	1	聚酰胺等	降低部分硬度、去除小分子有机物	机械压力
反渗透	0.1	聚乙烯、含氯材料等	降低电导率、去除盐分	机械压力
电驱动离子交换膜	—	聚乙烯、含氯材料等	盐分	直流电场
脱气膜	—	聚丙烯	气体	—

纳滤（NF）和反渗透（RO）工艺因其高的盐容量和金属截留率而受到关注。有研究利用稻壳灰和粉煤灰吸附柱对酸矿水进行预处理，可以有效降低超滤和反渗透过程中膜受污染和性能失效的风险。预处理使反渗透膜的进水pH值在6.0~6.8范围，对硫酸盐、铁和锰的去除率分别为98.0%、94.1%和95.8%。在一项实验室规模研究中，西班牙北部汞矿开采过程中产生的酸性矿山废水含有砷、铅等金属离子，这种酸性矿山废水先用PILMTECTM NF-2540膜处理，再通过纳滤去除部分污染物，在低pH值条件下去除效率较高。

Vhahangwele Masindi 等[32]研究使用碱性氧气炉（BOF）炉渣、石灰、纯碱和反渗透（RO）系统的集成装置从酸性矿山排水中生产出饮用水并回收有价值的矿物质。该过程可以生产出非常纯净的水并回收赤铁矿、针铁矿、石膏和石灰石。此外，盐水将被带到游离脱盐器以进一步回收盐分。为了实现该目标，使用上述集成方法在实验室中进行了半中试实验。BOF和AMD的相互作用使矿井水的pH值提高到8以上。超过99%的金属和75%的硫酸盐也使用BOF炉渣去除。分别使用石灰和纯碱降低残留硫酸盐和硬度。石膏和水镁石在石灰反应器中作为有价值的矿物被回收。Ca作为熟石灰和石灰石在纯碱反应器中回收。回收的矿物可以出售给冶金厂，并抵消工艺/运行成本。反渗透（RO）用于进一步净化水，以满足饮用水质量。实验结果表明，这种集成技术可以从AMD中回收饮用水和有价值的矿物质。

由于AMD的pH值低且金属浓度高，对其进行快速高效的处理仍然具有挑战性。Wang等[33]研究一种使用直接接触膜蒸馏（DCMD）和光催化回收水及利用铁的AMD新处理方法。在未经预处理的DCMD工艺中，通量降低了93.4%。如果通过添加草酸钠进行预处理，由于钙的去除和铁的络合，水垢形成的可能性被有效地减轻。对于预处理过的AMD，DCMD工艺回收了60%的水，通量降低了22%。从DCMD过程中获得的浓缩物在水溶液中的亚甲蓝（MB）降解中表现出高光催化活性。此外，浓缩物中的Fe(Ⅲ)-草酸盐配合物在可见光照射下被还原为不溶性的Fe(Ⅱ)-草酸盐，可通过沉淀分离并用作芬顿催化剂。因此，这种新方法在有效抑制AMD处理过程中DCMD膜污染、生产高质量低电导率馏出物、实现AMD近零排放方面具有很大优势。

如今，膜技术正在成为传统处理的替代方案，因为它们提供了回收有价值成分的可能性，并且可以方便地与其他处理单元集成。在不同的膜技术中，纳滤（NF）、扩散渗析（DD）、反渗透（RO）、电渗析（ED）、正向渗透（FO）和膜蒸馏（MD）是实现酸性废水中酸的再利用和回收有价值成分的最有希望的技术，且可以实现循环利用。J. López等[34]对不同的膜技术做了如下的总结：（1）扩散透析：它适用于处理高浓度（>1mol/L）的酸液，因为其AEM允许回收酸（>70%），同时金属迁移率低（<5%）。然而，由于实现分离需要较低的流速，因此可能需要较大的膜面积。（2）电渗析：可用于脱盐，因为它可以获得纯净水流。然而，Fe^{3+}的存在可能会在膜表面产生结垢，这将增加实现分离所需的电流。（3）正向渗透：正在开发用于酸性废水的处理上，在酸性矿山废水回收水方面取得了可喜的成果，主要缺点是需要避免膜结垢。（4）膜蒸馏（MD）：MD可以浓缩不同种类的酸，且挥发性酸（例如HCl、HNO_3）可以跨膜传输并完全在渗透物中获得。（5）纳滤：广泛用于低于1mol/L的酸度，因为它允许酸的传输，而金属则不能透过，它的性能受溶液组成的影响，尤其是受pH值的影响。（6）反渗透：由于对液压压力的高需求和较低的酸回收率，在高酸度水平下放弃使用RO。

可以看出，膜技术能够处理酸性废水。然而，必须研究膜在酸性介质中的稳定性。用于DD和ED操作的商用离子交换膜以及MD膜在酸性介质下是稳定的，但大多数NF和RO膜（通常由聚酰胺制成的膜）在酸性介质中不稳定，长期暴露会发生水解。目前，耐酸膜（聚合物和陶瓷）正在成为处理酸性水的替代方案。然而，其中一些仍然表现出较差的性能，必须致力于研究提高它们在选择性能方面的技术以及提高NF和离子交换膜分离系数的方法。不带电荷的物质（例如$H_3AsO_4(aq)$）在它们之间的传输可能限制了纯化酸在内部的再利用。此外，尽管pH值较低，但仍可能发生结垢。事实上，酸性液体废物的低pH值和溶解金属的存在会导致铁、铝和钙矿物相的沉淀，这将限制基于膜技术系统的适用性。

6.3 被动处理技术和方法

“被动治理”技术依靠自然的物理、地球化学和生物过程中和AMD的酸度并去除伴生污染物，其运行和维护成本较低。自20世纪90年代以来，“被动治理”技术在欧美地区被广泛应用。“被动治理”技术可分为地球化学处理系统和生物处理系统[35]。

6.3.1 地球化学处理系统

地球化学“被动治理”系统借助水的动能使酸性矿山废水与碱性材料如石灰石发生中和反应。常用的技术有厌氧石灰石排水沟（anoxiclimestone drains，ALDs）、好氧石灰石排水沟（oxiclimestone drains，OLDs）、开放式石灰石沟渠（open limestone channels，OLCs）、石灰石渗滤床（limestone leach beds，LLBs）和石灰石导流井（limestone diversion wells，LDWs）等。以ALDs为例，通过挖掘深沟，填充石灰石，然后密封隔绝氧气，再引入煤矿酸性废水进行中和反应。在ALDs系统中，因为溶解氧（DO）浓度低，金属Fe、Mn和Al主要以还原态存在，所以不易形成金属沉淀覆盖在石灰石表层，阻碍石灰石溶解。该类技术操作简便且经济实用，是一种用于调节煤矿酸性废水酸碱度的预处理技术。

缺氧石灰石沟法（图6-2）因其特别经济实用，在国外得到了广泛应用，其原理是通过将石灰石埋在地下沟渠中，酸性矿井水流经沟渠，使石灰石不断溶解，产生碱度。在缺氧的条件下，避免了Fe^{2+}氧化进而形成的$Fe(OH)_3$包裹于石灰石表面，因此，此法对酸性老窑水进水溶解氧和Fe^{3+}要求较高。为了保证石灰石的溶解效率，进水流量不宜过快，否则处理效果就差。另外，废水中Al^{3+}浓度不宜过高，否则潜在的铝离子形成$Al(OH)_3$使石灰石表面钝化，对系统的正常运行造成威胁。但实践经验及实验数据表明，缺氧石灰石沟法并不适用于单独处理高浓度的酸性矿山废水。

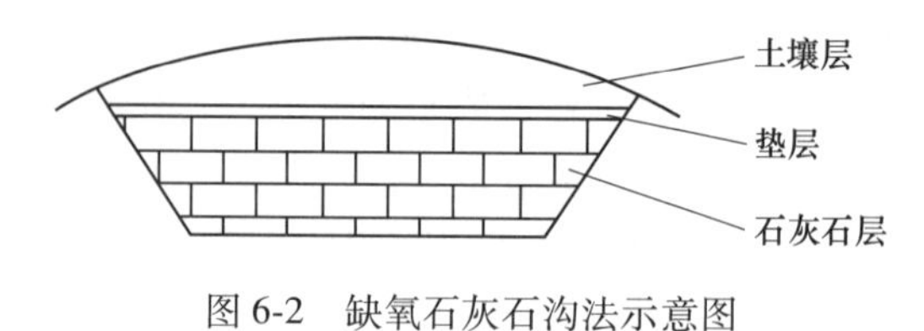

图 6-2 缺氧石灰石沟法示意图

石灰石沟渠（anaerobic limestone ditch，ALD）一般与好氧湿地配合使用，以提升进水的碱度。但需要注意的是，石灰石沟渠一般在厌氧环境中使用，并且对进水的Fe^{n+}、Al^{3+}和硫酸盐的浓度有一定的限制，因为石灰石在DO较高的情况下，将产生大量的氢氧化物附着于反应填料表面，从而降低碱性填料的使用寿命，增加了维护费用。为了保证石灰石的溶解效率，进水流量不宜过快，且进水pH值小于6、净酸度小于300mg/L，超过该值，处理效果将会变差。另外，废水中Al^{3+}浓度不宜超过25mg/L，潜在的铝离子形成$Al(OH)_3$将使石灰石表面钝化，对ALD的正常运行造成威胁。还有其他学者对Fe^{3+}及进水DO的限制值进行了研究，如需进水DO<1mg/L，Fe^{3+}<1mg/L等。

6.3.2 可渗透反应墙技术

可渗透性反应墙（permeable reactive barrier，PRB）技术是20世纪90年代欧美等发达国家开发的适用于受污染地下水原位修复的可靠技术。该技术主要利用反应墙的渗透性使污染物通过水力梯度流经反应介质，并在反应介质作用下发生沉淀反应、吸附反应、催化还原或催化氧化以及络合反应，从而转化为低活性物质或无毒成分，以达到净化、拦截污染物的目的[37]，主要应用于地下水污染的原位处理，近年来也逐步应用于AMD的处理当中，其机理是利用有机质和碱性物质的组合填料，在厌氧环境下通过微生物及填料的中和作用对污染物进行固定。填充材料的类型、流速和在水中停留时间是影响处理效果的主要因素，较高的流速和较低的停留时间将导致污染物去除率降低。PRB在具体的实施中存在众多限制，因而应用于AMD的工程实例仍然较少，目前主要应用于尾矿库或废石堆对地下水产生的污染治理。

PRB是一种地下水污染原位治理的被动修复技术（图6-3），最初用来原位治理地下水污染，现利用渗透填充墙原理结合微生物修复来对酸性矿井水进行处理。可渗透反应墙是通过挖掘沟渠，并在沟渠中填充有一定透水性的活性材料（如有机固体混合物、石灰石或砾石、黄土、钢渣等），污染物羽流在水力梯度作用下通过反应墙时，水中污染物与活性材料发生沉淀、吸附、氧化还原和生物降解等反应，同时与石灰石溶解产生的碱度共同作用于废水，使水中污染物转化为环境可接受的形式。同时还原性的微生物在可渗透反应墙中生长并产生碱度，与石灰石溶解产生的碱度共同作用于废水，金属离子以硫化物、氢氧化物、碳酸盐沉淀形式得以去除。可渗透反应墙技术无需外加动力，反应池构建于地

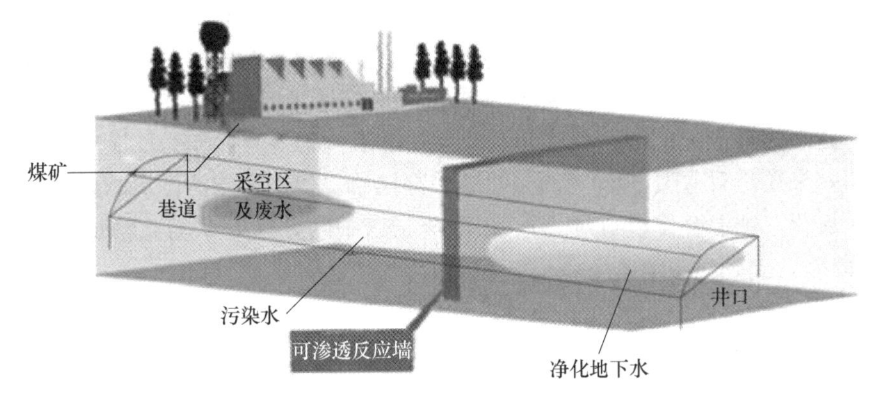

图 6-3 可渗透反应墙示意图

下，不占地面空间，相对于主动处理要经济、便捷。随着可渗透反应墙系统运行时间的延长，有毒元素、死亡的代谢微生物和有机质会在可渗透反应墙中累积，使系统对污染物的拦截和捕捉能力降低，因此，可渗透反应墙系统在实际运用中需定期更换墙体填充材料。

PRB 技术在污染地下水修复方面具有较大优势，在国外也有很多成功的案例，但用于地表水的修复研究还较少，相对于地下水而言，地表水水量大、污染形式多样，这就需要反应介质不仅有良好的吸附性能，还要有更高的强度和耐受性以及合适的水力负荷。邱瑞芳等[37]做了钢渣粉煤灰复合 PRB 介质模拟应用于修复受污染的地表水的研究，首先对钢渣和粉煤灰进行改性，之后构建了 PRB 系统，以改性钢渣和改性粉煤灰作为 PRB 系统中间部分的填料介质，将钢渣粉煤灰基多孔地质聚合物材料作为 PRB 系统两侧起支撑作用的反应介质。在此 PRB 模拟系统中，以处理污染的汾河水样为模拟对象，对模拟系统进行性能考察，当 $V_{改性钢渣}:V_{改性粉煤灰}=1:1$ 时，COD、NH_4^+-N、PO_4^{3-}-P、Pb^{2+} 和 Cd^{2+} 的去除率在第 8 天达到最高，分别为 77%、82%、93%、96% 和 92%，第 32 天时相应的去除率降为 68%、69%、83%、84% 和 81%，实验期内运行稳定，效果良好。水力负荷、改性粉煤灰添加比例对水样的处理效果及系统稳定性均有影响。总体而言，该系统效果明显、经济可行，不仅拓展了 PRB 用于污染地表水处理的途径，同时实现了“以废治废”。

相比传统酸性矿山废水处理技术，PRB 技术中反应介质可长期使用，对金属离子等有良好的去除效果，且一次成本和运行成本均较低。肖伟等[38]将曝气沉淀技术与 PRB 技术相结合，构建出新型酸性矿山废水处理反应系统，研究其对湖南某废弃矿区酸性矿山废水色度、pH 值、总铁、总锰等处理效果，以期拓展 PRB 技术的应用方式，并为酸性矿山废水低成本处理技术及 PRB 技术的应用推广提供一定的支持。他们采用曝气-沉淀-PRB 组合工艺的生态处理技术，在进水流量约为 10mL/min，曝气池 DO 质量浓度不小于 5mg/L 的情况下，当进水色度为 500~600 倍，pH 值为 3.2~4.5，总铁质量浓度为 345~380mg/L，总锰质量浓度为 3.5~4.3mg/L 时，出水平均色度为 13 倍，pH 值为 6.4~7.3，总铁质量浓度为 3.24~4.2mg/L，总锰质量浓度为 0.23~1.42mg/L，均满足 GB 20426—2006 和 GB 8978—1996 中相关指标要求，表明该工艺可以用于酸性矿山废水的处理。

武松丽等[39]针对山西省阳泉市山底河流域煤矿酸性废水酸性强、硫酸盐和重金属 Mn、Zn、Fe 含量高的水质特点，设计了三组单一填料（粉煤灰、煤质活性炭、粉煤灰陶粒）和两组混合填料（粉煤灰与煤质活性炭均匀混合、粉煤灰与纳米四氧化三铁均匀混合）的 PRB 处理工艺，通过设计的填料柱对夏季酸矿水水样进行处理研究，结果显示：（1）在保持水流速一定和防止反应柱堵塞的前提下，单一填料中粉煤灰与石英砂的比例为 8g∶4g 时处理效果最佳，组合填料中当粉煤灰与纳米四氧化三铁以 8g∶1g 的比例均匀混合后的处理效果最佳；（2）粉煤灰与煤质活性炭均匀混合后作为反应填料不论是对重金属的去除效果还是对 NH_4^+、SO_4^{2-} 的去除效果都比单一使用煤质活性炭的效果要好，粉煤灰和纳米四氧化三铁混合作填料对 SO_4^{2-} 和重金属离子的处理效率均比粉煤灰作单一填料的处理效率高。

6.3.3 生物处理系统

生物处理系统也称生物“被动治理”系统，主要是利用两类微生物去除煤矿酸性废水中的 SO_4^{2-} 和金属污染物，一类是通过好氧微生物例如氧化亚铁硫杆菌（*Acidithiobacillus ferrooxidans*）催化 Fe、Mn 氧化；另一类是通过厌氧微生物例如硫酸盐还原菌（sulfate-reducing bacteria，SRB）还原 SO_4^{2-}。

常用的生物“被动治理”系统有好氧人工湿地（aerobic constructed wetland）、厌氧人工湿地（anaerobic wetland）和生物反应器（bioreactors）等[40]。好氧人工湿地通常是一个浅水盆地，水深小于 30cm，在微生物的催化作用下吸附重金属或与重金属共沉淀。可通过种植香蒲或芦苇等植物促进水流缓慢流动、提供絮体附着点和改善生态环境。好氧人工湿地适合处理中性或碱性煤矿废水。厌氧人工湿地的水深通常大于 30cm，底部铺设厚度 50cm 的有机材料（如蘑菇堆肥、锯末、稻草和粪肥等），也可以与石灰石混合，增加碱度。系统中的碱度主要由石灰石溶解和硫酸盐还原菌还原作用产生。厌氧人工湿地适合处理酸性矿山废水，处理机制包括表层微生物的好氧生化作用、底层微生物的厌氧生化作用、植物的吸收作用及基质的吸附和过滤作用。人工湿地整体建造、运行和管理等成本低，主要是基于天然物质和自然的物理化学、生物化学过程，无需持续的化学品投入，并可提供直接和间接的经济和环境效益，在欧美地区被广泛应用于煤矿酸性废水的处理。

在煤矿酸性废水末端治理技术中，微生物法一直受到重视，主要研究对象是硫酸盐还原菌（SRB），通过向酸性矿水中接种 SRB 试验发现，SRB 在厌氧条件下，对硫酸盐有还原作用，可以将硫酸盐还原成 H_2S，H_2S 与废水中的金属离子反应生成溶解度较低的金属硫化物，可有效去除金属离子和硫酸盐。因此，利用 SBR 等微生物处理煤矿酸性废水是一种有效的技术。通过 SRB 对煤矿酸性废水进行处理的技术通常需要配置特定的培养基或有机底物，如粪肥、木屑、酵母抽提物等作为碳源，促进微生物生长繁殖。为了达到最佳的硫酸盐还原和金属去除，需要优化底物混合物来减少对 SRB 的不利影响。由草本和木本材料组成的有机基质在合适的比例下，除了用作微生物培养的营养物质外，还可以吸附金属离子、缓冲溶液的酸性。SRB 生物处理煤矿酸性废水，还有助于提高生物反应器中介质的渗透性。与沉淀法相比，SRB 法可在较宽的 pH 值范围对金属离子进行处理。虽然该方法经济环保，但却耗时，需要花费较长的时间来完全去除金属离子，回收和再利用也比较困难。

除 SRB 外，还有许多微生物在酸性矿山废水环境中也能生存和生长，可以开发用于酸性矿山废水的处理，但是在应用之前需要对其金属离子耐受性等生理生化进行研究。盛益之等[41]通过对某煤矿酸性矿井水场地发生的生物地球化学过程进行监测，富集培养场地沉积物嗜酸微生物群落，进行室内恒化生物反应器连续流实验，探究微生物作用下 Fe 及其他金属离子的行为与归宿。研究表明，Fe 的形态转化是场地和反应器中最主要的生物地球化学过程。当 $pH<2.7$ 时，反应更倾向于产生溶解性 Fe^{3+}；当 $2.7<pH<4.2$ 时，反应更倾向于产生非溶解性 Fe^{3+}。在酸性条件下，主动式生物反应器中其他金属离子并无明显形态转化。反应器中的沉积物主要由施氏矿物和针铁矿组成，并随着酸碱添加量的增加，向黄钠铁矾过渡。这些研究有助于将此类微生物过程应用于实际污染水体修复中，并为修复系统中的污泥回收和再利用提供科学依据。

6.4 其他治理技术及工艺

由于酸和金属的释放，酸性矿山排水（AMD）是造成地表水污染的重要因素。AMD 中的 Fe(Ⅱ) 与溶解氧反应生成氧化铁沉淀物，导致进一步酸化、河床变色和水体中的污泥沉积。通过物理、化学和生物技术相结合，稳定去除煤矿酸性矿井水中的污染物并中和其酸性是未来的方向。已被使用过的此类废水处理方案中，很少有便宜、效果显著且具有可持续特点的方案。因此，开发高效、节能、可持续的处理技术工艺是目前的主要攻克问题。

6.4.1 微生物抑制法

现阶段的微生物法主要研究集中在杀菌剂的使用上，常用的杀菌剂有十二烷基硫酸钠（SDS）、烷基磺酸钠（ABS）、有机酸等。付天岭等[42]在对比实验中发现 SDS 和苯甲酸钠（SBZ）两种杀菌剂能有效抑制煤矸石的重金属离子浸出和氧化产酸，且 SBZ 抑制的效果优于 SDS；Zhang 等[43]使用 SDS 抑制黄铁矿的生物氧化后发现 Fe^{2+} 的浓度由原先的 8.9g/L 降到 6.8g/L，有效地抑制了酸性矿水的产生。目前，对于杀菌剂的作用有了新的研究思路。如 Zhao 等[44]发现 furanoneC-30 可以很好地抑制氧化亚铁硫杆菌的生物膜活性且细菌不会产生抗药性。在投加 furanoneC-30 后，尾矿渗滤液 pH 值由 2 上升到了 6，其中重金属 Ni 和 Cu 也获得了较高的去除率。该方法能够很好地抑制氧化亚铁硫杆菌的生长，但受环境气候条件影响较大。

6.4.2 HDS 处理工艺

酸性矿山废水处理最常用的工艺方法主要有中和法、微生物法、膜法等，各有优缺点。HDS 处理工艺，即高效底泥循环回流技术，是一种有别于传统的矿山酸性废水中和处理工艺的技术，它在传统处理工艺的基础上融入晶种回收新技术（即污泥回收系统），并增加污泥混合系统，将回流后池底污泥与水箱中的污泥混合，可促进混合液中的药物颗粒更好地凝结在回流污泥上，从而增加污泥的粒径和沉积物的密度，两者混合后的废水将会通过溢流的形式进入到快速反应池中，然后与酸性废水发生中和反应，中和之后的废水再进入到中和反应池中，以此提高废水的 pH 值；有些中和反应池中还添加了曝气设备，可以使废水中二价铁发生氧化生成三价铁；之后中和反应池里的废水将进入絮凝池，随着絮凝剂的投放，大大提高中和废水沉降的性能，并提高污泥的处理量。最后，污泥残渣进入到污泥浓缩池进行沉降浓缩，完成对酸性废水的处理全过程。

目前，运用HDS进行处理的研究大致表现在两个方面：一方面是处理工艺的改进；另一方面是处理性能的提高。随着污水处理控制系统的优化，用于控制反应pH值的快速混合池可以去除，从而节省成本。同时，絮凝剂也可以通过管道添加，取消絮凝池部分的使用，大大降低处理废水工程的基建投资以及对废水处理运行的费用。

HDS主要包括三部分，其工艺流程如图6-4所示。

（1）混合反应池。首先，通过石灰乳投加系统与pH值自动检测仪进行协同控制，根据反应池pH值强弱调节石灰乳的投加量，一般控制反应池中pH值在8.5~9.0为宜。反应时，加入大量空气进行曝气处理，使水中的Fe^{2+}被氧化为Fe^{3+}除去，一般曝气反应时间取40min。

（2）絮凝反应池。絮凝池由两部分组成，在前半段絮凝池里投加絮凝剂，并通过絮凝池进行快速搅拌，使废水与絮凝剂快速混合；在后半段絮凝池里进行慢速搅拌，使已经混合的小絮凝物质生成更大的絮凝物，方便沉淀分离，两部分絮凝反应时间取15~20min为宜。

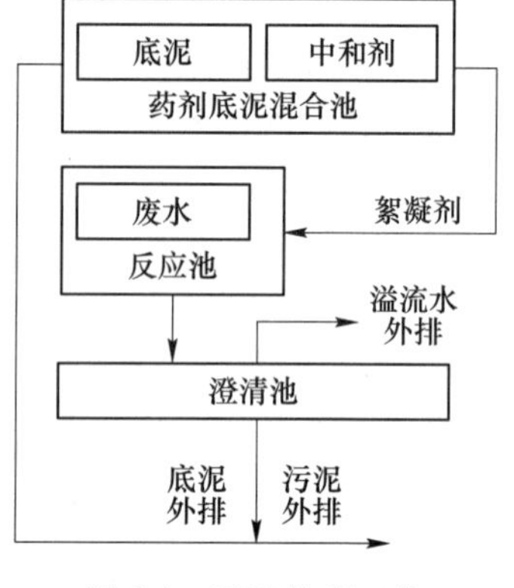

图6-4　HDS处理工艺

（3）辐流式沉淀池。三价铁与投加的石灰乳形成的沉渣沉降于沉淀池的底部时，由刮泥机将沉渣刮到池底部的中央。再通过回流泵，把沉淀池底部的残渣抽出回流到混合反应池中，剩余的残渣由输送泵送到尾矿浓缩机内进行再处理。

对于HDS处理方案运行的优化工作中，最主要的是反应时间和污泥回流多少的问题。一般来讲，反应时间保持在37min时，澄清池污泥浓度就可以从2%浓缩增加到15.9%，处理出废水中的重金属离子浓度低于排放标准。而在添加了絮凝剂的条件下，通常反应时间会在42min左右，而污泥浓度却可以达到极高的38%，处理出的废水满足排放标准[45]。

6.4.3　人工湿地法

人工湿地（constructed wetlands，CW）是由人工建造和控制运行的与沼泽地类似的地面，将污水、污泥有控制地投配到经人工建造的湿地上，污水与污泥在沿一定方向流动的过程中，利用土壤、人工介质、植物、微生物的物理、化学、生物三重协同作用，对污水进行处理的一种技术，具有对污染物去除效果好、基建和运行费用低、工艺设备简单、维护管理方便等特点，但人工湿地往往需要大面积的土地资源，且地势不易切割过大，以保证其有充足的水力停留时间，人工湿地建造之后，短时间内无法大面积改变，循环利用的可能性较小。

人工湿地法是小型的生态系统，其内部的废水净化过程包含物理吸附、化学反应与生物作用三个方面。物理作用是指基质层对废水中悬浮物的过滤、截留；化学作用主要指土壤基质中存在的阴、阳离子及具有网络结构的硅铝酸盐与废水中的阳离子、阴离子发生反应（如形成沉淀、物理化学吸附和离子交换反应），达到去除废水中重金属离子的效果；而生化作用指利用微生物在好氧、兼氧及厌氧状态下对残留有机污染物进行降解（如开环、断键、分解成小分子）以实现对污染物的去除。我国采用人工湿地法处理矿山废水的时间较早，广东凡口铅锌矿早在1984年已经建立人工湿地处理矿山废水，经过10多年的发展与完善，矿山废水的日处理能力达2.98万吨；废水中悬浮物去除率达99%，Pb、Zn

和 Cd 去除率达 84%~90%，其他金属也有不同程度的减少；处理后的水能达到工业废水排放标准。

人工湿地分为好氧湿地和厌氧湿地。好氧湿地反应一般在系统的表层，通过水生植物的根系，不仅可以为待处理废水提供足够的 DO，加速氢氧化物的水解沉淀，还能利用其发达的根系，使得比表面积增大，增加吸附点位，由于它主要用于处理碱性或碱度足够的废水，因此在处理 AMD 的实际应用中常受到限制。厌氧湿地增加了有机质层（废弃菌渣、畜禽粪便和生物炭等），在有机质基底提供厌氧环境及微生物活动的能源，硫酸盐还原菌等微生物将硫酸盐还原并产生硫化氢，形成不溶性金属硫化物沉淀。在其还原的过程中，产生的碳酸氢盐可提高 pH 值并有助于金属离子的沉淀。还可以在有机质基底下加入石灰石固定床，用于在出水之前提升废水的碱度，进一步改善水质，达到当地政府所规定的排放标准。

6.4.4 微生物燃料电池技术

基于微生物燃料电池（microbial fuel cell，MFC）的新型燃料电池技术可用于处理 AMD 和发电。微生物燃料电池是一种高效、绿色、低成本的水处理技术，可以利用微生物为催化剂降解水中污染物，同时实现电能输出和废物资源化的功能[46]。近年来，国内外对 MFC 的关注逐年增长，且研究最多的国家为中国、美国和印度。在 MFC 构型、阴阳极材料、处理难降解污染物等方面进行了大量研究，并衍生出其他新技术，例如微生物电解池、微生物脱盐池、微生物反向电渗析电解池等，使得反应器在产电的同时，实现污水处理、清洁能源生产、脱氮脱硝、化学品合成等。这些 MFC 技术具有独特的功能优势，显现出广阔的应用前景。

利用生物电化学系统（BES）处理酸性矿山排水是近年新发展的一种有前景的技术，可同时处理有机废水和从酸性矿山排水中回收金属离子。然而，不同能量底物对酸矿水处理效率和 BES 微生物群落的影响仍在研究中，葡萄糖、乙酸盐、乙醇或乳酸盐等均可作为能量底物[47]，它们影响着微生物燃料电池（MFC）的启动、最大电压输出、功率密度、库仑效率和微生物群落。与通过葡萄糖供应能量的 MFC 获得的最大电压输出（55mV）相比，通过单独供应其他能量底物的 MFC 实现了更高的最大电压输出（187~212mV）。乙酸盐供应能量的 MFC 显示出最高的功率密度（$195.07mW/m^2$），其次是乳酸（$98.63mW/m^2$）、乙醇（$52.02mW/m^2$）和葡萄糖（$3.23mW/m^2$）。微生物群落分析表明，阳极电活性生物膜的微生物群落随着能量底物的不同而发生变化。在以葡萄糖供应能量的 MFC 中，一种肠杆菌 *Enterobacteriaceae*（87.48%）占主导地位，而异化金属还原菌类（*Geobacter*）仅占 0.63%。在以乙醇供应能量的 MFC 中，甲烷短杆菌 *Methanobrevibacter*（23.7%）、伯克霍尔德氏菌 *Burkholderia-paraburkholderia*（23.47%）和异化金属还原菌 *Geobacter*（11.90%）是富集的主要属。地杆菌在富含乳酸（45.28%）或醋酸（49.72%）的 MFC 中占主导地位。富含乙酸盐、乳酸盐或乙醇的电活性生物膜在 53h 内通过还原为阴极上的 CuO，有效地回收了阴极室中模拟 AMD 的所有 Cu^{2+} 离子（349mg/L）。然而，在葡萄糖供给的 MFC 中，只有 34.65%的 Cu^{2+} 离子通过阴极上的阴离子和阳离子沉淀而不是 CuO 被去除。

可以利用双室微生物燃料电池（DC-MFC）协同处理酸性矿山排水和城市废水（MWW）。污水中的污泥和 MWW 用作阳极室的接种燃料，AMD 被送入室的阴极侧，使用

100U电阻器将阳极连接到阴极（DC-MFC-A）。第二个电池在开路电位（DC-MFC-B）下运行。在这两个池中，有机物去除效率约为15%，池中的废水碱度均降低了50%以上。另一方面，AMD的理化特性和组成发生了改变。pH从2.50增加到4.12±0.6，SO_4^{2-}浓度降低。在电池中观察到不同的重金属（HMs）和类金属去除值：Cd、Cu、Fe、Al、Pb和As分别为42%、84%、71%、77%、55%和42%。DC-MFCs实现了处理MWW的同时，使AMD的酸性部分中和、重金属得以去除，并且可以生物发电。还有一种三室微生物燃料电池（MFC）方案，通过将铁氧化与微生物生长相结合进行生物浸出，用于从硫化物尾矿堆中提取目标金属。在三室微生物燃料电池（MFC）中，利用原位去除生物浸出的Fe^{3+}/Fe^{2+}和SO_4^{2-}提高硫化物尾矿的溶解，在此期间，铁和SO_4^{2-}离子同步回收为$Fe(OH)_3$和硫元素（S）。具有高冶金值的$Fe(OH)_3$和S沉淀物的纯度分别高达93.1%和90.2%。三室MFC优异的浸出性能归因于酸硫杆菌催化和电化学氧化的协同作用。与传统生物浸出相比，该方法具有更高的生物浸出效率、更低的侵蚀性条件和更短的操作时间，具有良好的应用价值。

燃料电池技术不仅可以同时用于AMD处理和发电，而且可以生成有用的产品，例如电力、可回收的金属以及适合用作颜料和其他应用的氧化铁颗粒。Cheng等[48]利用微生物燃料电池架构，开发了一种能够进行非生物发电的酸矿排水燃料电池（AMD-FC）。在补料分批模式下运行的AMD-FC在库仑效率大于97%的情况下产生了290mW/m^2的最大功率密度。通过氧化成不溶性Fe(Ⅲ)，亚铁被完全去除，在阳极室底部和阳极电极上形成沉淀物，试验结果表明，最佳条件是pH值为6.3，亚铁浓度高于0.0036M。他们还用该系统开发了一种生成氧化铁球形纳米颗粒的技术，干燥后会转化为针铁矿（α-FeOOH），颗粒直径范围从120到700nm，尺寸可以通过改变燃料电池中的条件来控制，尤其是电流密度（0.04~0.12mA/cm^2）、pH值（4~7.5）和初始Fe(Ⅱ)浓度（50~1000mg/L）。针铁矿和粉末的最有效生产发生在pH值为6.3且Fe(Ⅱ)浓度高于200mg/L时。

综上所述，煤矿酸性废水的预防及处理的方法要根据当地情况应用于实际工程。但是，煤矿酸性废水的末端处理仍存在诸多问题：(1) 对于废弃矿山来讲，因其无法产生新的经济效益，也无法找到责任人，因此修复治理费用难以落实，影响了工程进度和治理的积极性；(2) 大部分治理措施略显单一，无法全面减少煤矿酸性废水对生态环境的影响；(3) 修复工程的实施缺少全面的前期调查，对矿山的水文地质背景、水土流失状况、生态系统了解不够，不能做到因地制宜，使得修复工程的修复效果不够理想，无法达到预期。因此，需要在技术的适用性、经济性方面进行深入研究，强化修复措施的有效耦合、联合使用，尽可能地减少修复工程的综合成本，保证修复工程的可持续性。

本章小结

本章主要介绍煤矿酸性废水的主要末端治理技术及一些常用的处理工艺，包括主动处理技术和被动处理技术。在做不到完全消除煤矿酸性废水产生条件，且无法全部资源化利用的情况下，发展末端治理仍是目前需要重点对待的一个方向。“主动处理”技术主要包括中和法、吸附法、可渗透反应墙技术和膜过滤技术。中和法是指通过投加碱性化学物质调节煤矿酸性废水的pH值，吸附法是指利用固体吸附剂的物理吸附和化学吸附性能，去除煤矿酸性废水中多种污染物的技术，而可渗透反应墙技术和膜过滤技术则是对前两者的综合和延伸，对酸性矿山废水有较好的处理效果。“被动治理”技术依靠自然的物理、地球化学和生物过程以及酸性矿山废水的酸度来去除伴生污染物，其运行和维护成本较低。“被动治理”技术主要包括化学“被动治理”和生物“被动治理”。化学“被动治理”系统借助水动能使酸性矿山废水与碱性材料发生中和反应，常用的技术有一系列的排水沟、开放式沟渠、渗滤床以及导流井等，生物“被动治理”系统主要是利用微生物活性去除 SO_4^{2-} 和金属污染物。除此之外，还有一些使用较为广泛的工艺，例如 HDS 处理工艺、人工湿地工艺等。

思考题

6-1 简单介绍几种煤矿酸性废水的末端处理技术。

6-2 煤矿酸性废水的主动处理技术有哪几种?

6-3 煤矿酸性废水的被动处理技术有哪几种?

6-4 利用生物燃料电池处理煤矿酸性废水目前存在哪些问题？请针对这些问题提出合理的解决方案。

参考文献

[1] 石君华. 综合物探技术在山西某整合矿井的应用 [J]. 中国煤炭地质，2012，24 (10)：42-47.

[2] 杨晓松，刘峰彪. 高密度泥浆法处理矿山酸性废水 [J]. 有色金属，2005，57 (11)：98-100.

[3] 郝宇军. 资源整合矿井综合方法超前物探技术应用研究 [J]. 中国煤炭地质，2016，28 (7)：58-60，78.

[4] 蔡美芳，党志. 磁黄铁矿氧化机理及酸性矿山废水防治的研究进展 [J]. 环境污染与防护，2006，28 (1)：58-61.

[5] 张亚兵. 煤矿采区三维地震资料联片解释 [D]. 北京：中国矿业大学，2014.

[6] 杨绍伟，何兵寿，杨佳佳. 弹性波逆时偏移子波拉伸校正 [J]. 中国煤炭地质，2016，28 (2)：61-68.

[7] 崔振红. 矿山酸性废水治理的研究现状及发展趋势 [J]. 现代矿业，2009 (10)：26-28.

[8] Naidu G，Rya S，Thiruvenkatachari R，et al. Acritical review on remediation，reuse，and resource recovery from acid mine drainage [J]. Environmental Pollution，2019，247：1110-1124.

[9] Coulton R，Bullen C，Hallett C. The design andoptimisation of active mine water treatment plants [J]. Land Contamination Reclamation，2003，11：273-279.

[10] Chen T，Yan B，Lei C，et al. Pollution control and metalresource recovery for acid mine drainage [J]. Hydrometallurgy，2014，147：112 -119.

[11] Yan B，Mai G，Chen T，et al. Pilot test of pollution control and metal resource recovery for acid mine drainage [J]. Water Science and Technology，2015，72：2308-2317.

[12] 肖利萍，耿莘惠，裴格，等. 膨润土复合颗粒与 SRB 协同处理酸性矿山废水 [J]. 环境工程学报，2016，10 (11)：6457-6463.

[13] 王芳，罗琳，易建龙，等. 赤泥质陶粒吸附模拟酸性废水中铜离子的行为 [J]. 环境工程学报，2016，10 (5)：2440-2446.

[14] 杨明平，傅勇坚，李国斌. 用生产钛白的副产物绿矾处理含铬废水 [J]. 材料保护，2005 (6)，62 -64.

[15] 曾威鸿，董颖博，林海. 酸性矿山废水源头控制技术研究进展 [J]. 安全与环境工程，2020，

27 (1): 104-110.

[16] Catalan L J J, Yin G. Comparison of calcite to quicklime for amending partially oxidized sulfidic mine tailings before flooding [J]. Environmental Science and Technology, 2003, 37 (7): 1408-1413.

[17] Mylona E, Xenidis A, Paspaliaris I. Inhibition of acid generation from sulphidic wastes by the addition of small amounts of limestone [J]. Minerals Engineering, 2000, 13 (10): 1161-1175.

[18] Alexey Kastyuchik, Antoine Karam, Mohammed Aïder. Effectiveness of alkaline amendments in acid mine drainage remediation [J]. Environmental Technology & Innovation, 2016, 6: 73-82.

[19] 张慧兰．生石灰处理法在老窑水治理中的应用 [J]．山西水利，2017 (12): 2.

[20] 姜桂兰，张培萍．膨润土加工与应用 [M]．北京：化学工业出版社，2005.

[21] 卓九凤．赤泥对水中重金属 Cr^{6+} 吸附的研究 [D]．太原：太原理工大学，2010.

[22] 王艳秋，霍维周．颗粒赤泥吸附剂对重金属离子的吸附性能研究 [J]．工业用水与废水，2008, 39 (6): 82-85.

[23] 张玉洁．改性赤泥吸附除磷性能研究 [D]．北京：北京建筑大学，2014.

[24] 梁振飞，王立群，陈世宝，等．纳米化和酸洗对赤泥吸附 Cd^{2+} 动力学的影响 [J]．安全与环境学报，2013, 13 (1): 43-49.

[25] 李燕中，刘昌俊，栾兆坤，等．活化赤泥吸附除磷及其机理的研究 [J]．环境科学学报，2006, 26 (11): 1775-1779.

[26] 胡晓斌．赤泥处理锌冶炼废水的研究 [D]．太原：太原理工大学，2011.

[27] 邹正禹，刘阳生．粉煤灰免烧陶粒制备及其重金属废水净化性能 [J]．环境工程学报，2013, 7 (10): 4054-4060.

[28] 潘嘉芬，李梦红，刘爱菊．拜耳法赤泥质陶粒滤料处理含铜废水．金属矿山，2012 (11): 138-140.

[29] 高仙．黏土基陶粒的研制及其对重金属离子的吸附 [D]．太原：太原理工大学，2010.

[30] 郑强，张永波，吴艾静，等．马兰黄土吸附酸性老窑水中典型污染物的实验研究 [J]．科学技术与工程，2020, 20 (3): 6.

[31] 赵丽芹．超滤—反渗透应急饮用水处理试验研究 [D]．杭州：浙江大学，2016.

[32] Masindi V, Osman M S, Abu-Mahfouz A M. Integrated treatment of acid mine drainage using BOF slag, lime/soda ash and reverse osmosis (RO): Implication for the production of drinking water [J]. Desalination, 2017, 424: 45-52.

[33] Wang Y, Wang J, Li Z, et al. A novel method based on membrane distillation for treating acid mine drainage: Recovery of water and utilization of iron [J]. Chemosphere, 2021, 279: 130605.

[34] López J, Gibert O, Cortina J L. Integration of membrane technologies to enhance the sustainability in the treatment of metal-containing acidic liquid wastes. An overview [J]. Separation and Purification Technology, 2021, 265: 118485.

[35] Jacobs J A, Lehr J H, Testa S M. Acid mine drainage, rock drainage, and acid sulfate soils passive treatment of acid mine drainage [J]. 2014, 10.1002/9781118749197: 339-353.

[36] 王泓泉．污染地下水可渗透反应墙（PRB）技术研究进展 [J]．环境工程技术学报，2020, 10 (2): 251-259.

[37] 邱瑞芳．钢渣—粉煤灰复合 PRB 介质修复地表水中典型污染物的研究 [D]．太原：山西大学，2015.

[38] 肖伟，李娜，刘少杰，等．可渗透反应墙技术处理酸性矿山废水的应用研究 [J]．工业用水与废水，2021, 52 (3): 4.

[39] 智建辉，武松丽，师泽鹏，等．一种用于酸性矿水治理的新型可渗透反应墙装置和填料，

CN111606371A [P]. 2020.

[40] Younger P L . Proceedings of CIWEM conference on minewater treatment using wetlands [J]. Water & Environment Journal, 2010, 12 (1): 68-69.

[41] 盛益之，王广才，刘莹，等. 煤矿酸性矿井水主动式生物修复中铁的行为与归宿 [J]. 地学前缘，2018，25 (4)：8.

[42] 付天岭，吴永贵，罗有发，等. 抗菌处理对含硫煤矸石污染物释放的原位控制作用 [J]. 环境工程学报，2014，8 (7)：2980-2986.

[43] Zhang M , Wang H . Utilization of bactericide technology for pollution control of acidic coal mine waste [C] // International Conference on Energy. 2017.

[44] Zhao Y , Chen P , Nan W , et al. The use of (5Z)-4-bromo-5-(bromomethylene)-2(5H)-furanone for controlling acid mine drainage through the inhibition of Acidithiobacillus ferrooxidans biofilm formation [J]. Bioresource Technology, 2015, 186: 52-57.

[45] 陈勇，杨大兵，张飞，等. 黄石某矿山酸性含铜废水的处理试验研究 [J]. 化工矿物与加工，2020，49 (6)：4.

[46] 刘远峰，张秀玲，李从举. 微生物燃料电池技术及其应用研究进展 [J]. 现代化工，2020，40 (9)：6.

[47] Ai C , Yan Z , Hou S , et al. Effective treatment of acid mine drainage with microbial fuel cells: An Emphasis on typical energy substrates [J]. Minerals, 2020, 10 (5): 443.

[48] Cheng S , Dempsey B A , Logan B E . Electricity generation from synthetic acid-mine drainage (AMD) water using fuel cell technologies. [J]. Environmental Science & Technology, 2007, 41 (23): 8149.

7 煤矿酸性废水的资源化利用

本章提要：

(1) 了解酸矿水资源化利用的现状及存在的问题。

(2) 掌握酸矿水的资源化利用途径。

(3) 了解对酸性矿井水资源化利用所带来的效益。

近年来，矿井水资源化利用逐渐成为研究热点。国内早期就有学者对矿井水资源化的必要性、可行性，矿井水资源化过程中需要注意的问题及对策进行了相关论述。武强等[1]在矿井水害防治和矿井水资源化利用方面开展了大量的研究，先后提出了“排、供、环保”三位一体及控制、处理、利用、回灌与生态环境保护五位一体优化结合的矿井水资源化方式。苗立永等[2]就高矿化度矿井水、酸性矿井水的处理利用开展了大量的研究，为矿井水资源化的落地生产提供了技术支持。郭雷等[3]指出我国矿井水利用的相关研究多集中在技术层面，对于矿井水的管理缺乏系统研究，就健全矿井水资源化利用相关标准体系等提出了对策建议。因此，提高酸矿水的资源化利用水平是减少酸性矿山废水的一个重要途径。提高矿井水资源利用率和利用水平不但可防止水资源流失，避免对水环境造成污染，而且对于缓解矿区供水不足、改善矿区生态环境、最大限度地满足生产和生活用水需求，创造较好的经济效益和环境效益。

7.1 矿井水资源化综合利用的发展进程及现状

7.1.1 发展进程

近年来，国家逐渐重视矿井水资源化的利用，国家发展和改革委员会、国家能源局分别于2006年和2013年出台了《矿井水利用专项规划》《矿井水利用发展规划》等文件，指出国家矿井水资源化利用存在的问题并提出了发展目标，明确指出要逐渐建立完善矿井水资源利用的法律法规体系、宏观管理政策和政策技术体系、创新技术和机制。2013年，国务院发布的《循环经济发展战略及近期行动计划》明确提出要推动矿井水用于矿区补充水源和周边地区生产、生活、生态用水。2015年国务院发布的《水污染防治行动计划》指出，推进矿井水综合利用，煤炭矿区的补充用水、周边地区生产和生态用水应优先使用矿井水，加强洗煤废水循环利用；同年环境保护部（现生态环境部）颁发了《现代煤化工建设项目环境准入条件（试行）》，文件要求，“现代煤化工发展，必须要强化节水措施，减少新鲜水用水量。在具备条件的地区，倡导优先使用矿井疏干水、再生水，禁止取用地下水作为生产用水”。2019年，国家发展和改革委员会、水利部发布了《国家节水行动方案》，要求在缺水地区加强矿井水等非常规水的利用。近年来，在有矿井水资源的各地市，出台的地方发展规划、循环经济发展规划等均提及要充分利用矿井水资源（矿井疏干水），但专门针对矿井水资源（矿井疏干水）利用的文件并不多，仅有个别省（自治区）市如山西省、榆林市、晋城市、鄂尔多斯市、宁夏回族自治区等出台相关文件。

自20世纪80年代以来，中国的一些煤矿已经建立了一些矿山水处理站，如大同、徐州等煤矿高产地区。我国矿井水处理站的数量一直在增加，据不完全统计，我国各地区煤矿矿区矿井水经过净化处理后达到生活饮用水平的处理量已超过50万立方米/天。2010年以后，各省市逐步加强矿井水的利用，矿井水资源化利用率逐年提高。

7.1.2 国内外矿井水的利用现状

在国外，煤炭开采过程中所产生的矿井水是一些发达国家环保工作的重点，被视为一种伴生资源，并得到了很好的开发与利用。据统计，美国早在20世纪矿井水的利用率就已达到81%，俄罗斯顿巴斯煤矿的矿井水综合利用率更是高达90%。多数国家对矿井水进行适当处理后，一部分用于煤矿生产用水和矿区生活用水等，一部分达到排放标准后排入地表水系。就美国而言，其境内煤矿矿井水多为酸性，主要采用碱性物质中和技术处理后排入地表水；而对于高硫酸盐问题，多采用硫酸盐还原菌处理法。另外，美国利用人工湿地处理矿井水的方法，因其土地资源优势取得了良好推广，该方法投资成本较少、易于管理，现已建成人工湿地处理系统超过400座，而且这种方法也在许多欧洲国家得到了很好的应用。英国煤矿年排水量约36亿立方米，其中42%用于工业用水，58%排放到地表水系。日本除部分矿井水用于洗煤外，大部分矿井水都是经沉淀处理后去除悬浮物后排入地表水系。匈牙利部分煤矿把矿井水直接卖给城市供水部门，用于当地人们的生活饮用水，以获得可观的经济效益。

与国外相比，我国对煤矿矿井水处理与回用研究起步相对较晚，综合利用率偏低。据统计，2004年我国煤矿矿井水排放量38亿立方米，约占全国工业废水排放总量的15%以上，而综合利用率不足20%。近年来，随着国民环保意识的加强及水资源可持续利用政策的实施，我国煤矿矿井水处理技术得到了迅猛发展，矿井水综合利用水平明显提升。

（1）矿井水利用发展较快。随着我国资源开采产业的持续发展，水资源不足已成为矿区经济发展的重要制约因素，矿井水利用是缓解矿区缺水的重要措施。2015年全国煤炭产量达到37.5亿吨，煤矿矿井水利用率达到68%，比2010年提高了9个百分点，有效缓解了部分矿区的缺水问题，促进了矿区的经济发展。

（2）矿井水净化利用途径多样化。目前矿井水利用的主要方向：一是矿区工业生产用水，用作煤炭生产、洗选加工、焦化厂、电厂、煤化工等，特别是煤炭洗选耗水量大，已经大量利用矿井水；二是矿区生态建设用水，矿区绿化、降尘等；三是生活用水，在缺水矿区，矿井水经深度净化处理后，达到生活用水标准，供矿区居民生活用；四是其他用水。目前部分矿区进一步研发利用矿井水源热泵技术，为煤矿企业供暖、供冷、供热和生活用热水，成为煤炭企业发展低碳技术、节能减排的有效途径。少数矿区的矿井水，富含有对人体保健有益的微量元素，已经加工成矿泉水等水产品并创出名牌。

7.1.3 矿井水利用方面存在的问题及建议

7.1.3.1 存在的问题

（1）矿井水利用缺乏规范的利用途径导向和相关标准的支撑。随着煤矿企业产业链延伸，矿井水利用市场需求不断扩大，以“节水”为核心的水价机制决定了矿井水价值不断提高，诸多煤炭生产企业利用矿井水的规模逐渐增加。但“统一处理后再利用”的水处理方式不符合“分级处理、分质利用”的用水原则，造成了水处理成本增加和资源浪费。这是由于不同的水回用途径（如回用于工业用水、生活用水、景观环境用水、杂用水等）对出水水质的要求不同，相应的水处理流程也不相同。目前我国尚缺乏统一的国家或行业标准对矿井水利用中的回用途径、处理技术选择、回用水水质要求等方面的指导，不利于实现矿井水的安全、高效和经济利用。通过税收优惠、财政补贴等方式适当扶持中小型煤炭生产企业在矿井水开发利用中的产业发展。同时要拓宽融资渠道，促进企业合作联合开发、共同利用矿井水。从政策层面积极促进矿井水利用产业发展和社会效益最大化。

（2）对矿井水资源化利用的重要性认识不足，缺乏统筹规划。虽然矿井水长年的大量排放，但是人们对其的资源化认识不够，没有对矿井水水质、水量进行全面系统的研究分析，致使矿井水的回收利用工艺针对性不强，前期的设计过程不够完善，运行中发现了很多问题，使得处理效果不够理想。另外，在矿井水开发利用的科研投入上也不够，单靠一些单位分散进行实践探索，成效缓慢。矿井水处理利用技术和设备自动化程度仍有待改进。通过我国矿山企业和相关科研院所的多年研究，目前煤矿矿井水的处理净化技术已较为成熟，但矿井水处理技术及设备的自动化运行程度不高，许多环节都需要人工进行操作，存在着较大的管理风险，仍需要进一步研究和完善。2011 年，某研究院曾开发一套矿井水净化处理自动化监控系统，能够实现自动加药、自动排泥、工艺过程监控和远程网络监控等功能，使得水处理成本降低，管理水平和工作效率大大提高。该技术可对煤矿矿井水处理自动化运行起到良好的示范作用。

（3）资金投入成本过高限制了中小型煤炭生产企业对矿井水的回收利用。建设矿井水利用工程设施需要投入大量的资金，中小型煤炭生产企业资金短缺，严重制约着矿井水综合利用工程的建设。小规模的矿井水利用工程使得综合成本过高，企业无法获得相应的经济效益，使得企业的积极性不高，整体的社会环境和经济效益相对较差。

7.1.3.2 建议

（1）未来我国应逐步建立起完善的矿井水利用法律法规和监督管理体系，制定针对不同水回用途径的矿井水利用标准，使得地区水资源结构进一步优化，矿井水利用规范有序。

（2）完善政策措施，通过税收优惠、财政补贴等方式适当扶持中小型煤炭生产企业在矿井水开发利用中的产业发展。同时要拓宽融资渠道，促进企业合作联合开发、共同利用矿井水。从政策层面积极促进矿井水利用产业发展和社会效益最大化。

（3）企业应因地制宜地选择合适的矿井水处理技术和利用方向，加强技术创新，提高技术装备水平，降低处理成本，促进矿井水综合利用的经济、环保发展[4]。

7.2 煤矿酸性废水中污染物资源化利用方法

酸矿水（AMD）由于水体呈现强烈的酸性，且含有高浓度的有毒重金属如 Cu、Fe、Mn、Pb、Zn 及硫酸盐，大量排放会对周围土壤、河流及地下水环境造成严重的污染，成为巨大的经济和环境负担。除了末端和源头治理外，对其进行资源化利用、使其变废为宝是未来的方向。AMD 中存在的金属和硫酸盐虽然被认为是环境污染物，但也可能是有价值的资源（例如，从 AMD 中提取有价值金属，并通过出售这些金属可以产生新的收入），从 AMD 中回收这些资源丰富的化学物质是可持续开采和减少环境污染的一种重要途径。

7.2.1 对于硫酸盐的资源化利用

7.2.1.1 生产单质硫

尽管硫酸盐还原是 AMD 生物硫酸盐去除过程的核心，但硫酸盐还原产生的硫化物需要从系统中去除，以防止其氧化还原为硫酸盐。多年来，许多技术已被用于去除废水处理过程中的硫化物，如沉淀金属硫化物、氧化成单质硫等。其中，将硫化物转化为硫很可能为整个过程提供额外的货币价值（降低成本），并将通过生产一种以单质硫形式存在的有价值的副产品来协助增加其潜在应用的机会。在硫酸盐还原过程中为防止其又氧化回硫酸盐，Mulopo 等[5]研究了以草纤维素为碳源、电化学处理 AMD；也可以使用空气将硫化物转化为硫，这样就可以通过生产元素硫形式的有价值的副产品来增加其潜在应用的机会。

在生物硫酸盐去除过程中，根据反应（7-1）和反应（7-2）产生硫化物，这些硫化物可以在氧气存在下被生物氧化成元素硫（反应（7-3））：

$$\text{丙酸盐} + 3/4SO_4^{2-} \xlongequal{\quad} \text{醋酸盐} + HCO_3^- + 3/4HS^- + 1/4H^+ \tag{7-1}$$

$$\text{丁酸盐} + 1/2SO_4^{2-} \xlongequal{\quad} 2\ \text{醋酸盐} + 1/2HS^- + 1/2H^+ \tag{7-2}$$

$$H_2S + 1/2O_2 \xlongequal{\quad} S^0 + H_2O \tag{7-3}$$

7.2.1.2 回收硫酸

在各种 AMD 成分中，硫酸在化学和冶金工业中有相当大的市场，可从 AMD 中回收酸值，以满足不同硫酸用户的需求，获得的经济利益可以用来抵消 AMD 的总体处理成本。最有前途的两种方法是缓酸法和结晶法[6]。

冷冻结晶法在 AMD 硫酸回收中具有广阔的应用前景。冷冻结晶法回收硫酸的流程图如图 7-1 所示。图中，预过滤的 AMD 溶液使用冷硫酸产品在热交换器单元中进行冷却。溶液预冷后，进入反应器，在那里进行搅拌和进一步冷却，直到七水硫酸亚铁晶体形成。沉淀的结晶溶液被泵入离心机，结晶产物和硫酸溶液被分离。冷却后的硫酸产品被泵回主热交换器，在那里冷却进入的 AMD 溶液，然后收集起来储存。该工艺的总体效益是酸的回收，可以减少固体废物，进而减少环境风险。该工艺在技术上也被认为是可行的，因为它在商业应用上取得了巨大的成功。

酸性缓凝工艺是一种很有前途的从 AMD 中回收硫酸的技术，该过程简单且效率高。洗脱只使用水，不像传统的离子交换系统那样需要昂贵的再生化学品。此外，通过回收有

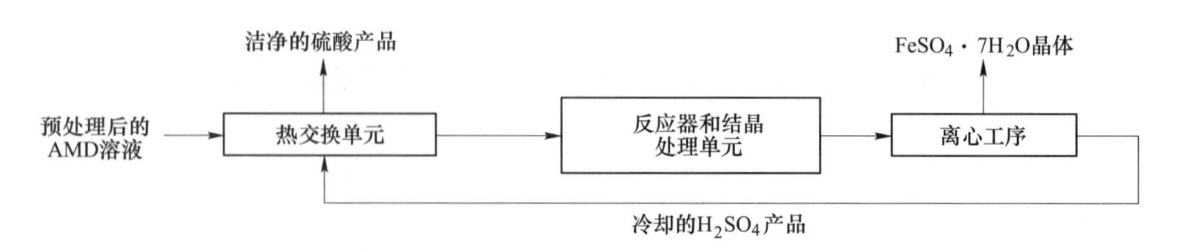

图 7-1 提出了利用冻结结晶技术从酸性矿山废水中回收硫酸的工艺流程

价酸，大大减少了废品量。然而，这个过程的缺点是生产稀释的溶液，增加了溶液的体积。然而，这个问题可以通过将溶液浓缩得到可重复使用的水和浓酸来解决。图 7-2 中给出了应用缓酸工艺回收 AMD 硫酸的流程。

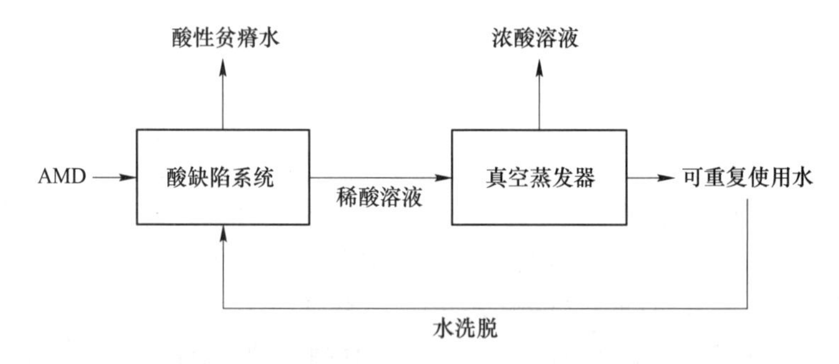

图 7-2 从酸性矿山废水中回收硫酸的缓酸装置

7.2.1.3 生产微藻

除形成单质硫进行使用外，利用微藻代谢硫酸盐并积累生物质也是一种极具潜力的硫酸根离子资源化利用方案。将碳氮等污染物的去除与 AMD 硫酸根离子的去除耦合在一起，同时生产出可用于下游深加工的微藻生物质产品，有助于解决 AMD 硫酸盐污染的突出问题，实现废弃物质资源化和无害化处理[7]。

7.2.2 对于金属的资源化利用

未经处理的 AMD 会污染日益濒危的水源，威胁人类健康和自然生态系统。AMD 的修复每年每矿可花费数百万美元。在考虑从 AMD 回收水的可能性的同时，选择性地回收有价元素，将对可持续的矿山受损废水处理作出积极贡献。对于酸性矿山废水来说，针对其中含有的金属离子，从 AMD 中回收沉淀的金属以获得有价值的产品并满足排放标准应该是一个长期的研究目标。回收其中的金属元素再利用，从而达到既去除废水中的有毒有害物质，又能够回收废水中的有价金属的效果，变废为宝。

7.2.2.1 铁离子的资源化利用

酸矿水中的铁离子在进行处理过程中会生成沉淀或者金属铁，可用作催化剂使用以提高 AMD 及其物质的利用效率。例如，Wang 等[8]用含草酸基团的试剂（草酸和草酸钠）对 AMD 进行预处理得到 PAMD，再利用直接接触膜蒸馏法（DCMD）处理 PAMD 得到草酸亚铁沉淀，浓缩的 PAMD 富含铁（Ⅲ)-草酸盐络合物，在可见光下具有高光催化活性。它不仅可以直接用作降解水溶液中有机化合物的催化剂，还可以还原成不溶性草酸亚铁，从水溶液中分离出来，用作芬顿催化剂。在这过程中不仅通过对高浓度 AMD 的资源利用，而且还可连续、稳定地回收 AMD 的优质水，缓解 AMD 缺水问题（如图 7-3 所示）。

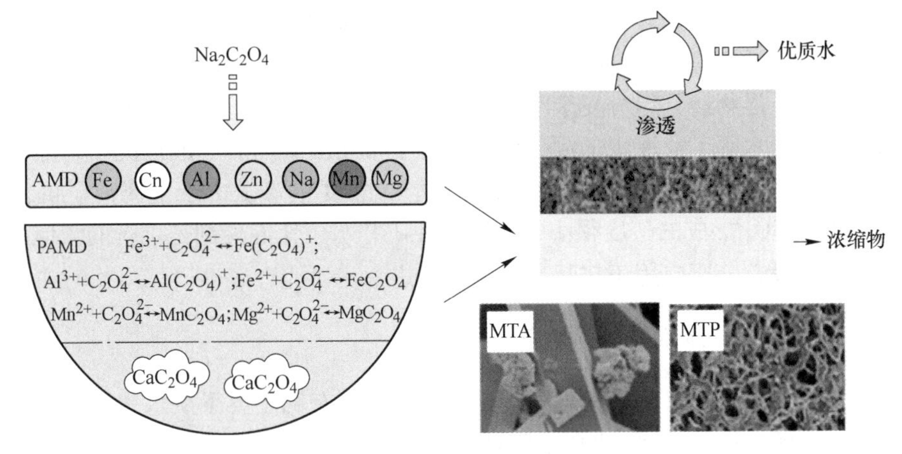

图 7-3　实验生成草酸亚铁催化剂并生成优质水的流程

Maha Abdelbaset Tony 等[9]研究了使用化学沉淀法在 AMD 中沉淀出铁并回收，并将 AMD 的铁涂覆在一些载体上形成改进的芬顿体系，表明铁包砂可以有效地作为改性 Fenton 试剂的来源来氧化城市污水中的有机物，在最佳条件下使 COD 的去除率达到了 70%。

为了减少 AMD 的污泥排放和环境污染，人们还从 AMD 中回收铁氧化物以制备催化剂、颜料和铁氧体纳米颗粒。通过应用燃料电池技术，AMD 中的铁被选择性地回收，在空气中氧化，然后煅烧形成 Fe_3O_4/碳复合材料，这是电子-Fenton 反应中的有效催化剂；除此之外也证实了在处理 AMD 过程中使用新的燃料电池技术发电和同时提取针铁矿（α-FeOOH）纳米颗粒的方法。在此过程中获得的针铁矿纳米颗粒的尺寸范围为 120~700nm，它适用于油漆和其他应用中的颜料。

7.2.2.2　铜离子的资源化利用

由于 AMD 对制造业、电子设备和管道等工业应用的高需求，从 AMD 中回收铜可以产生额外的经济利用价值。使用离子交换吸附剂可以以可持续的方式从 AMD 中选择性回收铜，例如，介孔二氧化硅在获得铜的选择性吸附和回收方面表现出良好的特性，在最近的一项研究中，Ryu SeongChul 等[10]使用离子交换吸附剂可以以可持续的方式从 AMD 中选择性回收铜，主要利用多改性介孔氧化硅 SBA-15 增强 AMD 对铜的吸附。可以在选择性地回收铜等金属的同时，获得高质量 AMD 的废水回用。

7.2.2.3　钙离子的资源化利用

酸矿水（AMD）中存在着 Ca^{2+}，在进行 AMD 的处理中 Ca^{2+}会生成沉淀。例如，先用草酸钠对 AMD 进行预处理，从 AMD 中析出的钙以一水合草酸钙的形式存在。由于一水合草酸钙会发生如下热分解反应，所以它可以用作制备氧化钙、碳酸钙和一氧化碳的化学材料。

$$CaC_2O_4 = CaCO_3 + CO \tag{7-4}$$

$$CaCO_3 = CaO + CO_2 \tag{7-5}$$

7.2.2.4　铝离子的资源化利用

从酸性矿井水的组成分析来年，它的主要成分包含 Fe^{3+}、Fe^{2+}、Al^{3+} 等，正是常用无机混凝剂的有效成分。从这点看，酸性矿井水作为混凝剂用于污水处理是可能的，为此曾做了一系列的探索性实验，发现酸性矿井水用作混凝剂符合一般的混凝规律，与常用混凝剂相比，当水质悬浮物高且组分复杂时，酸性矿井水的混凝效果好于一般混凝剂，而且对染料废水、造纸废水等工业废水的混凝效果也好于常用混凝剂。一般情况下，酸性矿井水不会对处理水的水质产生影响，因为酸性矿井水的酸度主要是由于金属离子的水解形成的，而由游离 H_2SO_4 形成的酸度很小，说明酸性矿井水用作混凝剂是可行的。但还仅仅处于实验室研究阶段，若要应用于实际，尚有待于进一步研究[11]。

7.2.3　通过电解 AMD 废水转化为氢气

在电解过程中，金属以氢氧根形式逐渐沉积，从而有利于离子从水残渣中去除。在这种情况下，光电解有助于去除 AMD 水溶液残渣中的离子，并促进氢气的生产，这是一种清洁能源。

一个 4L 的有机玻璃框架，用螺栓连接在一起，密封橡胶条和硅板金属电极及 Ionac MA3475 阴离子选择膜（纳滤膜）作为隔膜，用于电解处理 AMD（图 7-4）。该膜用于分离电极（阳极和阴极），以确保阴极和阳极上产生的氢不被氧污染。

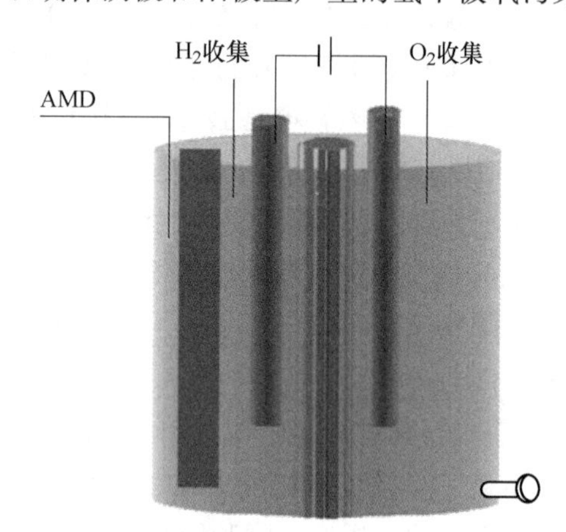

图 7-4　AMD 解离电解池产生 H_2 和 O_2 设计示意图

使用 AMD 作为电解介质可产生相当大体积的氢。电流密度越大，产生的气体量越高，但由于电压越高，生产成本就越高。此外，不锈钢电极完全不受 AMD 影响。为了经济地生产氢，使用电解产生的主要好处之一是在不锈钢阳极上氧化铁（Ⅱ），这提供了将制氢和铁（Ⅱ）氧化结合起来作为 AMD 预处理阶段的可能性，方程式如式（7-6）和式（7-7），表明电解预处理 AMD 进行铁（Ⅱ）氧化是可能的，同时也可以产生氢。

阳极：
$$2Fe^{2+} = 2Fe^{3+} + 2e \tag{7-6}$$

阴极：
$$2H_3O^+ + 2e = 2H_2 + H_2O \tag{7-7}$$

另一种电解方法是用光伏系统电解产生氢气。在这项工作中，电解池与不锈钢电极相连，利用电化学系统结合光伏板，通过电解 AMD 废水将太阳能转化为氢气[12]。

在电解过程中，污染物去除与同时产生氢燃料相结合似乎是有前途的。电解水获得氢是通过提供电能的形式将水分解的过程；然而，这种方法需要消耗大量的能量来进行电解，所以一些研究集中在通过将电化学系统与光伏（PV）板耦合来降低制氢成本。在氢能源存储过程中，用替代电解质（主要是污染物）取代传统电池和光伏板与电化学系统耦合的使用，使环境净化成为可能。

7.3 煤矿酸性废水的回收利用及回用处理技术

7.3.1 酸矿水的回收利用

除了对酸矿水中金属离子和硫酸盐的资源化利用，还可修复酸矿水并进行回收利用达到资源化利用。目前我国煤矿酸矿水的利用率还很低，平均仅为22%。近年来，随着各矿水资源的紧张，许多矿区都进行了不同程度的综合利用工作，经过处理站处理达标后的矿井水水质和饮用水水质相吻合，具有多种用途，应和煤矿生活用水以及环境特征等结合开来。除了不能直接用于生活及部分特殊机械补充用水，可以用于各个方面，然而因其成分较复杂，虽可经处理用作生活用水，但成本较高，因此一般也只用作工业用水或达标后排放到农田做灌溉之用，还可以作为矿区的除尘及防尘用水。

通常，为了最大化、资源化利用矿井水，一般按照“清污分流，水质处理，分级应用”的原则来处理矿井水[13]。考虑其运输成本和处理体量，矿井水利用顺序依次分为：先井下后地面，先工业后生活和农业[14]（图7-5），充分发挥矿区内现有水利设施的潜能，避免重复建设。在利用过程中应遵循以下原则：(1) 节约为主，因地制宜，合理提高水资源利用率。(2) 三效益统一。充分考虑经济、环境以及社会效益的统一，使社会发展的同时减少对周边环境的不利影响。(3) 就近原则。矿区生产用水对水质的要求较低，因此均首先保证矿区内部用水，剩余部分供其他方面使用[15]。

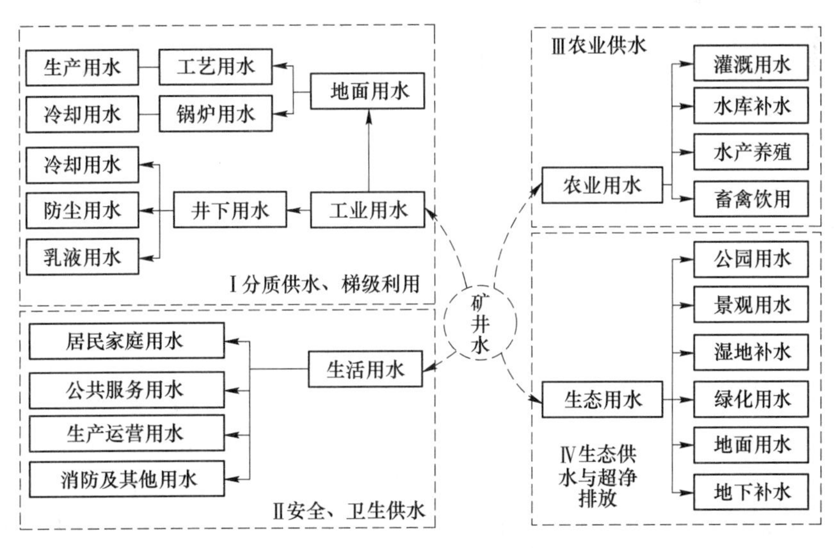

图7-5 矿井水资源化、生态化利用技术体系

AMD的回用过程或技术包括以下内容：

（1）井下循环处理利用。矿井水提升到地面要消耗能量。处理后的矿井水送至井下要消能、减压。矿井水在井下处理利用可以更好地节能降耗。煤矿企业如果在井下采取诸如清浊分流、水仓预沉等措施，会使矿井水的井下处理难度降低。因此，建立井下矿井水处理系统，改进矿井现有的供水系统，使部分矿井水在井下实现循环利用。建立井下矿井水处理系统，将矿井地面供水水源变为矿井水供水，可节省大量的新鲜水和减少矿井水排放费用，对开采深度较大的矿井企业来说，其经济效益更显著，更加节约成本[16]。

由于矿井水处理站建设于井下巷道之中，对使用工艺装备的宽度、高度均有一定限制，传统使用的迷宫斜板沉淀工艺、平流式沉淀池工艺、高效旋流工艺，均对空间的面积及高度有一定的要求，井下狭小的空间无法满足其布置条件要求，现阶段重介速沉、磁分离水、直滤等工艺均可满足井下的布置要求[17]。

（2）矿山开采和选矿过程。为了降低酸矿水的处理费用，可将酸矿水用于矿山开采和选矿过程。龚新宇等采用矿山酸性废水和新水进行了硫铁矿选矿试验对比，结果表明，酸性矿山废水可以直接应用于选矿过程，用新水和废水选矿的技术指标非常接近，选矿过程稳定。段智晖[18]以乌石岭酸性废水为例，将未处理的酸矿水进行磨矿浮选试验，回用到选矿试验中，虽然用原水作为磨矿浮选用水的尾矿品位、回收率都比用自来水的稍差，但是对浮选指标的影响相对较小，试验中精矿品位、尾矿品位及回收率和使用清水时都相差不大，并且后期将试验结果应用于工业实践，可以实现硫铁矿酸性废水在选矿系统中的循环利用。

综上所述，如果将酸性矿山废水直接用于硫铁矿选矿，可以减少矿山废水总量，节约新水，减少调整矿浆pH值加入的硫酸用量，从而废水处理费用将大幅下降，无疑将产生很好的经济效益和环境效益。

（3）农业用水。处理后的矿井水可用于农业用水，包括农田灌溉、农业设施用水、水库补蓄水、水产养殖以及动物饮用。我国煤矿大部分分布于干旱与半干旱地区，矿区附近的农田灌溉可引用处理过的矿井水，有效缓解农田灌溉压力。国内现如今将处理过的污水用于农田和景观灌溉已经较为普遍，尤其是干旱地区。Ayanda N. Shabalala等[19]研究了使用透水混凝土处理了煤矿和金矿中的AMD，从而用于灌溉农田，发现处理过的金矿的AMD各指标参数都很低，适合用于灌溉，但是处理过的煤矿中的AMD不适合用于农田灌溉，是因为处理过后的水的物理化学参数还是很高，如果进行灌溉，会对农田土壤造成污染，达不到回用所要求的水质要求。对此，可以采取其他技术将水的物理化学参数降到最低，再进行农田灌溉和景观灌溉。酸矿水的处理回收利用可以有效缓解水资源短缺带来的用水压力。

（4）工业用水。工业用水水量大且水质要求不高的特性给再生水的使用开辟了道路。工业用水对水质的要求标准不高，AMD经过初步处理后，可以用于矿区的绿化、井下灌浆、采煤工作面的降尘用水、冷却用水等。工业冷却用再生水中的一些有机污染物并不会对人体造成危害，只要控制好工业污水的回用比例就可以最大化地降低风险[20]。

（5）生活杂用。矿区生活用水对水质的要求标准较高，对于处理较好的回用水，虽然不宜作为饮用水，但可用于生活杂用水，主要用于街道清洁、打扫及洗车等，在回用时应该更加注重水的色度和浊度，使用更先进及效果更好的技术来处理AMD，保障AMD中的重金属和硫酸盐降到满意的水平再使用。

（6）生态用水。生态用水包括公园用水、景观用水、湿地补水、绿化用水、地面补水与地下补水。由于过往城市景观绿化类回用水往往采用城市市政污水，对于矿井水用于生态补水的实例较少，故在此领域尚未见相关标准，可以参考《城市污水再生利用城市杂用水水质》（GB/T 18920—2002）和《城市污水再生利用景观环境用水水质》（GB/T 18921—2002）等相关标准进行矿井水处理工艺设计与运营[21]。

（7）矿井水资源利用创新。除了以上常规的利用外，还可以开发新的利用方式，比如：1）水源热泵技术。把矿井水作为低热值热源，采用水源热泵冬季代替锅炉用于供暖，夏季代替空调用于制冷。利用矿井水和电厂余热实现办公楼冷暖空调的水源热泵技术是一项新兴的节能空调技术，可达到节约投资及运行费用，既解决了矿井水热量不足的难题，又净化了矿井乏风，减少了对大气的污染。2）井下处理利用。建立井下矿井水处理系统，将矿井地面供水变为井下供水，可节省大量的矿井排供水费用，对开采深度较大的矿井来说，其经济效益更显著。3）超磁净化技术。引进磁粉配重絮凝和高梯度磁过滤、冶金行业水处理等技术，结合煤炭行业特点开发出超磁分离机以及磁粉回收系统，形成“稀土磁盘分离”净化废水设备，简称超磁净化技术，该技术具有良好的推广应用前景。此外，针对温度较高的矿井水，选取地热能较强、可有效利用采空区空间的位置，通过人工的抽采-回灌使矿井水不断地循环，利用地热加温，从而获得地下热水。如德国弗莱贝格地区，将矿区地下水热水应用于供暖、供热以及生活热水等，或建立竖井蓄能电站和再生能源蓄积、冷-热循环式地热发电站等提供热能和电能。

以下列举一些我国地方煤矿的酸性矿井水回收利用方式的具体案例：

（1）郑州市企业煤矿酸性矿井水的回收利用。对于郑州来说，矿产资源主要分布在登封市、新密市、新郑市、巩义市和荥阳市。2019 年郑州市矿井水排放量为 5058.63 万立方米，其中登封市、新密市、新郑市、巩义市对矿井水进行利用，其利用量为 3316.73 万立方米，矿井水利用率为 65.57%，大多数企业对矿井水进行了利用，在利用矿井水的煤矿企业中，92%的企业将矿井水用于企业自用生产。

在郑州煤矿水的综合利用上，主要利用方向为矿区生产、绿化、防尘等用水；矿区周边农田灌溉用水；矿区周边企业的工业补充用水；接入城市供水系统管网用于居民生活用水。新建煤矿设计中优先选择矿井水作为生产水源，用于煤炭洗选、井下生产用水、消防用水和绿化用水；建设燃煤电厂、低热值燃料综合利用电厂，优先选择矿井水作为供水水源。为保证近期矿井水利用的可操作性，主要做到矿井水高效自用，外排利用，实现应用尽用。随着郑州国家中心城市建设，需破解水资源和水环境的制约问题，结合郑州市矿井水产量丰富的特点，需要扩大矿井水利用规模[22]。

（2）宁东煤田矿井水的回收利用。宁夏地处西北干旱、半干旱地区，是我国水资源最为匮乏的省区之一。随着“十四五”宁夏全区经济社会的高质量发展及工业化、城镇化、农业现代化进程的加快，水资源供需矛盾将更加突出。矿井水涌水量大，但矿井水利用率低，约 70%外排，宁东煤田 2015～2018 年实际矿井水涌水量分别为 4449.03 万立方米、4731.08 万立方米、4890.23 万立方米和 5441.01 万立方米，宁东煤田吨煤矿井涌水量大于西北地区平均吨煤矿井涌水量，但矿井水利用率远低于国内平均水平。宁东煤田矿井水利用分为自用和他用两个方向。其中自用主要用于井下灌浆、防尘、消防和井上矿区地面绿化、道路洒水等用水；他用主要有湖泊生态补水、经矿井水处理站处理后直供电厂、经南湖中水厂处理后供给电厂三个方向[23]。

（3）杭来湾煤矿矿井水的回收利用。榆神矿区杭来湾煤矿位于国家重点规划矿区-陕北侏罗纪煤田榆神矿区一期的西南部，矿井的建设规模为 8.00Mt/a，矿井自 2012 年 6 月投产以来矿井涌水量不断增长，平均每开采 1t 煤就要抽排 $1m^3$ 的矿井水，这些矿井水经过处理后，除极少部分用于防尘洒水、园林绿化、周边农田灌溉、渔业养殖等方面，除此之外还可以采用水源热泵制冷技术对矿井水资源化处理[24]，杭来湾煤矿矿井水多来自井下采空区清水，水质优良、处理和净化工艺简单，经过简单的处理即可达到生产生活用水的标准，陕北榆神矿区缺水情况严重，水资源十分宝贵，加上陕西有色榆林新材料循环经济产业园其他项目用水需求量较大，因此，杭来湾矿井水资源化利用前景广阔、潜力巨大[25]。

（4）黄陵矿区矿井水的回收利用。黄陵矿区位于陕西省延安市黄陵县店头镇，地处北方缺水地区，近年来，公司大力发展循环经济产业链，煤炭开采洗选、煤焦化、精细煤化工、电力、建材等各个板块，对水资源需求量越来越大，导致水资源严重匮乏。黄陵矿区供水水源井 28 口，日产水量 16000t，矿区生产生活用水日供水量已达 14000t，几乎接近满负荷，同时，由于地下水位不断下降，产水量逐年减少，严重影响到矿区的后续发展[26]。矿区处理后的矿井水主要用途：1）作为电厂锅炉补给水。矿井水处理后产水直接供往矿区矸石电厂锅炉补给水系统进入锅炉使用。2）作为电厂工业循环冷却水使用。通过供水管道向矸石电厂冷却塔内补水。3）可以作为矿区内的消防用水。4）可以作为煤炭洗选的补充水源。5）黄陵矿区白石焦化园区建成后可以作为焦化园区的生产用水。

7.3.2 回收利用标准

酸矿水经过处理需要达到再生水排放标准再回用，回用标准如下：

（1）再生水利用于地下水回灌控制项目和指标限值，包括《城市污水再生利用地下水回灌水质》（GB/T 19772—2005）、《再生水水质标准》（SL 368—2006），见表 7-1。

表 7-1 再生水利用于地下水回灌控制项目和指标限值

序号	控制项目	地表回灌	井灌
1	色度/度	≤30	≤15
2	浊度（NTU）	≤10	≤5
3	嗅	无不快感	无不快感
4	pH 值	6.5~8.5	6.5~8.5
5	总硬度（以 $CaCO_3$ 计）/$mg \cdot L^{-1}$	≤450	≤450
6	溶解性总固体/$mg \cdot L^{-1}$	≤1000	≤1000
7	硫酸盐/$mg \cdot L^{-1}$	≤250	≤250
8	氯化物/$mg \cdot L^{-1}$	≤250	≤250
9	挥发酚类（以苯酚计）/$mg \cdot L^{-1}$	≤0.5	≤0.002
10	阴离子表面活性剂（LAS）/$mg \cdot L^{-1}$	≤0.3	≤0.3
11	化学需氧量（COD_{Cr}）/$mg \cdot L^{-1}$	≤40	≤15

续表 7-1

序号	控制项目	地表回灌	井灌
12	五日生化需氧量（BOD_5）/mg·L^{-1}	≤10	≤4
13	溶解氧/mg·L^{-1}	≥1.0	≥1.0
14	硝酸盐（以N计）/mg·L^{-1}	≤15	≤15
15	亚硝酸盐（以N计）/mg·L^{-1}	≤0.02	≤0.02
16	氨氮（以N计）/mg·L^{-1}	≤1.0	≤0.2
17	总磷（以P计）/mg·L^{-1}	≤1.0	≤1.0
18	动植物油/mg·L^{-1}	≤0.5	≤0.05
19	石油类/mg·L^{-1}	≤0.5	≤0.05
20	氰化物/mg·L^{-1}	≤0.05	≤0.05
21	硫化物/mg·L^{-1}	≤0.2	≤0.2
22	氟化物/mg·L^{-1}	≤1.0	≤1.0
23	粪大肠菌群/个·L^{-1}	≤1000	≤3
24	汞/mg·L^{-1}	≤0.001	
25	镉/mg·L^{-1}	≤0.01	
26	砷/mg·L^{-1}	≤0.05	
27	铬/mg·L^{-1}	≤0.05	
28	铅/mg·L^{-1}	≤0.05	
29	铁/mg·L^{-1}	≤0.3	
30	锰/mg·L^{-1}	≤0.1	

（2）再生水利用于工业用水控制项目和指标限值，包括《城市污水再生利用工业用水水质》（GB/T 19923—2005）、《再生水水质标准》（SL 368—2006），见表 7-2。

表 7-2 再生水利用于工业用水控制项目和指标限值

序号	控制项目	冷却用水			锅炉补给水用水	工艺与产品用水
		直流冷却水	敞开式循环冷却水系统补充水	洗涤用水		
1	pH值	6.5~9.0	6.5~8.5	6.5~9.0	6.5~8.5	6.5~8.5
2	悬浮物（SS）/mg·L^{-1}	≤30	—	≤30	≤5	—
3	浊度（NTU）	—	≤5	≤5	≤5	≤5
4	色度/度	≤30	≤30	≤30	≤30	≤30
5	五日生化需氧量（BOD_5）/mg·L^{-1}	≤30	≤10	≤30	≤10	≤10
6	化学需氧量（COD_{Cr}）/mg·L^{-1}	—	≤60	≤60	≤60	≤60
7	铁/mg·L^{-1}	—	≤0.3	≤0.3	≤0.3	≤0.3
8	锰/mg·L^{-1}	—	≤0.1	≤0.1	≤0.1	≤0.1
9	氯离子/mg·L^{-1}	≤250	≤250	≤250	≤250	≤250
10	二氧化硅（SiO_2）/mg·L^{-1}	≤50	≤50	—	≤30	≤30

续表 7-2

序号	控制项目	冷却用水		洗涤用水	锅炉补给水用水	工艺与产品用水
		直流冷却水	敞开式循环冷却水系统补充水			
11	总硬度（以 $CaCO_3$ 计）/mg · L^{-1}	≤450	≤450	≤450	≤450	≤450
12	总碱度（以 $CaCO_3$ 计）/mg · L^{-1}	≤350	≤350	≤350	≤350	≤350
13	硫酸盐/mg · L^{-1}	≤600	≤250	≤250	≤250	≤250
14	氨氮（以 N 计）/mg · L^{-1}	—	≤10.0①	≤10.0	≤10.0	≤10.0
15	总磷（以 P 计）/mg · L^{-1}	—	≤1.0	≤1.0	≤1.0	≤1.0
16	溶解性总固体/mg · L^{-1}	≤1000	≤1000	≤1000	≤1000	≤1000
17	石油类/mg · L^{-1}	—	≤1	—	≤1	≤1
18	阴离子表面活性剂/mg · L^{-1}	—	≤0.5	—	≤0.5	≤0.5
19	余氯②/mg · L^{-1}	≥0.05	≥0.05	≥0.05	≥0.05	≥0.05
20	粪大肠菌群/个 · L^{-1}	≤2000	≤2000	≤2000	≤2000	≤2000

①当敞开式循环冷却水系统换热器为铜质时，循环冷却系统中循环水的氨氮指标应小于 1mg/L；
②加氯消毒时管末梢值。

（3）再生水利用于农业、林业、牧业用水控制项目和指标限值，包括《再生水水质标准》（SL 368—2006），见表 7-3。

表 7-3　再生水利用于农业、林业、牧业用水控制项目和指标限值

序号	控制项目	农业	林业	牧业
1	色度/度	≤30	≤30	≤30
2	浊度（NTU）	≤10	≤10	≤10
3	pH 值	5.5~8.5	5.5~8.5	5.5~8.5
4	总硬度（以 $CaCO_3$ 计）/mg · L^{-1}	≤450	≤450	≤450
5	悬浮物（SS）/mg · L^{-1}	≤30	≤30	≤30
6	五日生化需氧量（BOD_5）/mg · L^{-1}	≤35	≤35	≤10
7	化学需氧量（COD_{Cr}）/mg · L^{-1}	≤90	≤90	≤40
8	溶解性总固体/mg · L^{-1}	≤1000	≤1000	≤1000
9	汞/mg · L^{-1}	≤0.001	≤0.001	≤0.0005
10	镉/mg · L^{-1}	≤0.01	≤0.01	≤0.005
11	砷/mg · L^{-1}	≤0.05	≤0.05	≤0.05
12	铬/mg · L^{-1}	≤0.10	≤0.10	≤0.05
13	铅/mg · L^{-1}	≤0.10	≤0.10	≤0.05
14	氰化物/mg · L^{-1}	≤0.05	≤0.05	≤0.05
15	粪大肠菌群/个 · L^{-1}	≤10000	≤10000	≤2000

（4）再生水利用于城市非饮用水控制项目和指标限值，包括《城市污水再生利用城市杂用水水质》（GB/T 18920—2002）、《再生水水质标准》（SL 368—2006），见表 7-4。

表 7-4　再生水利用于城市非饮用水控制项目和指标限值

序号	控制项目	冲厕	道路清扫、消防	城市绿化	车辆冲洗	建筑施工
1	pH 值	6.0~9.0	6.0~9.0	6.0~9.0	6.0~9.0	6.0~9.0
2	色度/度	≤30	≤30	≤30	≤30	≤30
3	嗅	无不快感	无不快感	无不快感	无不快感	无不快感
4	浊度（NTU）	≤5	≤10	≤10	≤5	≤20
5	溶解性总固体/mg·L^{-1}	≤1500	≤1500	≤1000	≤1000	—
6	五日生化需氧量（BOD_5）/mg·L^{-1}	≤10	≤15	≤20	≤10	≤15
7	氨氮/mg·L^{-1}	≤10	≤10	≤20	≤10	≤20
8	阴离子表面活性剂（LAS）/mg·L^{-1}	≤1.0	≤1.0	≤1.0	≤0.5	≤1.0
9	铁/mg·L^{-1}	≤0.3	—	—	≤0.3	—
10	锰/mg·L^{-1}	≤0.1	—	—	≤0.1	—
11	溶解氧/mg·L^{-1}	≥1.0	≥1.0	≥1.0	≥1.0	≥1.0
12	总余氯/mg·L^{-1}	接触 30min 后≥1.0，管网末端≥0.2				
13	总大肠菌群/个·L^{-1}	≤3	≤3	≤3	≤3	≤3
14	粪大肠菌群/个·L^{-1}	≤200	≤200	≤200	≤200	≤200

（5）再生水利用于景观用水控制项目和指标限值，包括《城市污水再生利用景观环境用水水质》（GB/T 18921—2019）、《再生水水质标准》（SL 368—2006），见表 7-5。

表 7-5　再生水利用于景观用水控制项目和指标限值

序号	控制项目	观赏性景观环境用水		娱乐性景观环境用水		景观湿地环境用水
		河道类	湖泊类	河道类	湖泊类	
1	色度/度	≤20	≤20	≤20	≤20	≤20
2	浊度（NTU）	≤5.0	≤5.0	≤5.0	≤5.0	≤5.0
3	嗅	无漂浮物，无令人不快感	无漂浮物，无令人不快感	无漂浮物，无令人不快感	无漂浮物，无令人不快感	无漂浮物，无令人不快感
4	pH 值	6.0~9.0	6.0~9.0	6.0~9.0	6.0~9.0	6.0~9.0
5	溶解氧（DO）/mg·L^{-1}	≥1.5	≥1.5	≥2.0	≥2.0	≥2.0
6	悬浮物（SS）/mg·L^{-1}	≤20	≤10	≤20	≤10	≤10
7	五日生化需氧量（BOD_5）/mg·L^{-1}	≤10	≤6	≤6	≤6	≤6
8	化学需氧量（COD_{Cr}）/mg·L^{-1}	≤40	≤30	≤30	≤30	≤30
9	阴离子表面活性剂（LAS）/mg·L^{-1}	≤0.5	≤0.5	≤0.5	≤0.5	≤0.5
10	氨氮（以 N 计）/mg·L^{-1}	≤5.0	≤3.0	≤5.0	≤3.0	≤5.0
11	总磷（以 P 计）/mg·L^{-1}	≤0.5	≤0.3	≤0.5	≤0.3	≤0.5
12	总氮（以 N 计）/mg·L^{-1}	≤15	≤10	≤15	≤10	≤15
13	石油类/mg·L^{-1}	≤1.0	≤1.0	≤1.0	≤1.0	≤1.0
14	粪大肠菌群/个·L^{-1}	≤1000	≤1000	≤1000	≤3	≤1000
15	余氯/mg·L^{-1}	—	—	—	0.05~0.1	—

注：1. 未采用加氯消毒方式的再生水，其补水点无余氯要求。
　　2. "—" 表示对此项无要求。

（6）再生水利用于绿地灌溉用水控制项目和指标限值，包括《城市污水再生利用绿地灌溉水质》(GB/T 25499—2010)，见表 7-6。

表 7-6 再生水利用于绿地灌溉用水控制项目和指标限值

序号	控制项目	补充地下水指标限值
1	色度/度	≤30
2	浊度（NTU）	≤5（非限制性绿地），10（限制性绿地）
3	嗅	无不快感
4	pH 值	6.0~9.0
5	溶解性总固体（TDS）/mg · L^{-1}	≤1000
6	五日生化需氧量（BOD_5）/mg · L^{-1}	≤20
7	总余氯/mg · L^{-1}	0.2≤管网末端≤0.5
8	氯化物/mg · L^{-1}	≤250
9	阴离子表面活性剂（LAS）/mg · L^{-1}	≤1.0
10	氨氮/mg · L^{-1}	≤20
11	粪大肠菌群/个 · L^{-1}	≤200(非限制性绿地)，≤1000(限制性绿地)
12	蛔虫卵数/个 · L^{-1}	≤1(非限制性绿地)，≤2(限制性绿地)

注：粪大肠菌群的限值为每周连续 7 日测试样品的中间值。

（7）再生水利用于农田灌溉用水控制项目和指标限值，包括《城市污水再生利用农田灌溉用水水质》(GB/T 20922—2007)，见表 7-7。

表 7-7 再生水利用于农田灌溉用水控制项目和指标限值

序号	基本控制项目	灌溉作物类型			
		纤维作物	旱地谷物 油料作物	水田谷物	露地蔬菜
1	五日生化需氧量（BOD_5）/mg · L^{-1}	≤100	≤80	≤60	≤40
2	化学需氧量（COD_{Cr}）/mg · L^{-1}	≤200	≤180	≤150	≤100
3	悬浮物（SS）/mg · L^{-1}	≤100	≤90	≤80	≤60
4	溶解氧（DO）/mg · L^{-1}	≥0.5	≥0.5	≥0.5	≥0.5
5	pH 值	5.5~8.5	5.5~8.5	5.5~8.5	5.5~8.5
6	溶解性总固体（TDS）/mg · L^{-1}	≤1000(非盐碱地地区)，≤2000(盐碱地地区)			≤1000
7	氯化物/mg · L^{-1}	≤350	≤350	≤350	≤350
8	硫化物/mg · L^{-1}	≤1.0	≤1.0	≤1.0	≤1.0
9	余氯/mg · L^{-1}	≤1.5	≤1.5	≤1.0	≤1.0
10	石油类/mg · L^{-1}	≤10	≤10	≤5.0	≤1.0
11	挥发酚/mg · L^{-1}	≤1.0	≤1.0	≤1.0	≤1.0
12	阴离子表面活性剂（LAS）/mg · L^{-1}	≤8.0	≤8.0	≤5.0	≤5.0
13	汞/mg · L^{-1}	≤0.001	≤0.001	≤0.001	≤0.001
14	镉/mg · L^{-1}	≤0.01	≤0.01	≤0.01	≤0.01
15	砷/mg · L^{-1}	≤0.1	≤0.1	≤0.05	≤0.05

续表 7-7

序号	基本控制项目	纤维作物	灌溉作物类型		露地蔬菜
			旱地谷物油料作物	水田谷物	
16	铬（六价）/mg·L^{-1}	≤0.1	≤0.1	≤0.1	≤0.1
17	铅/mg·L^{-1}	≤0.2	≤0.2	≤0.2	≤0.2
18	粪大肠菌群/个·L^{-1}	≤40000	≤40000	≤40000	≤20000
19	蛔虫卵数/个·L^{-1}	≤2	≤2	≤2	≤2

7.3.3 矿井水的回用技术

7.3.3.1 矿井水的净化工艺

酸矿水中存在高硫酸盐和高重金属污染物，所以煤矿矿井水可以采用分段处理工艺，一段是净化工艺，二段是脱盐工艺。净化工艺可以为脱盐工艺提供基础保障，提升矿井水处理效果。目前，酸矿水的回用首先需要进行净化处理，处理过程烦琐、处理周期长，而且处理成本，完全无法满足高效、经济的矿井水环保处理要求。

A 矿井水的净化处理（悬浮物）

采用混凝、沉淀、过滤工艺处理煤矿矿井水。目前采用的反应设施有涡流反应池、穿孔旋流反应池、机械搅拌反应池等；沉淀设施有平流式沉淀池、斜管（斜板）沉淀池和将混凝反应与沉淀过程结合在一起的机械加速澄清池过高、水力循环澄清池、一体化净水器等。反应池加沉淀池的形式具有处理能耗小、设计处理水量可大可小、操作管理简单等优点，但存在处理设施占地面积大、沉淀污泥易堵塞造成排泥不畅、耐负荷冲击能力小、不易去除矿井水中的油类物质等缺点。机械加速澄清池、水力循环澄清池、一体化净水器都是集混凝反应和沉淀过程于一体的水处理设施。一体化净水器是一种适用于小城镇的地表水处理设备，具有设备体积小、占地面积小、安装方便等优点，但存在沉淀区容积小、按设计处理水量达不到设计要求、单体处理量小、设备日常维护工作量大、设备寿命短等缺点。水力循环澄清池和机械加速澄清池是目前煤矿区矿井水处理中采用较多且应用比较成功的工艺，具有耐冲击负荷能力强、处理效果好的优点。

结合煤矿矿井水水质，一段净化工艺采用机械加速澄清池+“V”形滤池。机械加速澄清池利用自身的特殊结构来完成泥渣回流和接触反应，处理效率较高，出水量大，处理效果较稳定，占地面积小，单位产水量投资少，投药量小，运行费用低，对水质、水量温度变化的适应性强，能自动定时排泥。“V”形滤池采用均质石英砂滤料，材料易得，运行稳妥可靠，滤床含污量大、运行周期长、过滤流速高、出水水质较好，具有气反洗、气水反冲洗和水表面扫洗工序，反洗较彻底。

净化工艺流程为：井下排水→配井水→辅流沉淀池→预沉调节池→机械加速澄清池→“V”形滤池→清水池→回用。矿井水从井下提升上来后，先进入矿井水处理站配水池，均匀分配进水后，自流至辐流式调节池，去除水中颗粒比重较大的悬浮物。出水自流进入预沉调节池，进一步去除水中颗粒比重较大的悬浮物，同时调节水量，使后续构筑物负荷均匀。出水由提升泵提升至澄清池，泵前投加聚合氯化铝（PAC），泵后投加聚丙烯酰胺（PAM），使悬浮物能够在澄清池内发生高效混凝、沉淀，去除大部分悬浮物。出水自流至“V”形滤池，通过过滤去除水中颗粒较小的悬浮物和胶体。出水进入清水池，由供水泵供给用户使用，利用不完的矿井水达标排放。辐流式调节池、预沉调节池和澄清池排出的煤泥水直接排污泥池，由煤泥提升泵提升到洗煤厂，与洗煤水一起处理。滤池反冲洗水排至反冲洗水收集池，由水泵提升至预沉调节池，循环处理利用或达标排放。

B 矿井水的深度处理（脱盐）[27-29]

一级处理后的水主要污染物为溶解性总固体（TDS）和各种离子。深度处理的主要目的为脱盐，降低矿井水含盐量的方法主要有以下几种：

（1）化学法。离子交换法是化学脱盐的主要方法。离子交换法即利用阴阳离子交换剂去除水中的离子，以降低水的含盐量，确保交换剂与水溶液中的离子发生可逆性交换，从而改善水质而离子交换剂结构没有发生变化的一种水处理形式。其特点是技术成熟、使用经验多、出水水质好，但工艺系统和运行管理复杂，不能连续出水；另外，应对离子交换剂进行定期再生，再生过程控制十分麻烦且再生废液会造成二次污染。离子交换主要用于锅炉软水末端处理和 RO 的前处理，以减小硬度，此种脱盐工艺用于矿井水含盐量小于 50mg/L 时比较经济，在高矿化度矿井水脱盐处理工程中，没有大规模进行利用。

（2）热力法。使用高温（蒸馏）和低温（冷冻）的处理过程均属于含盐水的热力法淡化。蒸馏法（高效蒸发、多级闪蒸、压汽蒸馏、太阳能蒸馏等）是对含盐水进行热力脱盐淡化处理有效方法。蒸馏法的优点是设备寿命长，预处理要求低，操作方便，水质纯度高。但缺点是能耗高，设备较笨重，防腐要求高，热交换器表面易结垢等。蒸馏法在高矿化度矿井水中，其含盐量应超过一定的标准，一般当矿井水含盐量超过 4000mg/L 时才可以考虑采用。

（3）电渗析法。电渗析（electrodialysis，ED）是在外加直流电场力的作用下，利用离子交换膜对溶液中离子的选择透过性，使溶质和溶剂分离的一种物理化学过程。含盐水经过电渗析后。便可得到淡化水和浓缩液（浓水）。ED 脱盐法的优点是不需要再生。可连续出水，工艺系统简单，设备少。其主要问题是易发生极化结垢，水回收率低（一般为 50% 左右），对进水预处理要求较高。当矿井水含盐量小于 4000mg/L 时用此法较为经济。但由于它对 SO_4^{2-} 去除率较低，用以淡化 SO_4^{2-} · Na 型和 SO_4^{2-} · Cl^--Na 型水很难达到饮用水水质标准。另外，它不能去除水中的有机物和细菌，设备运行能耗大。

（4）反渗透技术。反渗透（reverse osmosis，RO）是借助于半透膜，在压力作用下进行物质分离的方法，它可有效地去除水中的无机盐、低分子有机物、病毒和细菌。此法与 ED 法相比，其优点是产品水的回收率、脱盐率以及水的纯度均较高。缺点是操作压力高，对进水水质要求高，浓水若得不到适当处理将会造成二次污染。

在反渗透分离中，具体特征如下：1）介质在处理过程中，不会出现相变这样的情况，同时和热法蒸馏相比较，能耗较低。2）装置操作十分简单化，能够有效地自控以及维修。3）进行脱盐时，不会消耗过多的酸碱，浓水中具备着较高的盐分，不会生成相关污染物质。和离子交换比较，和环保要求相吻合。4）装置呈模块化设计，规模大小具备灵活性特征，可以作为家庭纯水设备。5）和以往脱盐工艺相比，系统占地面积较低。6）拥有着较高的自动化水平，并且劳动强度较低。7）在目前工业领域中，脱盐技术具有较好的发展前景。

典型工艺采用活性炭过滤+超滤+反渗透工艺组合处理工艺，工艺流程为：调节池→活性炭过滤→中间储水池→超滤装置→微滤装置→高压泵→反渗透装置→生产、消防水池。井下处理后的矿井水经泵提升，首先进入调节池均匀水质和水量，均质均量后的出水经泵提升并投加杀菌剂后，进入活性炭滤池。活性炭滤池内设有活性炭滤料，截留并去除水中残留的微小悬浮物，同时吸附和去除水中可能存在的有机物，出水经提升泵进入超滤装置，然后进入中间水池。中间水池的出水经泵提升后，加酸调节 pH 值，并投加阻垢剂、还原剂和非氧化性杀菌剂，然后进入保安过滤器。保安过滤器的出水经高压泵加压后进入原水反渗透系统，去除水中的无机物、胶体微粒、细菌及有机物质等。原水反渗透系统采用苦咸水膜，回收率设计为 80%。反渗透产水部分进入生产水池回用，其余排放至外排水池，反渗透浓水进入后续处理系统进一步回收，定期对反渗透膜进行化学清洗，以恢复膜通量。原水反渗透的浓水直接排至斜管沉淀池，投加石灰和纯碱，沉淀去除水中的钙离子、镁离子，以减轻后续膜系统的结垢。沉淀后的上清液进入砂滤池，过滤并去除水中残留的微小悬浮物，出水经投加盐酸回调 pH 值后进入浓水池一，沉淀后的污泥排至污泥浓缩池进行脱水处理。为防止砂滤池的污堵，定期对其进行气、水反冲洗。反洗水采用砂滤池出水，反洗后的废水排放至砂滤反洗水收集池，经泵提升后排至斜管沉淀池重新进行处理。浓水池一中的浓水经泵提升，并投加非氧化性杀菌剂后进入保安过滤器，出水经高压泵加压后进入浓水反渗透系统。浓水反渗透系统采用海水淡化膜，回收率设计为 70%。系统产水直接进入外排水池，系统浓水排至浓水池二。浓水会用于矿区的防火灌浆。混凝沉淀池和斜板沉淀池运行过程中产生的污泥排至污泥浓缩池，经厢式压滤机脱水后的泥饼外运，滤液经回收后进入斜管沉淀池重新进行处理。回用水池兼做生产消防水池，其出水分别由供水设备供到各用水点，多余水从该水池溢流外排。

7.3.3.2 膜技术及其应用[30]

随着环保标准的日趋严格，传统酸矿水的处理工艺：酸矿水→调节池→反应沉淀池（或澄清池）→过滤→消毒→回用，已不能满足排放及回用要求。膜分离技术凭借处理效率稳定可靠、效率高能耗低、产水可达到回用标准、易操作、自动化程度高、环境友好等特点，在矿井水处理领域得到发展。

膜分离技术是一种以天然或人工合成的高分子薄膜为介质，以外界能量或化学位差为推动力，利用膜对酸矿水各组分选择透过性能的差异进行分离、提纯和浓缩。它基于微生物分解和膜分离工艺用于废水处理。将超滤/微滤系统和反渗透系统等重要的组成部分安装在曝气池中，从而消除了传统的二次沉淀池，处理后的水质更好，可以直接用作饮用水。

膜分离机理包括膜表面的物理截留、膜表面微孔内吸附、位阻截留和静电排斥截留。按膜孔径大小及截留机理的不同分为微滤、超滤、纳滤、电渗析、反渗透、电驱离子膜和脱气膜等见表 6-1。

（1）在脱盐方面的应用。酸矿水中含有大量硫酸盐，在脱硫酸盐方面一般采用超滤+反渗透双膜法，超滤作为反渗透的前处理，决定着反渗透的膜通量、清洗周期、操作成本等，反渗透一般采用普通反渗透。常见的超滤有压力式超滤及浸没式超滤两种。超滤膜技术比较见表 7-8。

表 7-8 超滤膜技术比较

项 目	压力式超滤装置	浸没式超滤装置	平板陶瓷膜
进水水质/mg · L^{-1}	SS：3~10	SS：≤30	SS：≤200
设计通量/L · $(m^2 \cdot h)^{-1}$	≤45	≤35	≤80
系统回收率/%	92~95	92~95	92~95
化学清洗周期/月	1~3	3~6	4~8
运行成本	高	低	低
投资成本	低	高	高
使用年限/a	3	5	10

对比可知，浸没式超滤对进水水质要求不高，抗污染能力强，易清洗，由于需建膜池且膜费用高、投资成本较高，故在矿井高盐水工程应用较少；压力式超滤分为内压式和外压式两种，内压式对进水水质的要求比外压式要高，目前高盐矿井水超滤系统基本上都采用外压式。采用双膜法脱盐，运行成本（包括预处理）基本在 1. 80~2. 30 元/m^3。

超滤、微滤膜分离技术针对煤矿高盐矿井水处理效果仍有局限性，一般对澄清、保安过滤、除菌、病毒、大分子有机物进行分离和纯化。电渗析常存在电耗大、处理成本高、回水率稍低等问题，目前逐渐被主流的反渗透膜分离技术替代。反渗透膜分离技术中膜易遭受污染、堵塞、腐蚀，当矿井水中含盐量大于 6000mg/L 时，对脱盐率影响较大。目前国内神华宁煤清水营煤矿、兖矿赵楼煤矿、山西汾西曙光煤矿、山西平朔井工一矿、河北范各庄煤矿、神华宁夏灵新煤矿等矿井的高矿化度矿井水回收率在 75%~95%，脱盐效率大于 98%~99. 3%，处理成本 1. 6~3. 0 元/吨，出水可达到饮用水标准。

（2）在减量化方面的应用。目前应用于二次浓缩的反渗透技术主要有海水反渗透（SWRO）、高效反渗透（HERO）、碟管式反渗透（DTRO）等，三者比较见表 7-9。对比可知，高效反渗透（HERO）与海水反渗透（SWRO）比较，HERO 预处理要求严格，通过软化工艺去除来水中的硬度，然后再通过脱气去除水中的二氧化碳，可以在高 pH 值条件下运行，降低有机物、硅、微生物等膜污染，提高产水率，但预处理酸、碱再生耗量大，再生废水加大了后续蒸发结晶的处理难度和装置规模。在二次浓缩减量化方面，海水淡化和高效反渗透技术各有应用，中煤图克采用了高效反渗透（HERO），中天合创采用了海水反渗透（SWRO），处理成本（包括预处理）基本在 4. 50~5. 50 元/m^3。叠管式反渗（DTRO）膜通道宽、流程短、膜通量大，对进水水质要求低，产水水质偏低，多用于垃圾渗滤液处理，难以满足煤矿回用水要求，且投资非常高，故在矿井高盐水很少应用。

表 7-9 反渗透技术比较

项目	SWRO	HERO	DTRO
进水 TDS	5000~40000	2000~20000	20000~50000
进水水质	SDI<5	彻底去除硬度和碱度	SDI<20
产水水质	好	好	较差
产水率/%	75	85	80
运行条件	pH = 7~9	pH>10. 5	宽泛

续表 7-9

项目	SWRO	HERO	DTRO
药剂消耗	需投加阻垢剂	需投加大量酸碱	需投加阻垢剂
运行成本	低	较高	高
投资成本	低	较高	高

（3）在物料提浓方面的应用。电渗析技术（ED）的核心为离子交换膜，在直流电场的作用下对溶液中的阴、阳离子具有选择透过性，通过阴、阳离子膜交替排布形成浓、淡室，从而实现物料高倍浓缩及与提浓。和机械式蒸汽再压缩（MVR）、多效蒸发（MED）在蒸发结晶环节对超浓盐水进行物料提浓、高倍浓缩等方面多有应用。物料提浓技术比较见表 7-10。

表 7-10　物料提浓技术比较

项目	ED	MVR	MED
进水水质	较低	低	低
产水水质	根据需求改变，一段式约为原水 50%	<10mg/L	<10mg/L
浓水水质	>180g/L	饱和溶液或结晶	饱和溶液或结晶
适用盐度	500~20000	50000~100000	50000~100000
运行能耗	40~48kWh/t 水	25~35kW·h/t 水	0.3~1.1 蒸汽/t 水
运行成本	低	高	中
设备材质	高分子材料或 UPVC	防腐蚀，316L 或钛材	防腐蚀，316L 或钛材

经比较可知，MVR、MED 是国内目前物料提浓的主流技术，成熟度高，适用于蒸汽价格较高而电费相对较低的场所，但对含盐量适中的矿井高盐水运行能耗偏高、投资成本高，中煤图克和中天合创采用了 MVR 技术，内蒙古伊泰化工公司采用 MED 技术；ED 具有浓缩倍率高、电耗低的优势，无需再生处理，能够长时间连续使用等优点，但装置一次性投资较高，淡室水质较差，需与反渗透集合，进一步脱盐才可得到合格产品水，中煤远兴在蒸发结晶环节的物料提浓方面选用此技术。

（4）在结晶分盐方面的应用。目前国内分盐技术主要有膜法分盐、热法分盐。膜法分盐利用纳滤膜（NF）对一价、二价离子的分离与截留作用，实现硫酸钠与氯化钠的分离，最终蒸发结晶得到硫酸钠与氯化钠晶体，由于不同型号的纳滤膜，对无机盐和有机物具有不同的截留率，在处理酸矿水时可结合工艺需要对纳滤膜元件进行优选；热法分盐高温蒸发得无水硫酸钠，母液低温蒸发得氯化钠。分盐技术比较见表 7-11。

表 7-11　分盐技术比较

项　目	纳滤分盐	热法分盐
分离效果	效果好，一价、二价盐纯度相对较高	二价盐纯度较高，一价盐纯度无保障
来水一价、二价离子浓度比例波动的影响	影响很小	影响较大
运行控制	简单	困难
能耗	能耗低，热源利用厂区蒸汽	能耗高，热源利用厂区蒸汽
项目投资	偏高	适中
运行费用	偏低	适中

对比可知，纳滤分盐纯度高，受来水水质波动影响小，运行费用低，操作简便，比较适合氯化钠含量比硫酸钠含量大或相当的污水，近几年在矿井高盐水应用较多，中天合创、中煤图克均采用此法，处理成本（包括预处理）基本在 8.50~10.0 元/m^3；热法分盐结晶盐品质受进水水质影响较大，控制的条件苛刻，操作难度大，内蒙古伊泰化工公司采用此法。

7.4 煤矿矿井水零排放的实际利用情况

7.4.1 汪家寨煤矿资源化综合利用

汪家寨煤矿矿井生产过程中产生污水呈酸性最大涌水量是 710m^3/h 其污水处理站的净化能力约为 800m^3/h 处理过程如图 7-6 所示[31]。

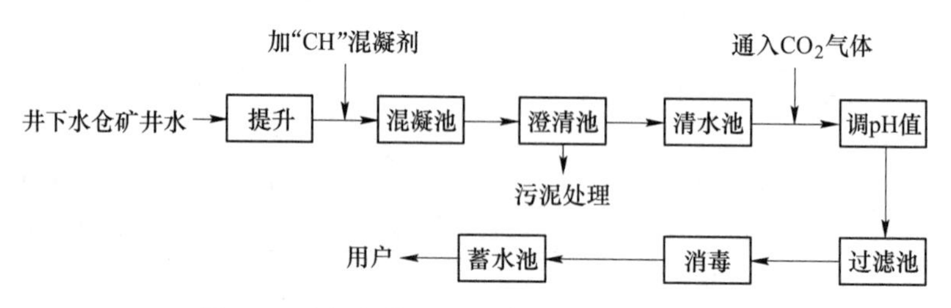

图 7-6 汪家寨煤矿酸性矿井水处理工艺流程

由于汪家寨煤矿属于缺水矿区，矿区职工和周围居民用水困难，对于矿井水综合治理，将净化处理后的矿井水用作工业用水，减小了地下用水，很好地节约了地下水资源，同时降低了酸性矿井水的排放，减少了对地下水体环境的污染程度。在汪家寨煤矿实践证明该技术成功地为整个矿区带来了良好的社会和经济效益。

7.4.2 江苏省徐州市大屯矿区矿井水综合利用

大屯矿区下属 4 个矿井根据循环经济理念，运用新技术、新工艺和新装备大力发展矿井水资源化利用工程，并做出了具体规划，先后在姚桥煤矿、孔庄煤矿、徐庄煤矿和龙东煤矿建成了现代化矿井水处理厂，其中姚桥煤矿矿井水处理工程已列为全国矿井水资源化利用的样板工程。矿区每年可利用净化矿井水 800 万立方米，回收大量煤泥，减少排污费，年获经济效益 390 万元。不仅使大屯矿区矿井水资源得到充分、合理利用，而且可大幅度降低现有供水成本，获得了丰厚的经济回报。

7.4.3 山东巨野煤田矿资源化综合利用

巨野煤田矿区内各个矿山矿井水温偏高（30~40℃），矿井水通过井下处理后经排水系统排至地面，首先利用水源热泵提取热量后，部分热能可以应用于井口防冻、职工浴池、建筑物采暖等，另外还可将部分热量用于温室养殖种植（比如热带观赏鱼、热带观赏花卉）以提高经济收益。另外，将水源热泵利用后的矿井水收集进一步“按用途分质净化”处理，用于井下生产、地面日常用水、洗煤厂用水、火电厂冷凝补充用水、水生种植养殖、农田林地灌溉、城镇工业供水等用途（图 7-7），缓解该区供水紧张，减少地下水资源的开采量，以控制该区地面沉降地质灾害的发展，同时改善当地居民的饮用水水质。对未能及时利用的矿井水资源，可因地制宜，存储在大面积地表低洼地段，使巨野煤田的矿井水的利用率达到 196.9%[32]。

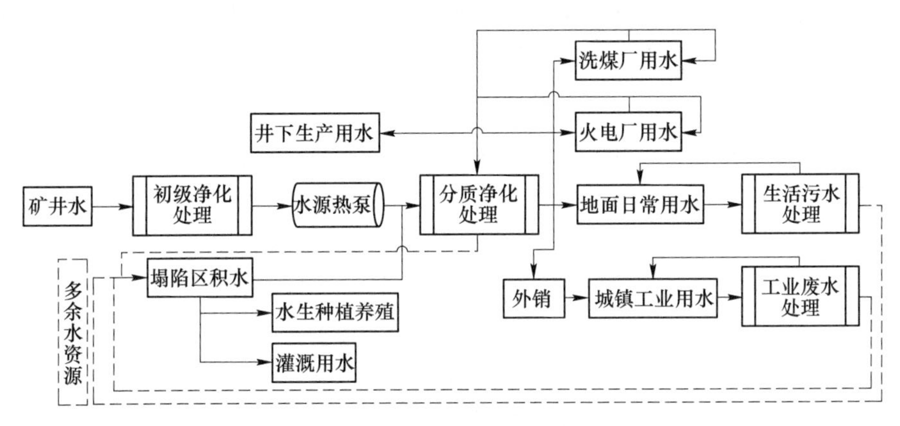

图 7-7 山东省煤田矿井水资源化综合利用流程图

7.4.4 江苏省沛县境内张双楼煤矿资源化综合利用

目前，张双楼煤矿实际涌水量约为 $1200m^3/h$，据统计，2007 年之前矿井涌水量基本稳定在 $750 \sim 900m^3/h$，矿井水以顶板砂岩水和太原组 4 灰水为主，自 2008 年山西组 9 煤层开采以后矿井涌水量基本维持在 $1150 \sim 1200m^3/h$，其水量主要来自太原组 4 灰水。

张双楼煤矿针对矿井水高矿化度的特点没有采取降低矿化度的措施，且矿井水利用系统不够完善，矿区对矿井水的回收利用仅限于矸石山冲推和选煤厂利用等水质要求不高的环节，因此，降低矿井水矿化度，逐步完善、拓宽矿井水利用途径和利用总量，提高矿井水综合利用率，有利于张双楼煤矿发展循环经济。对于张双楼矿井水的利用上，建立了矿井水利用节约型系统，对这部分矿井水的回用主要包括两个方面，即部分矿井水采用就地取水的方式直接用于井下防火注浆和各采区工作面防尘等井下生产，经使用后的矿井水受各种污染源的影响成为矿井污水最后流入矿井污水处理系统；其余矿井水由西风井上排至地面应用于矿区选煤厂补充、消防冲厕等对水质不高的环节，拟定矿井清水利用系统流程如图 7-8 所示。张双楼煤矿早在 1995 年便提出利用太原组 4 灰水作为井下防尘水的设想，并通过实践证明了其可行性和显著的经济环境效益[33]。

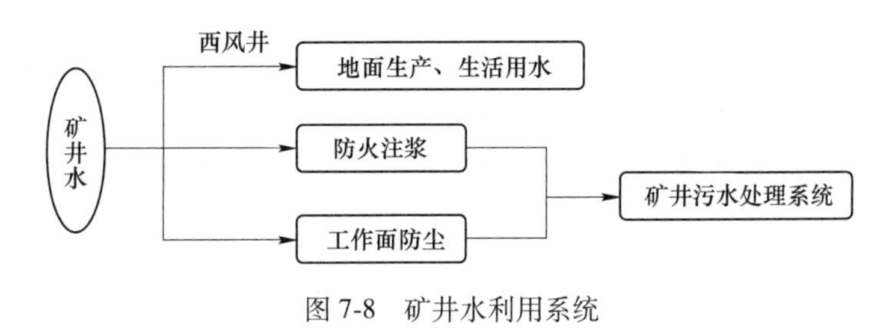

图 7-8 矿井水利用系统

7.4.5 准东煤电二号矿井水资源化综合利用

国网能源新疆准东煤电有限公司二号矿井位于卡拉麦里山南麓山前一带，海拔549~840m，地形地貌主要为残丘状剥蚀准平原与戈壁。研究区位于奇台县Ⅲ级水资源分区中的古尔班通古特荒漠区，地下水水文地质单元较为完整或独立，无常住人口，周围50km范围内无生产矿井。该矿井所在区域水资源相对缺乏，在研究范围内现状条件下也无地下水开采现象，而矿区用水主要通过调水解决[34]。

新疆准东大井矿区二号矿井（15.0Mt/a）建设项目生产用水优先取用本矿开采时矿坑疏干水，使废水资源化，高效地利用了水资源，有效地缓解了建设项目需水与当地水资源紧缺之间的供需矛盾，有利于促进区域水资源优化配置和高效利用，属于水资源配置鼓励、提倡的开发利用方向。同时，合理优化用水流程，根据矿井生活、生产、消防等各项用水对水量、水质、水压的不同要求，分区、分压、分质用水。生活、生产污废水处理为再生水全部回用，无外排。用水过程一水多用、循环使用，重复利用、梯（递）级使用，最大限度节约水取用量，对水资源开发利用、节约、保护有积极意义，同时也体现了建设项目节能减排、循环经济的理念。

7.4.6 曹家滩煤矿矿井水资源化综合利用

曹家滩煤矿地处榆林市北部，毛乌素沙漠南部，此处为半干旱地区，常年风沙严重，属于重度缺水地区。通过技术手段将矿井水转化为矿内生产、生活自用水，使生产废水充分利用，形成资源不仅节约生产矿井用水成本同时还可以极大缓解附近水源紧缺矛盾，这对于干旱沙漠地带有实用意义。曹家滩煤矿正常生产能力内涌水量为881m^3/h，新建矿井水处理站处理能力为1200m^3/h，处理后出水主要用于工业场地地面消防、地面生产、井下消防用水和生活洗漱用水，其中还有一部分作为化工用水外排[35]。

矿井水回用主要用于浇花洒水、井下消防洒水、洗煤厂用水。水处理工艺主要构筑物分为一体化综合处理车间、综合处理车间、污泥处理车间。三段工艺流程主要为预处理段、深度处理段、污泥处理系统，其工艺流程如图7-9所示。

矿井水处理站的处理模式为分级处理、分级出水，依据不同用水单位对水质需求的不同，采用不同阶段出水模式，在极大降低水体处理成本基础上，实现来水分流、分类逐级利用，减少矿井水处理站的外排与能源浪费，降低环境治理与深度处理费用，实现了矿区与周边环境的协调发展，产生良好的环境与经济效益，具有一定的推广应用前景。

总之，煤矿酸矿水的产生对矿区周围的环境造成严重污染。虽然传统的末端处理技术取得了一定的成效，但是面对酸性矿山废水的持续排放，考虑从源头上控制是非常必要的。通过源头控制技术的广泛应用以减少酸矿水的产生，并从根本上解决煤矿酸性废水的污染问题，这对于改善煤矿区的生态环境是非常有效的。在资源化综合利用技术方面，应提高酸矿水的综合利用效率，不断完善和研发酸矿水高端利用的关键技术，进一步加快高附加值利用的产业化进程。

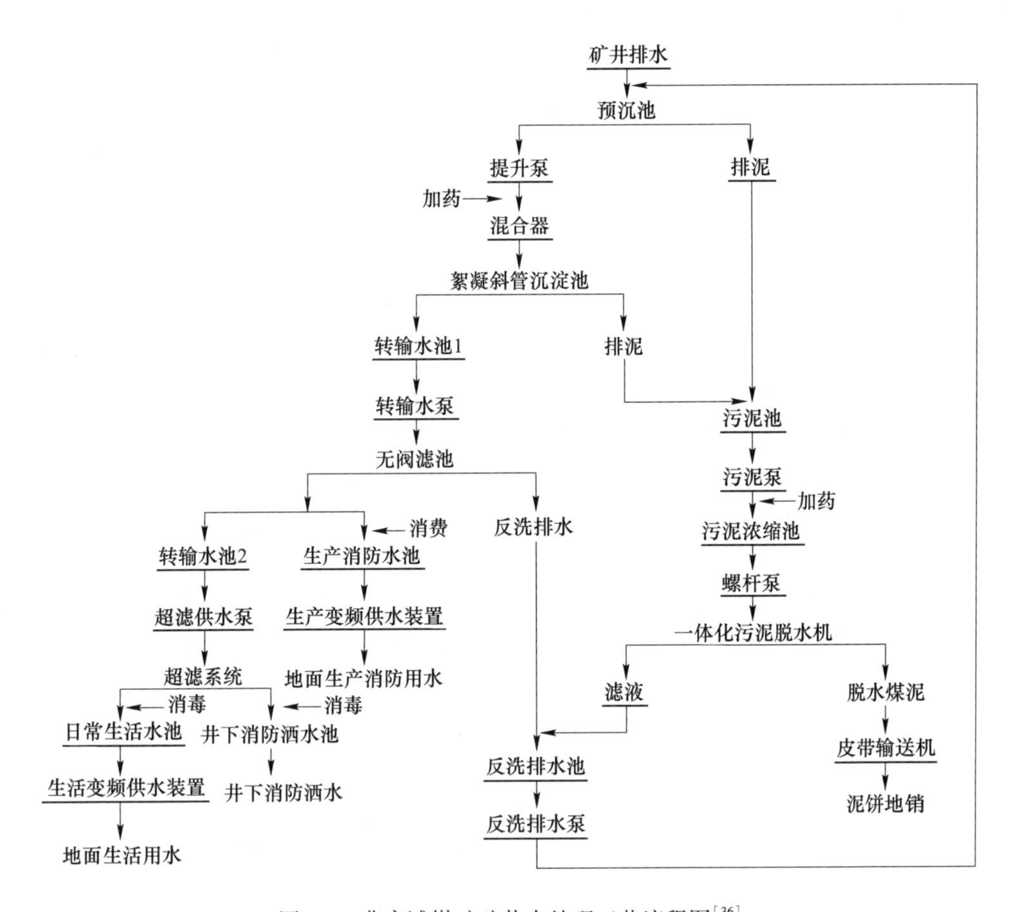

图 7-9 曹家滩煤矿矿井水处理工艺流程图[36]

7.5 矿井水资源化利用效益

通过提高矿井水利用程度，优化其利用途径，不仅矿区地下水超采问题、地面沉降等多方面的生态与环境问题将得到缓解，还能促进所在地区经济社会的可持续发展，对生态环境的改善也能起到积极作用[37]。通过回用能够对废水进行一定的净化处理，从而减少废水中含有的污染物质，实现循环利用。这一过程可实现零排放的环保目标，避免对附近水体产生污染，有利于保护矿区附近生态环境，具有良好的社会效益。同时废水处理回用，能够及时补充生产等各方面用水，有效地节约一次水资源用量，并提高水资源利用率，可节省水费支出，增加经济效益。由此，利用高效的深度处理回用工艺对煤矿矿井水进行处理，有助于减少污染、节约用水，对煤矿实现社会效益和经济效益的统一具有积极价值。

7.5.1 环境效益

矿井水资源化可以有效解决环境污染问题。矿井水的可持续利用，改变了以往的用水模式，将煤矿废水无害化、资源化，保护了地下水资源，是煤矿创建“环境友好型、低碳经济型”典范矿井战略性的一步，体现了尊重自然、顺应自然、保护环境的理念。矿井疏干水的综合利用在提高用水效率、严格地处理回用、减少排放、生态林建设、地下水回补、人工湿地的培育、矿区绿化及农业生态环境的改善等方面都可做出应有的贡献，其环境效益也很明显。

7.5.2 社会效益

矿井水在经过净化处理后作为生产和生活用水，减少了地下用水，节约了地下水资源，特别是缺水矿区保护了矿区地下水和地表水的自然平衡；解决了过度开采地下水带来的环境问题，避免因污染引起的与当地农民的纠纷，有利于当地经济的发展；解决了矿区用水量日益增加和水资源越来越短缺的矛盾，解决当地农用水矛盾，缓和工农关系，改善矿区环境和生态质量，提高人们生活水平和质量，为矿区经济、社会发展创造良好的社会环境，保证煤矿企业的正常生产和经营，提高煤矿企业的综合效益，促进矿区的可持续发展。

对于新型利用方式项目实施后将实现废热回收，变废为宝，符合国家循环经济、节能减排等产业政策的总体要求。同时可实现污染物零排放，为国家碧水蓝天奋斗目标做出贡献。

7.5.3 经济效益

水资源日益缺乏的今天，矿井水的综合利用是矿区循环经济战略思想的重要体现，实现矿井水的资源化，可大大减轻由于矿区地下水资源的过度开采而造成的矿区水环境系统的破坏，有效地缓解矿井排水与水资源保护之间的矛盾。同时，对矿井水进行净化处理，最大程度地综合利用，可以减少对周围环境的污染，从根本上解决矿井水对环境的污染，改善矿区生态环境和促进非煤产业的发展，以促进矿区可持续发展战略和生态矿业目标的实现，具有重要的现实意义。

矿井水资源化，一方面可以成为矿区生产和生活用水的主要水源，降低用水成本，提高经济效益，增强企业竞争力；另一方面避免或减少了煤矿企业每年必须缴纳排污费和水资源损失费。

7.6 我国矿井水资源化利用前景及展望

7.6.1 前景

（1）矿井水资源热能利用。矿井水除了经过处理作为水资源再生利用外，矿井水所蕴含的热能也引起了相关学者的注意。矿井水的热能恒定，几乎不受外界影响。引起了大量的关注，王力力分析了唐山矿矿井水余热用于职工洗浴用水加热的可行性，得出该方案环保且可行。李峰等[38]通过分析水源热泵技术在山西矿井水余热方面的应用研究，得出在节能减排方面有着明显的效果，具有良好的市场前景和推广价值。辛嵩等[39]对矿井水余热利用从理论、技术及经济方面进行可行性分析，得出该技术可以为矿区供暖和降温，同时具有一定的经济效益和环境效益。在日益重视生态文明及循环经济的今天，矿井水资源的热能利用必将成为大势所趋，为节能减排做出贡献。

（2）产业化和规模化。如今矿井水的资源化利用尚未形成规模，各个矿井之间的矿井水再利用也仅各为其用，很少对外进行供水。在技术与国家政策补贴到位后，矿井水资源化利用的成本将逐步降低，形成具有价格优势的可利用水源。矿井水资源化利用产业化与规模化应以政府引导、企业为主体进行建设，拓宽融资渠道，将矿井水收集、处理、运输、销售等多个环节有机结合起来，进行市场化经营。在保证水质的情况下，逐步扩大供水规模，形成具有竞争力的供水主体。在产业化和规模化发展前期，政府要制定完善的利用政策、利用标准以及相应的优惠补贴政策，企业则需要做好融资、场地建设、管道铺设及市场的开发；在运营阶段，政府要根据实际运营情况做好政策的完善与监督管理工作，企业则需要做好水质监测和应急预案等的演练[40]。

（3）废弃矿矿井水的资源化利用。近年来，随着去产能的稳定推进，大量产能较低的煤矿被关闭，主要分布于西南和华北地区。2014~2018 年，我国共关闭 7281 处煤矿，截至 2018 年，废弃煤矿的矿井水接近 48 亿立方米。弃煤矿产生的矿井水被大量闲置、废弃，不仅导致了水资源的大量浪费、威胁邻近生产矿井的安全、矿井水位回升可能引发地质灾害等问题，还对矿区生态环境造成了一定影响。因此，在水资源日益短缺的今天，加大废弃矿井水资源化的利用，在解决用水紧张的同时也可以进一步提升煤矿开采安全，同时保护矿区的生态环境。废弃矿井水资源可以通过修建地下水库、用于地下发电、作为后备水源以及进一步加工处理后利用[41]。近年来，废旧煤矿经过开发改造成为工业遗产旅游公园，如唐山开滦煤矿国家矿山公园、晋华宫国家矿山公园、阜新海州露天矿国家矿山公园等。废弃煤矿的矿井水经处理后可用于公园的景观用水及周边河流的生态补水。此外，废弃矿矿井水资源化利用的前提，是要由政府相关部门对废弃矿井水进行探查、核实、统计，在此基础上对矿井水加以应用。同时，对可运用的水资源进行充分利用，与废水的综合使用相结合，在必须之时应当根据所在区域的地理特征，对废水进行合理运用。在使用的过程中，不仅要确保煤矿有充分的水资源，而且要保障周边企业有充足的水资源，这样才可以实现矿井水取代地表水的目标，企业还可以运用矿井水来改善所在地的水资源状况。

通过认真贯彻落实科学发展观，以大幅度提高矿井水利用水平为目标，坚持全面规划、合理开发、统筹兼顾、高效利用的方针，以市场为导向，以企业为主体，强化宏观调控，加强政策引导，依靠科技进步，矿井水资源化利用将具有更广阔的前景。

7.6.2 展望

矿井水利用已具备一定发展基础。由于矿山企业产业链的延伸，矿井水利用的市场需求不断扩大，利用规模逐渐增加，矿井水利用成本逐步降低，经济效益进一步提高。同时，我国以“节水”为核心的水价机制逐步形成，矿井水的价值不断提高，这为企业大规模利用矿井水提供了有利的市场环境。通过建立起矿井水利用的政策支持体系、技术服务体系和监督管理体系；加快技术进步，提高矿井水利用水平；完善矿井水利用产业化政策，培育矿井水利用市场，就可以扩大矿井水利用规模。促进矿井水开发利用的主要原则对策如下[42]：

（1）完善政策法规，实施矿井水开发利用的激励政策，从产业政策、财税政策和其他相关扶持政策上支持矿井水的回收利用。要求有矿井水的地区或企业，特别是电力、化工等高用水企业，其新建或扩建项目生产用水应优先考虑使用矿井水；对于开发利用矿井水的相关企业予以税收优惠等。

（2）统筹规划，矿井水利用要纳入矿区发展的总体规划中。将赋存在煤田地层内的地下水也作为资源进行储量的勘探和计算，在矿区矿井的规划、可研、初设及施工图各阶段，将井下排水作为水资源来开发利用，使矿井水的综合利用作为解决矿区水资源短缺问题的重要措施。对于重要采矿区、重大涌水矿区、重点缺水矿区和国家重点建设的矿业基地，确保矿井水利用规划目标的实现；在饮用水紧缺的矿区优先考虑对矿井水进行深度加工处理，解决矿区居民生活用水问题，保证用水安全。

（3）加大技术创新力度，加快技术进步，提高利用技术水平，为矿井水利用产业化发展奠定基础。加大矿井水科研试验的力度，要集中资金和人力，对矿井水做全面系统的调研、分析，对各类型的矿井水进行分类并做长期的观测试验，研究其变化的规律和开发利用的潜力和技术。

本章小结

本章首先讲述当前酸性矿井水资源化利用的现状以及在各方面存在的问题，主要介绍酸性矿井水资源化利用的途径和方法。资源化利用的方法包括对硫酸盐的利用，例如生产出单质硫和微藻等，水中有价金属铁、铜和钙的回收，还有电解 AMD 废水转化为氢气等，从而最终实现废弃物质资源化和无害化处理；酸矿水的回收利用方法包括在对井下循环利用，矿山开采和选矿过程、提供电能和热能创新利用，农业、工业、生活和生态等方面的利用；最后介绍了矿井水的回用技术，包括矿井水的净化工艺和膜技术及其应用，其中净化工艺分为净化处理（悬浮物）和深度处理（脱盐）两个过程。通过提高矿井水利用程度，优化其利用途径，不仅会对生态环境的改善起到积极作用，还能促进所在地区经济社会的可持续发展。对矿井水资源化综合利用使煤矿实现社会效益和经济效益的统一具有积极价值。

思考题

7-1 阐述煤矿酸矿水利用现状及存在的问题。

7-2 酸性矿井水处理后的用途有哪些？

7-3 酸性矿井水中哪些污染物可以回收利用？

7-4 阐述资源化利用的环境、社会和经济效益。

参考文献

[1] 武强，罗元华，孙卫东，等．矿井水的资源化与环境保护——以焦作矿区典型地段为例［J］．地质论评，1997（2）：217-224.

[2] 苗立永，王文娟．高矿化度矿井水处理及分质资源化综合利用途径的探讨［J］．煤炭工程，2017，49（3）：26-28，31.

[3] 郭雷，张硌，高红莉，等．郑州矿区矿井水水质特征及其资源化利用技术［J］．煤炭工程，2016，48（2）：72-74.

[4] 曹庆一，任文颖，陈思瑶，等．煤矿矿井水处理技术与利用现状［J］．能源与环保，2020，42（3）：100-104.

[5] Mulopo J. Electrochemical recovery of hydrogen from coal acid mine drainage for the enhancement of sulphate reduction using grass cellulose as carbon source［J］. Water and Environment Journal，2017，31（3）：302-309.

[6] Nleya Y，Simate G S，Ndlovu S. Sustainability assessment of the recovery and utilisation of acid from acid mine drainage［J］. J Clean Prod，2016，113：17-27.

[7] 吕俊平，郭俊燕，冯佳，等．基于微藻培养的煤田酸性矿山废水硫酸盐资源化利用研究［C］；// proceedings of the 中国植物学会第十六次全国会员代表大会暨 85 周年学术年会，中国云南昆明，F，2018.

[8] Wang Y X，Wang J B，Li Z Y，et al. A novel method based on membrane distillation for treating acid mine drainage：Recovery of water and utilization of iron［J］. Chemosphere，2021，279：10.

[9] Tony M A，Lin L S. Iron coated-sand from acid mine drainage waste for being a catalytic oxidant towards municipal wastewater remediation［J］. Int. J. Environ Res.，2021，15（1）：191-201.

[10] Ryu S，Naidu G，Moon H，Vigneswaran S. Selective copper recovery by membrane distillation and adsorption system from synthetic acid mine drainage［J］. Chemosphere，2020，260：11.

[11] 顾正平．矿井水的资源化途径探讨［J］．资源节约和综合利用，1995（1）：47-50.

[12] Marques F C，Valane G M，Buzato V M. Acid mine drainage wastewater photoelectrolysis for hydrogen fuel generation：Preliminary results［J］. Int. J. Energy Res.，2020，44（14）：12188-12196.

[13] 张喜文．浅析矿井水综合利用技术［J］．内蒙古煤炭经济，2017（14）：1-2，27.

[14] 孙亚军，陈歌，徐智敏，等．我国煤矿区水环境现状及矿井水处理利用研究进展［J］．煤炭学报，2020，45（1）：304-316.

[15] 贾玉州，李南骏．矿井水处理及其资源化利用［J］．技术与市场，2018，25（10）：125-126.

[16] 董加豪，刘祖辉，潘菇．煤矿矿井水回用现状及发展方向探讨［J］．治淮，2021（6）：32-34.

[17] 徐京，王雨晨，骆祥波，等．煤矿井下矿井水处理工艺的探索［J］．煤炭加工与综合利用，2021（7）：86-90.

[18] 段智晖．矿山酸性废水应用于硫铁矿选矿系统中的试验研究［J］．山东工业技术，2017（2）：54.

[19] Shabalala A N，Ekolu S O. Assessment of the suitability of mine water treated with pervious concrete for irrigation use［J］. Mine Water Environ.，2019，38（4）：798-807.

[20] 姜磊，涂月，李向敏，等．污水回收再利用现状及发展趋势［J］．净水技术，2018，37（9）：60-66，72.

[21] 何绪文，张晓航，李福勤，等．煤矿矿井水资源化综合利用体系与技术创新［J］．煤炭科学技术，2018，46（9）：4-11.

[22] 董永立，王建华．郑州市矿井水资源综合利用初探［J］．水资源开发与管理，2021（9）：44-48，82.

[23] 李莉，李海霞，马兰．宁东煤田矿井水资源及其利用现状分析［J］．干旱区资源与环境，2021，35（8）：108-113.

[24] 王一淑．煤矿矿井水资源利用市场开发浅析［J］．科技创新导报，2017，14（26）：160-161，163.

[25] 张博龙，邱长健，薛雄飞．榆神矿区杭来湾煤矿矿井水资源化利用前景分析［J］．西部资源，2019（4）：126-127.

[26] 段全让．黄陵矿区矿井水资源综合利用研究［J］．资源节约与环保，2016（7）：186，189.

[27] 姚卿．高矿化度矿井水处理及资源化利用途径［J］．科技风，2021（14）：107-108.

[28] 佟国建．矿井水净化及脱盐处理技术分析［J］．中国资源综合利用，2021，39（10）：202-204.

[29] 崔玉川，潘耀祖，刘婷，等．RO 法在高矿化度矿井水处理回用中的应用［J］．净水技术，2006（5）：4-6.

[30] 荆波湧，史元腾，陈哲．膜分离技术在高盐矿井水深度处理中的应用［J］．煤炭工程，2019，51（6）：47-51.

[31] 莫樊，郁钟铭，吴桂义，等．煤矿矿井水资源化及综合利用［J］．煤炭工程，2009（6）：103-105.

[32] 赵庆令，李清彩，万森，等．山东省煤田矿坑水资源化综合利用区划［J］．山东国土资源，2016，32（8）：47-52.

[33] 石小蒙，宋正宇，陈超．张双楼煤矿矿井水资源化及其综合利用［J］．中国煤炭，2012，38（8）：124-126，144.

[34] 陈凯，王文科，郝晨亮，等．准东煤电二号矿井水资源开发利用及地下水环境质量评价［J］．工业安全与环保，2018，44（10）：82-84.

[35] 张拥军，李永彦，杨金花．煤矿矿井水处理工艺及工程实践［J］．山西化工，2019，39（2）：211-213.

[36] 王信，杨军．曹家滩煤矿矿井水处理技术工程案例探讨［J］．山西煤炭，2020，40（1）：45-48，68.

[37] 张一博，赵继先．新登禹矿区矿井水资源化利用研究［J］．黄河水利职业技术学院学报，2021，33（3）：15-18.

[38] 李峰，刘勇，盛友华，等．水源热泵技术在煤矿中的应用［J］．煤炭技术，2015，34（8）：12-14.

[39] 辛嵩，张建树，齐晓峰，等．矿井水热能回收利用技术研究［J］．煤炭技术，2015，34（10）：304-307.

[40] 闫佳伟，王红瑞，赵伟静，等．我国矿井水资源化利用现状及前景展望［J］．水资源保护，2021，37（5）：117-123.

[41] 吴涛．我国废弃煤矿矿井水的分布及开发利用方向探讨［J］．煤炭与化工，2020，43（1）：49-53，56.

[42] 袁航，石辉．矿井水资源利用的研究进展与展望［J］．水资源与水工程学报，2008（5）：50-57.